신판

한국전쟁사 부도

온창일 · 종남 · 양원호

황금알

한국전쟁사 부도

개정판 머리말

이 책은 최초에 생도들을 대상으로 한 전쟁사 교육 전용부도로 만들어졌지만, 그동안 사실상 국내에서는 유일한 한국 전쟁사의 부도로 한국전쟁사 연구에 일익을 담당해 왔습니다. 부도를 낸 1981년 이후 1980년대와 1990년대 초에 한국전 쟁사 연구에 많은 업적이 쌓였고, 냉전체제 종식 이후 그동안 베일에 쌓인 러시아, 중국의 극비문서도 공개되었습니다.

이번에 개정판을 내게 된 것은 첫째로 시대적 변화에 따라 책의 한글화를 절감하였기 때문이며, 둘째로는 새롭게 공개 된 자료들을 바탕으로 그동안 발견된 오류를 바로잡기 위한 것입니다. 전체적인 책의 체제는 가능한한 원형대로 유지하 면서 필요한 부분에는 부도를 대폭 손질하였습니다. 아직도 북한 측이 자료를 공개하지 않고 있기 때문에 불확실한 부분 이 많이 남아있지만, 많은 오류가 바로잡혔다고 생각합니다. 이 개정판이 한국전쟁사 연구와 교육에 기여하기를 바라며, 같은 분야를 연구하시는 분들의 아낌없는 교정과 편달을 바라마지 않습니다.

1998년 8월
전 사 학 과

수정판 머리말

이번에 전사학과에서는 『한국전쟁사 부도』 수정판을 발간하게 되었습니다. 1998년에 나온 개정판에서 나타났던 오 류를 수정하여 새로운 장정으로 출판하게 됨으로써 보다 정확한 한국전쟁사 부도를 만들게 된 데 대하여 기쁘게 생각합 니다.

이 수정판의 출판에 격려와 조언을 아끼지 않으신 학교장님과 교수부장께 감사드리며, 어려운 출판 여건 속에서도 흔 쾌히 출판을 맡아주신 황금알 출판사의 김영탁 대표님께도 고마움을 표합니다. 앞으로 좀 더 알찬 『한국전쟁사 부도』를 위해 계속해 정진할 것을 독자들에게 약속드립니다.

2005년 12월
전사학과

머리말

오늘날 자주국방의 염원은 그 어느 때보다도 절실합니다. 그러나 분명히 잊어서는 안될 사실은 몇 대의 전차, 몇 문의 대포를 더 장비하게 되었다거나, 그러한 무기들을 우리의 손으로 만들 수 있게 되었다고 해서 곧 국방의 자주화가 이루어진 것은 아니라는 점입니다. 성능이 우수한 무기를 장비하거나 제조할 수 있는 능력을 보유하는 것은 물론 자주국방을 다지는데 있어서 필수불가결의 요건입니다만, 그것이 곧 충분한 조건은 될 수 없다는 것입니다.

보다 중요한 것은 인간입니다. 아무리 성능이 좋은 무기라 할지라도 그것을 다루는 주체는 인간이며, 전쟁은 결국 인간과 인간의 대결인 것입니다. 따라서 인간 대 인간의 쟁투에 있어서 궁극적으로 중요한 열쇠는 인간의 지력, 체력, 창조적 사고력, 의지력 그리고 조국과 민족에 대한 확고한 가치관 같은 것입니다.

호국간성의 수련장인 우리 육사의 교육은 이처럼 능력 있는 군인의 양성에 그 목표를 두고 있으며, 이를 위해 전인교육과 아울러 군사적으로 실용성이 있는 전문교육을 지향하고 있습니다. 이에 따라 우리는 지난 30년의 교육경험을 바탕으로 육사의 교육목표에 부합되는 전용교과서 편찬계획을 수립, 추진해 나아가고 있으며, 그 일환으로 이번에 전사학과에서 『한국전쟁사』를 간행하게 되었습니다.

한국전쟁은 외적으로 냉전상황의 기형적인 부산물이었음과 동시에 내적으로는 북한 공산집단에 의해 저질러진 반민족적 죄악이었습니다. 우리는 6·25 전란을 통하여 북한의 허구와 그들의 잔인성을 여지없이 목격하였으며, 자주국방의 절실함을 뼈저리게 깨달은 역사적 경험을 얻었습니다.

본서는 이러한 교훈을 거울삼아 한국전쟁에 나타난 전례를 단순히 연대기적으로 나열하는데 그치지 않고, 우리의 상황에 알맞은 자주적인 전략·전술이론의 개발에 기여할 수 있도록 주체적인 교리의 정립에 기조를 두고 서술했으며, 특히 주요 전례를 총망라하여 부도와 해설을 병행시킴으로써 전쟁사 교육의 질적 향상을 도모코자 하였습니다. 본서가 사관생도의 전사학 교육에는 물론 관계제위의 연구에 참고가 되기를 바라는 마음 간절합니다.

그러나 미흡한 점 역시 한두 가지가 아닙니다. 가용한 자료의 제한, 자료 자체의 혼란 그리고 지면의 한정 등은 가뜩이나 부족한 능력을 더욱 절감케 해주었습니다. 이처럼 미흡한 점은 끊임없는 노력으로 보완해 나아갈 것입니다. 같은 분야를 연구하는 여러분들의 아낌없는 교정과 편달을 바라마지 않습니다.

끝으로 본서를 편찬함에 있어서 지도와 격려를 해주신 교장님과 교수부장님께 깊은 감사를 드리며, 출판을 맡아주신 일신사의 무궁한 발전을 기원합니다.

1981년 2월

전 사 학 과

목 차

제9장 전선의 고착과 진지전

제10장 휴전 및 총평

부록

〈범 례〉

기호	설명	기호	설명
I	중　　　　　　대	⊠(육) ××××	육　군　본　부
II	대　　　　　　대	⊠(8) ××××	미　제　8　군
III	연　　　　　　대	⊠(2) ×××	국　군　제　2　군　단
×	여　　　　　　단	⊠(9) ××× 미	미　제　9　군　단
××	사　　　　　　단	⊠(3) ××	국　군　제　3　사　단
×××	군　　　　　　단	⊠(24) ×× 미	미　제　24　사　단
××××	군	⊠(1) ××	미　제　1　기　병　사　단
⊠	보　　　　　　병	⊠(1) ××	미　제　1　해　병　사　단
▣(●)	포　　　　　　병	⊠(27) ×	미　제　27　연　단
□(⬭)	기　　　　　　갑	⊠(7) (6)	국 군 제 6 사 단 7 연 대
⊡(E)	공　　　　　　병	⊠(38) (2) 미	미 제 2 사 단 38 연 대
⊠(⚡)	통　　　　　　신	⊠(3) (7-8)	국 군 제 8 사 단 7 연 대 3 대 대
▱(╱)	기 병 또 는 수 색 부 대	⊡(특)	브 래 들 리 특 수 임 무 부 대
⊠	해　　　　　　병	◯(17)	국 군 제 17 연 대 진 지
▣(⊙)	기 계 화 포 병	◯(3-17)	국 군 17 연 대 3 대 대 진 지
□(경)	경　　　찰　　　대	◯(27 미)	미 제 27 연 대 진 지
□(특)	특 수 임 무 부 대	⊠(66) 중 ××××	중 공 제 66 군
⊡(⚓)	해　　　　　　군	⊠(중) ×××	군 대 호 불 명 의 중 공 군
		⊠(2) ×××	북 한 제 2 군 단
		⊠(13) ××	북 한 제 13 사 단
9 . 15. 13 : 25	9 월 15 일 13 시 25 분	□(105) ××	북 한 제 105 전 차 사 단

제1장 한국전쟁의 배경

§1. 국토의 남북 분단

1. 분단의 전조

한반도에 통일정부를 수립한다는 원칙은 제2차 세계대전중인 1943년 미·영·중의 수뇌가 참석한 카이로 회담에서 결정되었다. 그러나 미국을 비롯한 강대국은 한민족의 자치능력을 과소평가하여 일정기간의 신탁통치를 필요로 한다는 데 의견을 같이 하였다.

8·15해방 후 1945년 12월 모스크바 삼상(三相) 회의에서 미·영·소의 외상(外相)들은 구체적으로 향후 5년간의 미·영·중·소 4개국에 의한 신탁통치안을 채택했으며, 이를 실천하기 위해 미·소공동위원회를 개최했다.

그러나 소련은 그들이 내세운 세계의 공산화라는 목표아래 북한공산세력의 확충에 모든 지원을 아끼지 않았다. 미·소공동위원회는 결렬되고, 당초 일본군의 무장해제를 위한 점령 경계선으로 설정되었던 38선은 점차 철의 장막으로 변해 갔다.

여기에서 미·소간에 불신의 싹이 텄고, 한반도문제는 한민족 자체의 갈망과는 거리가 먼 방향으로 전개되었다.

2. 38선의 설정

1945. 8. 15 일본은 마침내 연합국에 무조건 항복하였다.

일본이 항복하기 직전인 8. 8 소련이 일본에 선전포고 한 후 급속히 병력을 남진시키자, 미국은 38선을 미·소 양군의 전진한계선으로 제의하였다. 스탈린이 이를 묵시적으로 인정함으로써 유럽에 이어 극동에서 미·소 양군이 직접 대치하게 되었다.

남·북한에 진주한 미·소 양군의 점령정책은 처음부터 대조적이었다. 미 군정당국은 한국민의 뿌리깊은 배일(排日) 감정과 독립의 열망을 이해하지 못하였고, 구체적인 정책지침도 전혀 준비되어 있지 않았다. 이에 반해 소련군은 재빨리 각 지역별로 통치권을 접수하면서 일본세력의 잔재를 조기에 불식한 다음, 사회질서의 혼란을 방지하기 위하여 한때 민족주의적 토착세력까지도 포섭하였다. 이후 단계적 조치를 통하여 장애요인을 모두 제거하고 북한을 기지화한 후 소련의 전위세력으로 길러

온 김일성 일파를 내세워 간접통치체제를 확립하였다.

3. 분단의 고착화

8. 9 뒤늦게 대일전에 참가한 소련군은 허울뿐인 관동군을 격파하면서 파죽지세로 남하하여 8. 13 제25군단의 일부가 청진에 상륙하고, 8. 22에는 평양에 진주하였다. 미 제24사단은 9. 8에야 인천에 상륙하여 이튿날 서울에 진주하였다.

한반도에서의 지배권 강화를 목표로 하는 소련의 기도와 적대정부의 출현만은 절대로 반대하는 미국의 입장이 타협될 수는 없었으므로 한국의 통일 독립문제의 해결은 극히 곤란한 것이었으며, 이 문제의 해결을 위해 개최된 미·소 공동위원회도 결렬될 수밖에 없었다.

1947년 중반에 이르러 미국은 마침내 단일정부의 수립과 신탁통치의 실시를 전제로 하여 한반도를 통일하려 했던 종래의 대한(對韓) 정책을 포기하고, 분단의 고정화라는 기정사실을 바탕으로 하여 한반도의 세력균형을 보장할 수 있는 새로운 대안을 모색하기에 이르렀다.

전략적으로 중요한 지역으로 간주되고 있던 유럽, 일본 등에 가용한 전력과 자원을 우선적으로 집중시키려 했던 미국은 1947. 9. 17 한국문제를 유엔에 제기함으로써 한국문제 해결에 대한 책임을 국제화하여 자국의 단독적 책임을 철회 내지는 축소하려 했던 것이다.

한국문제가 유엔총회의 정식문제로 채택되자, 소련은 다시 토의과정에서 외교적 주도권을 장악하기 위하여 1948년 초를 시한으로 하는 미·소 점령군의 동시철군안과 남북한대표의 동시초청안을 제기하였다. 그러나 표결에 의해 소련측의 남북한 동시초청안은 부결되었다.

장기간의 논란 끝에 유엔 총회는 1947. 11. 14 유엔 감시하에 인구비례 비밀투표에 의한 전한국 총선거를 실시하여 한반도의 통일정부를 수립하기로 결정하고, 이의 실천을 위하여 유엔한국위원단을 구성하였다.

이 위원단은 다음해 1월 활동을 개시하였으나 소련의 거부로 북한에서의 활동이 좌절되었으며, 유엔의 결의에 따라 남한에서만 선거가 실시되어 1948. 8. 15 대한민국 정부가 수립되었다.

북한의 소련 군정당국은 사실상 일찍부터 김일성을 괴수(魁首)로 한 괴뢰정부를 수립해 놓고 있었는데, 전한국을 대표하는 유일한 합법적 정부인 대한민국정부가 수립되자 이른바 조선민주주의 인민공화국을 발족시켜 분단을 고착화하였다.

§2. 냉전과 한반도의 전운

1. 냉전의 표면화

제2차 세계대전 말기 소위 Pax Russo-Americana 로 특징지워진 시기부터 냉전의 기운은 나타나기 시작하였다. 종전 후 소련은 줄곧 대전중의 군사점령지역에 그들의 위성공산정부를 수립하고 자유진영과의 관계를 점차 폐쇄하는 한편 터키 및 중동지역에 압력을 가하고 그리스에서는 공산화운동을 추진시켰다.

1946. 3월 미국을 방문한 윈스턴 처칠(Winston Churchill)은 웨스트민스터 대학에서의 연설에서 "공산주의자들이 스테틴(Stettin)에서 트리에스트(Trieste)에 이르기까지 유럽대륙을 횡단하는 철의 장막을 치고 있다"고 말하였다.

공산주의의 위협이 점차 확대되어 전쟁 후 피폐한 유럽대륙으로 전파되자 '미국도 루즈벨트(Roosevelt) 대통령 이래 수행해 온 소련과의 타협을 통한 세계질서와 평화의 유지정책'을 버리고 소련의 팽창주의정책에 대항하는 봉쇄정책을 공식화했다. 이 정책의 일환이 바로 트루만독트린(Truman Doctrine)과 마샬플랜(Marshall Plan)으로 나타났다.

소련은 이 마샬플랜이 동구지역에서 실시되는 것을 거부하고, 1947년 10월 코민포름을 창설하였을 뿐만 아니라, 이어서 베를린봉쇄를 실시하여 국제적 위기를 조성함으로써 냉전을 표면화시켰다.

2. 미국의 극동정책과 주한미군의 특징

냉전에 임하는 미국의 자세는 이른바 봉쇄정책이었지만 실질적 군사력이 뒷받침되지는 못하였다. 유럽을 전략적으로 중요시하는 기본전략개념과 실질적인 군사력의 부족은 중국대륙의 공산화를 방치하였고, 다른 중요한 지역에서의 효율적인 적용이라는 원칙 아래 주한미군의 철수를 합리화시켜 주었다.

1947. 9월 '웨드마이어(Wedmeyer) 보고서'에서 한반도에서의 공산군의 침략가능성을 인정하였으나, 2차대전 후의 급속한 복원(종전 당시 1,200만명→1947년 174만명)과 국방예산의 감축에 따라 미국은 해외주둔 병력을 재조정하였다. 공산진영의 바로 옆에 미국이 후원해서 수립된 자유민주국가를 유지하려 했던 정치적 고려와는 달리 미국의 합참본부에서는 주한미군의 철수를 주장하면서, 전략적으로 중요한 다른 지역에서 이 병력을 운용할 것을 결정하였으며, 그 구체적인 이유로서 다음 몇 가지를 들었다.

첫째, 한반도는 상대적으로 미국의 방위에 절대적으로 중요한 지역이 아니다.

둘째, 한반도에서 미군의 주둔하고 있다는 사실은 분쟁발생시에 자동개입의 좋은 군사적 구실이 된다.

셋째, 전략적 판단으로서, 전면전쟁 발발시 한반도에서 병력의 유지는 오히려 미국의 부담을 가중시킬 것이며, 만일 남침이 있다해도 해·공군력으로 충분히 저지가능하다.

넷째, 전면전쟁시에 미국이 아시아 전쟁에 개입을 한다 해도 한반도는 우회가 가능하다.

이상과 같은 이유로 미군은 한국정부 수립과 동시에 철수를 시작하여 1949. 6. 29까지 500명의 고문단만을 잔류시키고 철수하였다.

더구나 1950. 1. 12 애치슨(Dean G. Acheson) 미 국무장관의 발언에서 한국이 미국의 극동방어선에서 제외되었음이 밝혀지고, 한국이 미국의 단독적인 군사조치에 의하여 안전을 보장받을 수 없다는 사실이 명확하게 되었다.

주한미군의 철수 이래 일관되어온 미 행정부와 의회의 한국문제에 대한 소극적 태도는 소련 및 북한으로 하여금 한반도의 적화통일을 위해 무력을 사용할 경우, 비교적 작은 모험으로 상당한 전망을 갖게 하기에 충분하였다.

3. 국군의 창설과 발전

미군의 철수계획과 한국내 사회질서 유지를 위하여 비록 소극적이나마 미군의 주도하에 국군의 모체부대가 창설 및 발전되었다.

미 군정당국은 치안유지를 위해 각종 사설군사단체를 해체하고 군사영어학교를 창설하는 한편, '뱀부플랜(Bamboo Plan)'에 근거하여 남조선국방경비대를 창설했다.

미 군정 치안책임자 챔퍼니(Arthur S. Champeny) 대령이 세운 '뱀부 플랜'에 의하면 우선 각 도에 1개 중대씩 8개중대를 창설하되, 각 중대는 20% 초과 편성하고, 미 군사훈련단(2/4)의 단기훈련을 거친 후 2개 중대로 확대 편성하여 대대, 연대로 발전시켜 최종 25,000명의 병력을 확보할 예정이었다.

미 군정당국은 이 계획을 토대로 하여 1946. 1. 14 남조선국방경비대를 창설하고, 총사령부를 태릉에 설치하였다. 1946. 1. 15부터 남한 8개도에 각각 1개중대의 규모로 발족한 경비대는 정부 수립 당시 약 5개여단으로 증가되었으며, 1946. 6. 20에는 8개사단에 이르렀다. 그러나 미국의 소극적인 태도로 장비면에서 대비태세의 향상에 차질을 가져오게 되었다.

§3. 북한의 남침 준비

1. 소련의 극동군사전략

제2차 세계대전 후 소련은 극동의 적화를 위해 우선 중공과의 유대를 강화하고 북한을 위성국화하는 전략으로 나왔다. 만주를 점령한 소련은 국민당정부와 맺은 우호조약을 무시하고 국부군의 만주진입을 거부하였다. 소련은 만주를 중공군의 성역으로 보호하는 한편, 구일본군 조병창(造兵廠)을 중공에 인계하고 만주의 자원을 동원할 수 있게 하여 중공군의 전력증강에 힘썼다.

중공의 대륙제패가 거의 확실해지자 소련은 북한군의 강화에 주력했다. 김일성은 소련 및 중공의 대폭적인 지원하에 무기를 들여오고, 남한내에 각종 게릴라활동을 전개하는 등 온갖 수단방법으로 적화통일을 위해 광분하였다.

2. 북한군의 창설

소련군은 북한지역 점령 초기부터 김일성을 후원하여 군사력을 조직 정리하기에 급급하였다. 그들은 1946. 2 이른바 '평양학원'을 창설하여 장교를 양성하였고, 1946. 8에는 '보안간부 훈련대대부'를 창설함으로써 북한군 창설과 강화는 급속히 이루어졌다.

이러한 사실은 미국 정책연구보고서에도 나타나고 있었는바, 1947. 9 웨드마이어 보고서는 북한군이 소련군의 지원 아래 잘 훈련되고 충분히 준비된 125,000명으로 구성되어 있다고 밝혔다.

3. 소·중공의 對북한 군사전략

북한에 괴뢰정부와 침략적 군사력을 조직한 후 소련군이 이른바 철수를 하기 직전인 1948. 12 소, 중공, 북한 수뇌들이 모스크바에 모여 장차 18개월내에 북한이 남침능력을 갖출 수 있도록 다음과 같이 지원할 것을 결정하였다.

⑴ 한인계 중공군을 다수 입북시켜 북한군의 전력을 증강시킨다.
⑵ 북한군에 500여대의 전차를 공급하여 2개의 기갑사단을 편성케 한다.
⑶ 북한군을 총 22개 사단으로 증편한다.

후일 전차는 한반도의 지형을 고려하여 242대로 감소되고 그 대신 200여대의 공군기가 지원되는 등 다소의 변동이 있었으나 근본적인 북한군의 현대화계획은 큰 변경 없이 강행되었다.

또한 한인계로 편성된 중공군 사단을 입북시켜 무기만 소제(蘇製)로 교체한 후 그대로 북한군 사단으로 탈바꿈시키거나 또는 중공군 사단에서 한인계 병력을 차출, 북한군 사단을 형성하여 주전투사단화하였는데 북한군 제5, 6, 7사단 전부와 제1, 4사단의 일부가 이들이었다.

소련으로부터는 스탈린그라드 공방전에 참전했던 한인 5,000명이 입북하여 주로 전차부대에 배치되었다.

4. 전쟁준비의 강화

소련은 대일선전(對日宣戰) 당초부터 한반도를 적화할 야욕을 가지고 북한을 점령하였다. 소련은 그들의 진주지역에 칸막이를 치기 시작하였고, 남북간의 교통, 통신을 단절하였으며 도로를 차단해 버렸다. 또 38선을 화선(火線)으로 제압할 수 있게 기관총을 배치하였다.

소·중공의 북한에 대한 경제 및 군사지원은 1949. 3의 조·소 경제문화협정 및 비밀군사협정과 조·중공 상호방위협정 등으로 더욱 가속화되었다.

소련은 북한군에 3,000여명의 군사고문관을 배치하여 직접 남침훈련을 지도하였으며, 소련 출신 한인들을 중심으로 제105전차여단을 창설하였고, 해·공군의 창설을 돕는 한편 내무성 산하에 보안대, 경비대 등의 이름으로 막대한 군사예비대를 확보케 하였다.

김일성은 남한에 끊임없이 게릴라를 남파하거나, 남한내 불순세력을 조정하여 사회·정치적 불안을 조성시키고, 한국군의 훈련과 전력증강을 방해하였다.

북한 전역은 1949년초부터 전시체제에 들어가기 시작하였다. 북한은 병력충원을 위한 인적자원을 확보하기 위해 각도에 민청훈련소를 설치하여 청장년을 훈련시키는 한편, 고급중학 이상의 모든 학교에 배속장교를 두어 학생들을 훈련시켰다. 또한 북한 전역에 조국보위후원회를 조직하고 17세로부터 40세까지의 모든 남녀를 동원하여 강제로 군사훈련을 실시하였다.

북한군은 사단별 훈련을 완료한 다음 1949. 2말에는 적진돌입 및 적배후침투를 위한 보전포합동훈련을 실시하였으며, 1950년에 접어들면서부터는 서울을 중심으로 하는 남한 전역의 지형을 연구하면서 이를 토대로 훈련을 계속하였다.

북한의 남침준비가 완료되자 소련군사고문단은 1950. 6월 개전에 임박하여 북한에서 철수함으로서 남침기도를 은폐하였다.

§4. 피아 전력 비교

1. 병력 · 주요장비

구분		국군	북한군
육군	병력	경장비사단: 8개 (21개 연대) 독립 연대: 1개 기타 지원부대 등 계 94,974명	중장비사단: 7개 예비사단: 3개 (총 30개 연대) 기타 기계화보병 연대, 38경비대, 특수부대 등 계 182,680 명
	궤도차	장갑차: 27대	T-34 전차: 242대 장갑차: 54대 SU-76 자주포: 176대
	곡사포	105mmM3: 91문 (3문은 사용불가)	122mm: 172문 76mm: 380문
	박격포	81mm: 384문 60mm: 567문	120mm: 226문 82mm: 1,142문 61mm: 360문
	대전차 화기	57mm 대전차포: 140기 2.36″로켓포: 1,900기 (적전차 파괴 불가능)	45mm: 550기
	고사 화기	없음	85mm: 12문 37mm: 24문 14.5mm 고사기 관총: 다수
해군	병력	7,715명	4,700명
	함정	경비대: 28척	경비대: 30척 해안포: 다수
공군	병력	1,897명	2,000명
	항공기	L-4: 8대 L-5: 4대 L-6: 10대	YAK-9 IL-10 IL-2 등 계 210대
해병대		1,166명	9,000명
병력총계		105,752명	198,380명

2. 훈련수준

(1) 국군

공비토벌작전 등으로 부대를 분산 배치할 수밖에 없었고, 미국의 소극적인 지원으로 충분한 대부대 훈련을 할 수 없었다. 따라서 공비토벌작전 및 38선 충돌사건 등을 통하여 개별적인 전투경험은 얻었으나 조직적 훈련은 거의 불가능하였고, 소수의 부대만이 대대별 훈련을 마친 상태였다.

(2) 북한군

장교의 1/3 이상이 중공군 출신일 뿐만 아니라 사병들도 전투경험이 있는 중공군 출신이 많았으며, 소련 군사고문단에 의해서 사단급 훈련까지 완료하였다.

북한군의 남침준비 과정에서 가장 주목되는 것은 전차여단의 창설과 훈련이었다. 평양 사동에 주둔하고 있던 소련군 전차사단은 1947. 5 북한군 제115전차연대를 창설하고 교육훈련에 착수하였다. 북한군 115전차연대는 훈련을 계속하다가 1949. 5 제 105전차여단으로 승격하여, 예하에 제107, 109, 203전차연대와 제206기계화보병연대 등을 편성하고, 그해 8월부터는 본격적인 야전기동훈련에 주력하였다. 1950. 4에 이르러 북한군 제105전차여단은 242대의 전차 이외에 76.2㎜ 자주포 154대, 싸이드카 560대, 트럭 380대 등의 장비와 병력 8,800명을 보유하게 되었다.

3. 편성과 배치

(1) 국군

국방부 예하에 육 · 해 · 공군으로 나뉘어 있었으나, 해 · 공군은 빈약한 상태였기 때문에 전투사단을 가지고 있는 육군이 주방어병력이 될 수밖에 없었다. 그러나 국내 치안유지 및 공비토벌작전 등으로 남한 각지에 분산되어 있어서 지휘통제가 매우 곤란한 상태에 있었다. 8개 사단 중 수도사단은 서울에, 제2사단은 대전지구에, 제5사단은 전주 · 광주지구에, 제3사단은 대구 · 부산지구에 분산배치되어 있었으며, 전선에 배치되어 있던 제1, 6, 7, 8사단들도 많은 병력을 공비토벌작전에 투입하고 있었다.

(2) 북한군

민족보위성 예하에 있던 2개 군단과 예비 1개 사단으로 전선사령부를 설치하고 작전의 협력과 통제의 원활을 꾀하려 하였다. 제1군단은 제1, 3, 4, 6사단과 제105전차여단을 전방에 위치시켰고, 제10사단을 예비로 보유하고 있었다. 제2군단은 제2, 5, 12사단 및 제12모타찌크연대, 제766군부대 및 단대호 불명의 전차연대와 제15사단을 후방예비로 가지고 있었다. 또한 대남교란작전을 위하여 유격대를 편성하여 남한의 대공(對共)방위체제의 약화를 획책하였다.

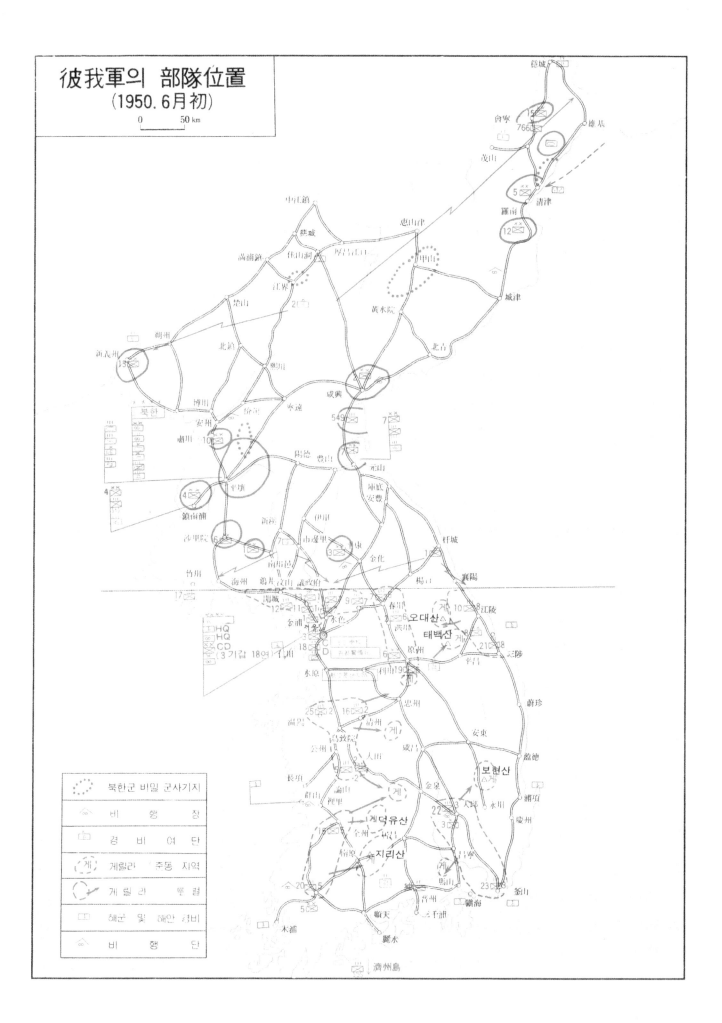

彼我軍의 部隊位置
(1950. 6月初)

0   50 km

북한군 비밀 군사기지

비 행 장

경 비 여 단

게릴라 준동 지역

게릴라 토벌

해군 및 해안 경비

비 행 단

15

제2장 북한군의 불법 남침

§1. 피아의 작전계획

1. 북한군의 남침계획

북한은 미국의 지원 가능성은 희박하고 지원하더라도 시간이 지연될 것이며, 효과적인 대응조치를 취하려면 적어도 2개월 이상의 시일이 소요되리라고 예상하였다.

특히 남한은 민심이 안정되지 못한데다가 병력은 열세하고, 50만 남로당 세력이 건재하므로 남한의 조기점령이 가능하리라고 판단하였다.

북한군은 수도 서울을 최단시간내에 탈취한 후 한강 이남으로 신속히 전과를 확대함으로써 부산으로 신속히 진출하여 남한 전역을 해방한다는 기본목표 아래 1일 진격속도를 평균 10km로 보고 50일간의 작전기간을 산정하였다.

작전단계는 수원점령까지 제1단계, 대전~안동선 점령을 제2단계, 대구를 중심으로 마산, 포항을 연하는 제3단계, 최종목표 점령시까지의 4단계로 계획하였다. 또한 남한지역의 지세와 교통망을 고려하여 최종 목표에 이르는 주요접근로를 동해안로, 중앙로(춘천~원주~대구·영천), 경부본로, 호남우회로(전주~광주~순천~진주)로 판단하고 단계적 진출을 계획하였다.

그리고 경부간선도로에 주공을 두며, 조공은 주공과 병진공격하되 수원일대에서 우회, 포위, 차단하는 것을 비롯하여 상황에 따라 곳곳에서 우회포위공격을 실시하며, 또한 특수임무부대로 하여금 산악지역에서 게릴라활동을 통해서 조공부대의 전진을 엄호하도록 하였다. 조공의 공격로로서는 중앙로 및 동해안로를 택하되 필요에 따라 호남 우회로도 중요한 조공로로 고려하였다.

이러한 기본작전계획에 의거하여 북한군은 제1군단을 주공으로 하여 제105전차여단을 앞세워 서울을 점령한 후, 경부선을 따라 남진하도록 하고, 조공을 담당한 제2군단의 제2, 12사단이 춘천에서 용인을 거쳐 수원으로 우회공격하여 서울 일대의 국군주력을 포위하도록 계획하였으며, 각종 특수부대의 지원을 받는 제5사단은 동해안로를 따라 진출하도록 하였다.

북한군의 남침계획은 국군의 주력을 한강 이북에서 포착하는데 중점을 두었던 반면, 한강 이남지역으로의 진출을 위한 후속계획 및 그 준비는 비교적 소홀한 것이었는데, 북한군은 그들이 서울만 점령하면 남로당 주도하에 남한 각 지역에서 무장봉기가 일어나 힘들이지 않고 대한민국 정부를 무너뜨릴 수 있다고 판단한 듯하다.

2. 국군의 방어계획

1949년 이래 육군본부 정보당국의 적정판단은 대체로 정확하였다. 정보당국은 북한군이 사용할 수 있는 주접근로를 서부지역(개성~문산~서울), 중부지역(의정부 회랑), 중동부지역(춘천~원주) 등으로 상정하였다.

그 중에서도 특히 의정부방면을 중요시하여 북한군이 남침해올 경우 이곳에 주공을 두고 개성·춘천 등지에 조공을 두어 38선상의 아군진지를 돌파하려 할 것이며, 그후 아군의 주력을 한강선 이북에서 포착하여 결전을 강요해 올 것으로 예상하였다.

1949. 12. 27 연말 종합정보보고에 의하면 1950년 봄에 북한은 대남 후방요원의 기반획득과 내부 붕괴공작을 감행하여 남한침공의 구체적 여건을 조성하는 동시에 38선에서 전면적 공세를 취하여 일거에 대한민국의 전복을 기도할 것으로 예상하였다. 특히 1950. 6. 24 육군본부 정보당국은 북한군이 38선 전 전선에 걸쳐 전투사단과 전차포를 배치하여 공격해 올 것이며 공격시기는 6. 24 밤이나 6. 25이 될 것이라고 보고하였다.

이러한 정보판단에 기초를 두고 육군본부는 북한군이 침공해 올 경우 일차적으로 38선에 배치된 4개 보병사단 및 1개 연대로 하여금 이를 저지토록 하고, 상황에 따라 옹진반도의 국군 제17연대를 인천으로 철수시킬 것을 계획하였다. 그리고 육군본부는 국군의 주방어선을 임진강 남안~고랑포~초성~양문리~가평북방~춘천북방~주문진북방을 연하는 선으로 하여 적의 진출을 최대한 저지하는 한편, 후방 사단을 가장 위급한 지역부터 조속히 투입하여 38선을 회복한다는 내용의 방어계획을 수립하였다.

육군본부는 만일 국군이 서울 이북에서 적을 격퇴하지 못할 경우를 대비한 방어계획도 세웠다. 이 경우에 국군은 한강 이남으로 전략적 후퇴를 감행하면서 적의 진출을 최대한으로 지연시키는 한편, 후방지역에서 전투력을 재편성, 강화하여 적절한 시간과 장소에서 반격으로 전환함으로써 적의 주공을 38선 이남지역에서 포착 섬멸하려 계획하였다. 그러나 이 계획은 구체적인 세부사항이 결여된 채 수립되었다.

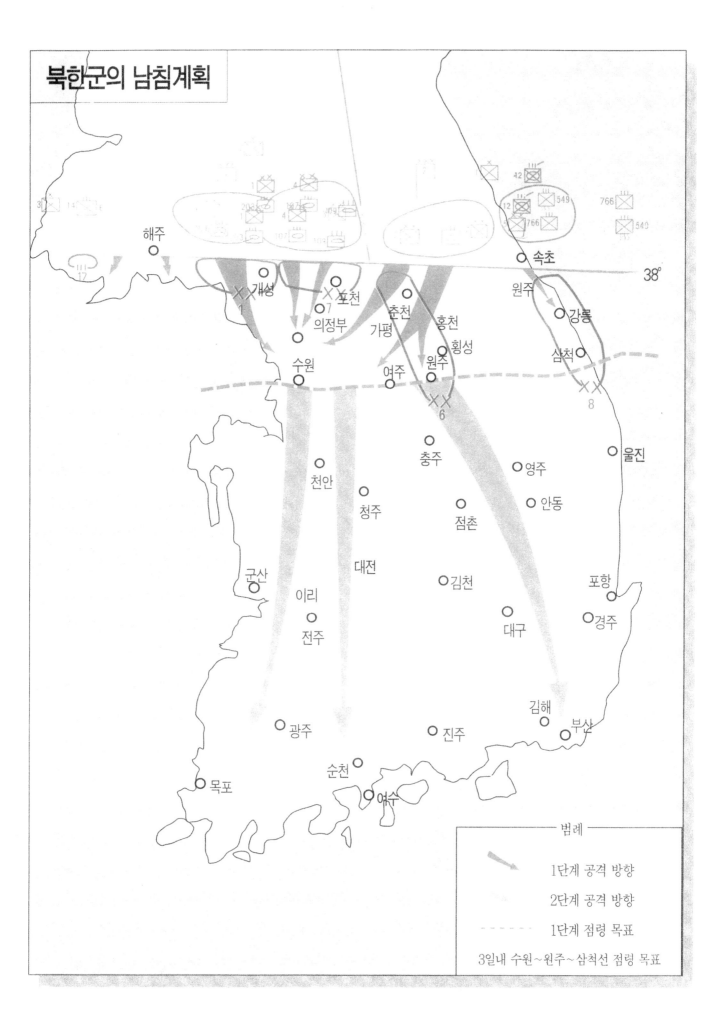

북한군의 남침계획

§2. 초기전투

1. 북한군의 불법남침

북한군은 1950. 6. 25 04:00경 서해안의 옹진반도로부터 동해안에 이르는 38선 전역에 걸쳐 국군의 방어진지에 맹렬한 포화를 집중시키면서 기습공격을 개시하였다. 적의 야크(Yak) 전투기는 서울 상공에 침입하여 김포비행장을 폭격하고, 시가를 기총소사하였다.

당시 국군은 노동절(5. 1), 국회의원 선거(5. 30), 북한의 평화공세 등 일련의 주요사태를 전후하여 오랫동안 비상근무를 계속하여 왔기 때문에 오히려 경계태세가 이완된 느낌이 없지 않았으며, 특히 북한의 평화공세에 대비하여 하달되었던 비상경계령이 6. 23 24:00를 기하여 해제되어 병력의 1/3 이상이 외출중인 상태에서 기습공격을 받게 되었다.

북한군은 7개 보병사단, 1개 기갑사단, 수개의 특수독립부대로 구성된 총병력 111,000명과 1,610문의 각종 포, 그리고 280여 대의 전차 및 자주포 등을 제1선에 동시에 투입하였다.

적 제1군단은 서울을 최초목표로 일제히 남진하였다. 북한군 제1군단 예하 제1, 6사단은 제105전차여단의 제203전차연대와 제206기계화연대의 지원하에 개성에서 서울로 공격하고, 주공부대인 북한군 제3, 4사단과 제105전차여단(-)은 각각 연천, 철원 일대에서 의정부를 거쳐 서울로 공격해 왔다.

북한군 제2군단은 조공으로서 제2, 12사단이 춘천을 공격하면서 서울 남측과 원주로 진격하려 하였고, 수개의 특수임무부대들의 지원을 받은 제5사단은 동해안로를 따라 침공해 왔다.

2. 국군의 방어

6. 25 08:00경부터 전방 각 사단의 전황보고와 지원요청이 육군본부에 쇄도하기 시작하였다. 의정부 전선을 시찰한 후 09:30 경 육군본부로 돌아온 채병덕 참모총장은 종래의 38선 충돌과는 전혀 다른 북한군의 전면공격이 시작되었다고 판단한 후 이미 수립되어 있는 국군의 방어계획에 따라 후방 3개 사단을 즉시 서울 북방에 투입하여 가장 중요하고도 위급한 상태에 있는 의정부방면에서 반격을 실시하도록 명령하였다. 그는 이어 기자회견을 통하여 "국군은 바야흐로 적을 격퇴하고 있다"고 발표하였다.

채참모총장은 6. 26 새벽을 기하여 국군 제7사단을 동두천 방면으로, 제2사단을 의정부 방면으로 투입하여 반격을 실시하기로 계획하였다.

그러나 후방사단의 이동은 비상수송계획의 미비와 공산유격대의 기습으로 상당시간 지체되지 않을 수 없는 실정이었다.

6. 25 오후 대전에서 급히 상경하여 반격명령을 수령한 제2사단장은 반격의 시기에 관해서 이견을 제기하였다. 그는 후방사단의 이동이 지연되고 있음에 비추어 6. 26 새벽의 반격계획은 시간적으로 무리함을 지적하고, 후방부대를 선착순으로 투입할 경우 전술의 금기로 되어 있는 병력의 축차적 소모를 가져오게 될 것이므로 반격부대의 주력을 일단 집결시킬 때까지 반격의 시기를 늦추도록 건의하였다.

그러나 수도 서울의 안위가 전국민의 사기에 큰 영향을 미칠 것이라고 판단한 채참모총장은 무리한 조기반격을 강행하게 되었다.

3. 미국 및 유엔의 반응

한국전 발발에 따른 미국과 유엔의 대처는 의외로 신속하였다. 6월 하순경까지 미 정책당국자들은 북한의 남침가능성에 관한 충분한 첩보를 획득하고 있었으나, 최후의 순간까지 북한이 감히 남침하리라고는 판단하지 않았다.

그러나 북한군의 전면남침이 명확히 알려지자 유엔은 6. 25. 14:00(뉴욕 시간) 안전보장이사회를 소집, 북한군의 진격중지와 38선 회복을 결의하였다. 이날 저녁부터 수차의 회의를 거친 미 정부 수뇌들은 북한의 남침을 저지시키고 한반도사태를 안정시키기로 결정하였다. 그들은 이 적나라한 침략행위가 오랫동안 계속되어 온 소련 공산주의자들의 세계 적화전략의 일환이며, 이제 이곳에서 소련의 끊임없는 팽창야욕에 한계를 그어주어야 한다고 판단하였다. 미국의 정책결정자들은 국제연맹의 실패가 제2차 세계대전으로 비화한 역사적인 경험에서 강경대응의 필요성을 강조하게 되었다.

이러한 결정에 따라 트루만(Harry S. Truman) 대통령은 우선 한국에 있는 미국인의 철수작전을 위해 해·공군력의 사용을 맥아더장군에게 허락하였고, 국군에 대한 무기의 공급을 지시하였으며, 이어서 합참본부의 건의에 따라 극동지방의 소련 공군기지를 무력화할 수 있는 계획을 작성하도록 지시하였다.

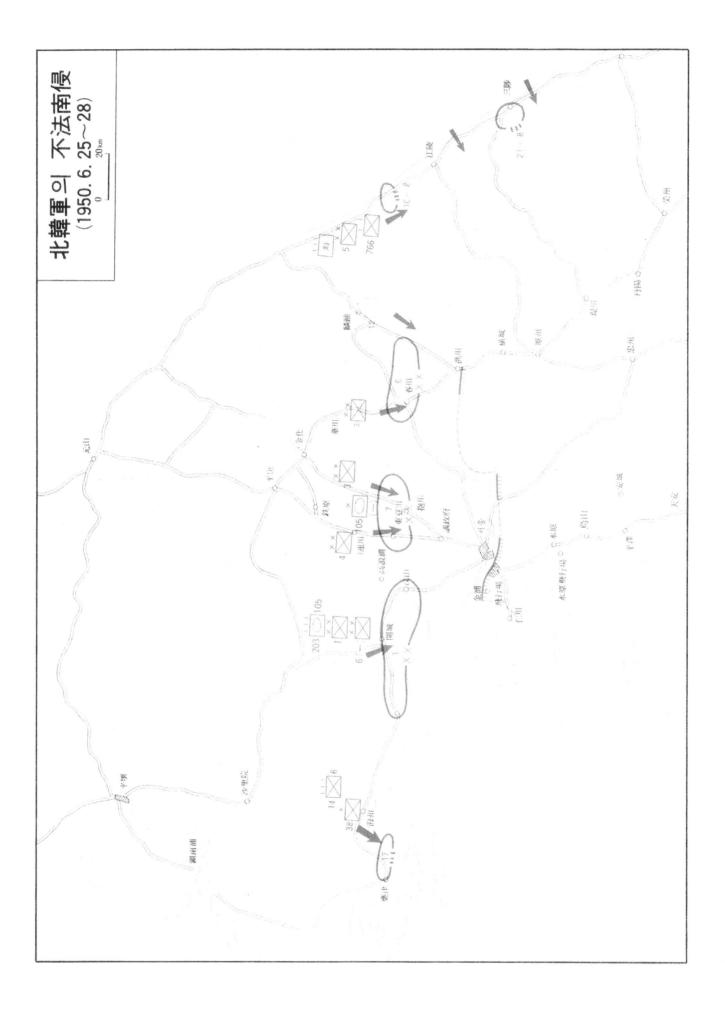

北韓軍의 不法南侵
(1950. 6. 25~28)

19

4. 옹진반도 전투

북한군은 6. 25 새벽, 약 30분간에 걸친 맹렬한 공격준비사격을 실시한 후 제6사단 제14연대와 제3경비여단을 투입하여 공격을 개시하였다.

국군 제11포병대대의 직접지원을 받고 있던 제17연대는 54km의 38선 정면에 2개 대대를 배치하고 있었으며, 예비대대는 후방의 옹진부근에 집결되어 있었다.

북한군은 즉시 아군 전방대대의 방어진지를 양익포위하여 하였다. 아군 제17연대는 병력의 열세와 장비 및 화력의 부족을 무릅쓰고 24시간 이상 지연전을 감행하다가 육군본부의 명령에 따라 지원된 LST 2척을 이용하여 6. 26 아침 인천으로 철수하였다.

5. 개성·문산지구 전투

(1) 상황

북한군은 중공군 출신으로 구성된 제6사단 2개 연대와 제206기계화연대를 개성 정면에 투입하고, 제1사단과 제203전차연대를 고랑포 일대에 투입하여 문산, 파주를 거쳐 서울 서측방으로 진격하고자 하였다.

국군은 청원에서 적성까지 약 90km의 전선에 제1사단을 배치하였다. 제1사단장은 개성에 제12연대, 고랑포 일대에 제13연대를 배치하였고, 제11연대는 예비대로서 사단사령부와 같이 수색에 위치시켰다. 그러나 각 부대는 외출, 외박, 휴가 등으로 많은 병력이 방어위치에 없었고, 사단의 차량과 중화기 등이 개전전 지시에 의하여 수리중이었기 때문에 전력이 극히 저하된 상태였다.

(2) 작전경과

국군 제1사단 제12연대는 개성 서방 32km 지점에 있는 연안에 1개 대대를 배치하고 나머지 병력을 개성시내에 배치하여 매우 넓은 정면을 경계하고 있었다.

전투력의 열세는 말할 것도 없고, 송악산 남쪽 산기슭에 편성되어 있던 아군의 전초진지는 해발 486m의 산정을 장악하고 있던 북한군의 진지로부터 감제되고 있어 지형마저 아군에 불리한 상태에 있었다.

송악산 능선에서 은밀히 공격준비를 완료한 북한군 제6사단장은 제13연대를 송악산으로부터 아군방어선 정면으로 투입하는 한편, 제15연대를 열차편으로 우회시켜 개성역으로 진격케 함으로써 국군 제1사단 12연대를 급습 강타하고 전후방으로부터 협격하였다. 그 결과

전후 양면에서 공격을 받게 된 아군은 혼란에 빠지고 곧 분산되었다.

한편 북한군 제1사단은 제203전차연대(T-34전차 40대)를 선두로 개성 동방 24km지점에 있는 고랑포일대에서 방어하고 있던 국군 제1사단 제13연대의 정면을 공격해 왔다. 적의 2개 연대는 국군 제13연대의 방어선을 양측면으로 우회 공격하여 1개 연대는 고랑포를 우회하여 파주방면으로 진출하였다.

아군은 57mm대전차포의 사격으로 적 T-34전차의 전진을 저지하려 했으나 아무런 성과를 보지 못하였다. 이에 아군 병사들은 육탄돌격을 감행하여 상당수의 적 전차를 파괴하면서 끝까지 분전하다가 적이 의정부를 점령하여 우측방이 노출되자 임진강 남안에 준비된 방어진지로 후퇴하였다.

국군 제1사단장은 예비연대로 보유하고 있던 제11연대를 임진강 남안 문산리 부근의 예비진지에 투입하고, 때마침 육군본부에서 증원된 혼성전투연대(육군사관학교 및 육군보병학교의 교도대와 갑종간부 제1, 2, 3기 후보생 등을 중심으로 하여 편성됨)를 각 연대에 분산 배속시켜 병력을 증강, 임진강 방어선을 잠시나마 유지할 수 있었으나, 전차를 앞세운 적의 공격에 어쩔 수 없이 후퇴하여야만 했다.

임진강 남안에서 적을 저지하지 못한 국군 제1사단은 6. 27 미명 금촌·봉일촌 지구에 집결하여 재편성을 실시하였다. 전열을 다시 가다듬은 아군은 금촌지구 229고지에서 다락고개, 도내리, 151고지, 의화리, 신산리에 이르는 중요 고지군을 연하여 방어선을 구축하였다.

이 방어선은 문산에서 서울로 이르는 양호한 전차접근로와 파주에서 고양에 이르는 지선(支線)도로가 있어서 기동력이 부족한 아군이 포위 당할 위험이 있으나, 진지 앞에 문산천과 수전(水田)지대를 끼고 있어서 방어에 유리한 지형이었다.

법원리 일대에서 재편성을 완료한 북한군 제1, 6사단은 이 방어선을 돌파하기 위하여 수차 공격하였다. 국군 제1사단은 용전분투하여 진지를 고수, 6. 28 미명에는 반격을 계획하고 있었다.

그러나 6. 28 새벽 수도 서울이 적의 손아귀에 들어가자 국군 제1사단은 퇴로를 차단 당했으며, 이 사실을 확인한 사단장은 각개행동으로 6. 30 08:00까지 시흥에 집결할 것을 명령하기에 이르렀다.

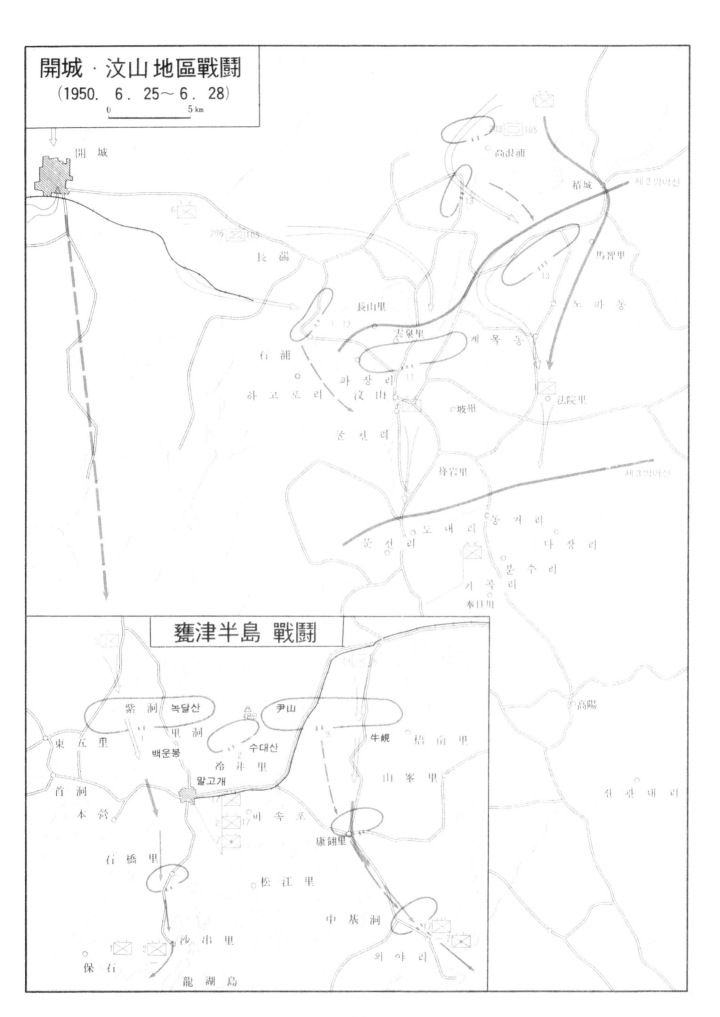

開城・汶山地區戰鬪
(1950. 6. 25～6. 28)

0　　　5 km

6. 의정부지구 전투

(1) 상황

북한군의 기습공격을 받은 아군은 병력과 장비가 열세한 데다가 작전계획이 모호하여 무질서한 후퇴를 거듭하게 되었다.

연대단위로 서울에 도착한 후방사단의 병력과 대대·중대·소대 또는 개인별로 후퇴해 내려오는 전방사단의 병력들은 곳곳에서 보이는 대로 위급한 지점에 투입되었다.

작전은 임기웅변적으로 수행되었고, 명령은 조령모개(朝令暮改) 식으로 변경되었다. 곳곳에 축차적으로 투입된 아군에 대하여 적은 어느 때 어느 곳에서나 상대적 우세를 확보하였다.

38선으로부터 한강교에 이르기까지의 후퇴는 단순히 전투력의 열세에만 기인되는 것이 아니라 불리한 상황을 타개하기 위해 적의 진출을 일정선에서 저지하고 작전의 주도권을 되찾아 궁극적으로 전세를 역전시킬 기본적 구상과 작전계획이 준비되어 있지 않았기 때문이었다.

철원 일대에서 의정부에 이르는 통로는 비교적 넓은 기동로와 견고한 지반으로 되어 있어 기갑부대의 작전에 유리하고, 하천 등의 특별한 자연장애물이 없어 적이 서울에 이를 수 있는 최단거리 접근로이다.

(2) 경과

북한군은 서울에 이르는 가장 중요하고 양호한 의정부회랑에 북한군 제1군단의 주력인 2개 사단과 제105전차여단의 2개 연대를 투입하였다. 북한군 제4사단은 동두천·의정부 방향으로, 제3사단은 포천, 의정부 방향으로 각각 공격을 개시하였다. 북한군 제105전차여단 예하 제107연대 소속 전차 40여 대는 북한군 제4사단을, 제109연대 소속 전차 40여 대는 북한군 제3사단을 지원하고 있었다.

국군 제7사단은 예하 제1연대를 38선 일대에 전개시켜 사단의 전 정면을 경계하고 있었고, 제3연대를 동두천에, 제9연대를 포천에 각각 배치하여 주접근로를 방어하고 있었다.

6. 25 05:30 공격을 개시한 북한군 제4사단은 이날 오전 국군 제1연대 정면의 주요진지를 점령한 후, 정면공격으로 아군 진지를 돌파하고 좌우양익으로 아군을 포위 공격함으로써 동두천을 점령하였다.

한편, 북한군 제3사단은 예하 제7연대로 하여금 양문리의 아군 진지를 돌파하여 포천으로 진출시키고, 1개 연대는 포천방면으로, 다른 1개 연대는 천주산 – 서파 – 퇴계원 방면으로 우회시켜 아군의 주력을 포위하거나 측방에서 급습하게 하였다. 이렇게 하여 북한군은 6. 25 저녁 동두천~포천선까지 진출하였다.

국군 제7사단은 6. 26 아침 덕정 동두천 방향, 제2사단은 의정부 포천방면 방면으로 역공을 개시하였다. 국군 제7사단의 부분적인 역습성공은 과장보도되어 오히려 전황에 대한 정확한 판단을 흐리게 하는 결과를 초래하였다.

한편 국군 제2사단은 대전으로부터의 병력집결이 지연되어 예하 제5연대의 2개대대만으로 역습을 개시하였는데, 축성령에서 역습에 참가하기로 되었던 국군 제7사단 예하 제3연대가 사전연락없이 미리 철수한 후였으므로 오히려 자일리에서 북한군 제3사단의 공격을 받아 의정부로 후퇴하였다.

국군 제2사단의 역습이 실패하자 퇴로가 차단될 위험에 직면한 국군 제7사단은 의정부를 거쳐 후퇴하였고, 상당수의 병력은 중장비를 포기한 채 의정부회랑 서측의 산지를 이용하여 서울로 후퇴하였다.

북한군 제3, 4사단과 제105전차여단은 6. 26 오후 의정부를 점령하였다. 의정부를 점령한 적의 주력은 경원도로를 따라 서울을 향해 진출하는 한편, 북한군 제3사단의 일부를 퇴계원으로 진출시켜 직동리 동쪽 봉대리 북쪽에 있는 372고지 및 376고지를 잇는 선에서 방어중이던 육사생도대와 경찰대를 공격하여 서울 주변방어선의 동측방에 일대위협을 가하여 왔다.

아군 각 부대는 유·무선 통신수단이 전무하여 인접 부대와의 작전협조와 지휘관의 상황판단 및 작전지휘가 거의 불가능하였다. 작전지역의 지도조차 못 가진 지휘관과 참모들은 상황판단을 위해 직접 전방으로 나갔으나 예하 병력과 부대들은 분산 후퇴 중이어서 전세는 걷잡을 수 없게 되었다.

축차적으로 투입된 아군의 각 부대는 어느 곳에서도 상대적 우세를 확보하지 못하고 고립된 작전을 수행하다가 지리멸렬되었다.

의정부회랑의 전투에서 적의 전차부대는 아군의 방어작전에 가장 큰 위협이 되었다. 아군은 대전차지뢰를 갖고 있지 않았으며 대전차포는 성능이 저열하여 무용지물이었다. 그러나 국군장병은 소총실탄마저 없는 상태에서 맨주먹으로 적의 진출을 저지하였다.

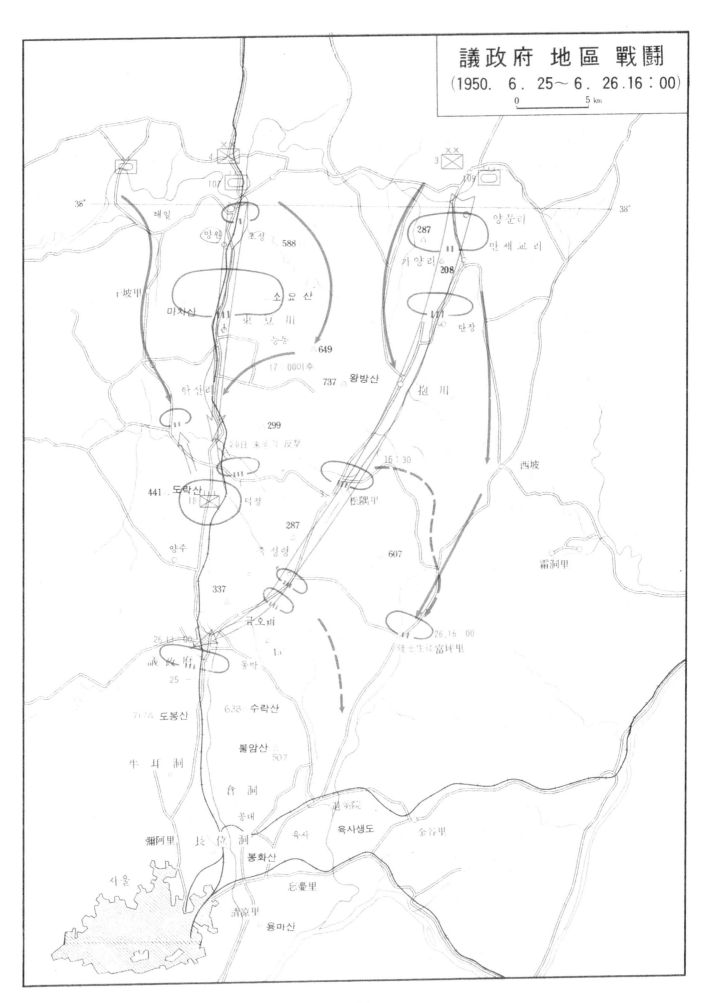

議政府 地區 戰鬪
(1950. 6. 25～6. 26.16：00)

7. 서울 방어전투

(1) 창동·미아리 방어선

의정부의 상실로 큰 타격을 받게 된 국군은 6. 27 아침 참모총장의 현지 명령에 따라 역습을 개시하였으나, 적의 우세한 포병화력과 전차의 반격으로 좌절되어 다시 창동선으로 후퇴하였다.

6. 27 새벽까지 창동과 쌍문동의 구릉지대에는 국군 제1, 3, 5, 9, 16, 22, 25 각 연대의 잔여병력들이 혼성 배치되었고 육사생도대는 육사부근의 고지에, 그리고 이 방면으로 후퇴해온 제5, 9, 16연대의 일부병력은 불암산 일대에서 육사교장(이준식 준장)의 지휘 아래 배치되었다.

창동방어선에 배치된 아군의 지휘체계는 극도로 문란하여 지휘관 없는 병사들과 병사 없는 지휘관들이 혼잡을 이루었으나 이를 정비할 시간적 여유조차 없었다. 6. 27 정오가 조금 지나서 적 전차대에 의하여 창동방어선이 돌파되어 적 전차가 진지 앞에 접근해 오자 병사들은 몇 발 남지 않은 소총탄을 사격하고 지휘관은 권총으로 사격하면서 저항하였다.

아군 잔여병력은 다시 서울의 최후방어선인 미아리고개로 후퇴하여 수도 서울과 운명을 같이하려는 비장한 각오 아래 마지막 저지선을 구축하였다. 미아리는 경원도로를 감싸고 있는 고개로서 이 도로만 폐쇄하면 적 전차의 시내진입을 막을 수 있으리라는 희망을 가지고 장병들은 전력을 다하여 방어진지를 구축하기 시작하였다.

서울 주변에 있던 모든 부대의 모든 병력이 육탄으로 적의 전차와 대결하였으며, 적은 전차와 포병의 화력을 집중하여 일격에 아군의 진지를 유린하고 이를 돌파하기 위해 전차 60대를 앞세워 공격을 개시하였다.

아군은 더욱 병력을 증강하여 종전과는 달리 이를 종심깊게 배치하였다. 장병들은 105㎜곡사포로 돌격사격을 감행하고, 대인지뢰, 수류탄, 급조폭약을 안고 돌진하여 적 전차를 분쇄하는 등 초인간적인 감투정신을 발휘하여 미아리 방어선을 사수하였다.

적은 마침내 미아리선에 대한 정면공격을 포기하고, 6. 28 02:00경 야음을 이용하여 2대의 전차를 홍릉으로 침투시켰다. 적 전차가 뜻밖의 방향에서 잠입하여 서울 시내에 출현하자 미아리방어선에 배치된 부대들은 6. 28 새벽부터 철수를 개시하였다.

(2) 수도 서울의 위기

당국의 과장된 전황보도를 반신반의하면서 초조와 불안 속에서 이틀을 보낸 서울 시민들은 6. 27 아침 개전 사흘째를 맞이하였다.

이 날 새벽에 열린 비상국무회의는 정부를 수원으로 옮기기로 결정하였으며, 이와 때를 같이하여 열리던 국방관계자회의에서는 서울 사수를 결의하고 이를 시민들에게 공표하였다.

그러나 창동방어선이 무너지자 채참모총장은 서울을 포기하기로 번의(飜意)하고, 공병감에게 적이 서울시내로 들어오기 2시간 전에 한강교를 폭파하도록 지시한 다음 6. 27 오후에 육군본부를 시흥으로 이동시켰다. 그러나 육군본부는 시흥으로 이동하자마자 맥아더 장군의 미 극동군사령부의 전방지휘소(ADCOM)를 한국전선에 설치할 것이라는 연락을 받고 6. 27 어두워질 무렵 다시 용산으로 복귀하였다.

(3) 한강교의 폭파

채참모총장으로부터 한강교 폭파준비명령을 받은 공병감은 6. 27 오전 공병학교장에게 그 준비를 지시하였다. 폭파준비는 15:00경 완료되었다. 그러나 이날 저녁 시흥으로 이동했던 육군본부가 다시 서울로 복귀하면서 폭파는 일단 연기되었다.

자정이 지나 6. 28 02:00가 채 못되어 적 전차가 서울 시내로 돌입하였다는 보고를 받은 채참모총장은 공병감에게 한강교폭파를 지시하고 차를 몰아 남쪽으로 향하였다. 한강교는 02:30경 마침내 폭파되었다. 교량 위에 있던 수십 대의 차량이 함께 폭파되고 수백 명의 인원이 폭사하였다.

한강교가 폭파되던 순간에도 국군의 주력은 여전히 수도 서울을 위하여 밤을 세우며 혈전을 계속하고 있었으며, 대부분의 중화기와 장비 및 보급품은 한강 이북에 있었다.

강북에 남아 있던 국군의 대부분은 그 후 도하에 성공하였으나 원대에 합류하기까지 개인별로 분산되어 있었기 때문에 한동안 전열을 유지할 수 없었다.

실탄마저 떨어진 일선부대가 결사적으로 적을 저지하고 있는 동안, 주력부대의 질서있고 안전한 철수계획을 제대로 마련하지 못한 채 적 전차가 출현하자 전방부대의 퇴로를 성급히 차단함으로서 국군은 다시 전열을 가다듬어 반격에 나서기까지 상당한 기간을 필요로 하였다.

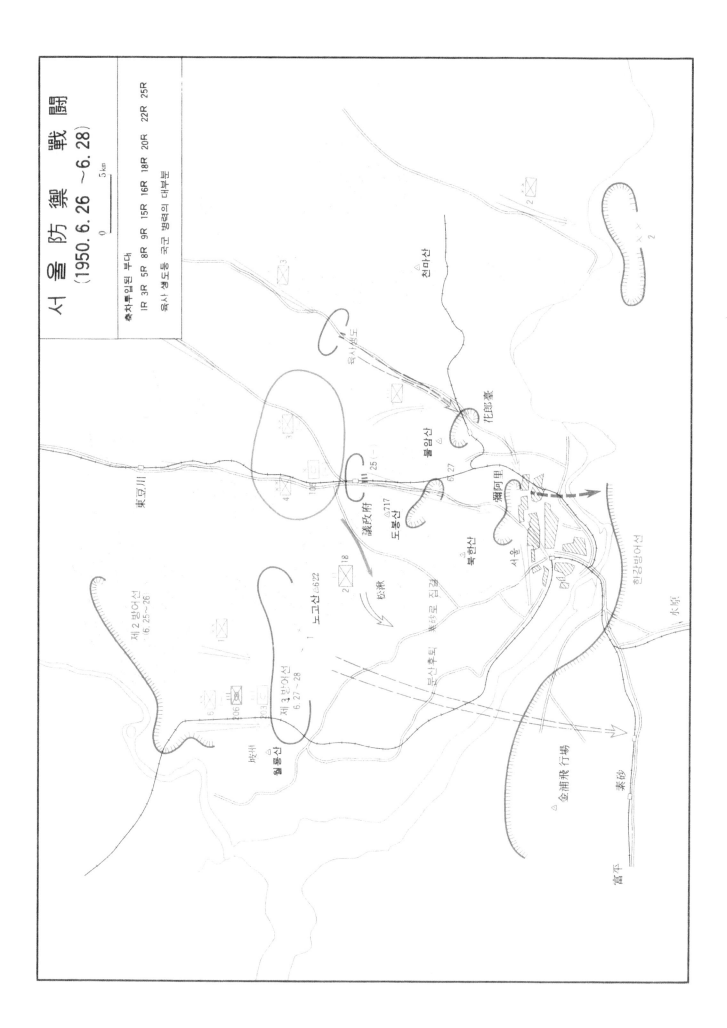

서 울 防 禦 戰 鬪
(1950. 6. 26 ~ 6. 28)

축차투입된 부대

1R 3R 5R 8R 9R 15R 16R 18R 20R 22R 25R

육사 생도등 국군 병력의 대부분

8. 춘천지구 전투

(1) 상황

춘천을 중심으로 하는 중동부 산악지대의 방어를 담당한 국군 제6사단은 개전 2주일 전에 부임한 신임 사단장의 지휘방침에 따라 군기진작과 정신교육에 특히 중점을 두고 임전태세를 갖추고 있었다. 특히 북한 남침 당일에는 전방부대의 적정보고에 따라 사단장은 장병의 일요외출을 중지하고 경계를 더욱 강화하도록 하였다.

예하 제7연대는 천험(天險)의 고지군이 횡격실로 이어진 수리산맥을 이용하여 38선 정면에 견고한 방어진지를 편성하고 있었고, 제2연대는 인제~홍천간 도로를 차단하고 있었다. 제19연대는 사단의 예비로서 원주에 집결하고 있다가 개전과 동시에 춘천방면으로 투입되었다.

북한군 제2군단은 예하 제2사단을 춘천 북방에 투입하여 개전 당일 춘천시를 점령하도록 하고, 제12사단을 인제~홍천도로로 진출시켜 국군주력의 퇴로를 차단하고자 하였으며, 오대산에서 활동중이던 유격대가 제12사단의 진출을 보조하도록 하였다.

북한군 제2사단은 일단 춘천을 점령한 후 가평을 거쳐 서울 동북방으로 진출하고, 제12사단은 홍천을 거쳐 원주로 남하하도록 계획되었다.

(2) 수리산맥 전투

북한군 제2사단은 공격개시와 더불어 예하 제4연대가 국군의 방어선을 정면으로 공격하는 동안 제6연대를 북한강계곡으로 은밀히 침투시켜 아군 제7연대의 퇴로를 차단하려 하였다. 이 계획은 북한군 제6사단의 개성 공격과 비슷한 착상이었다.

그러나 아군 제7연대는 지형의 이점을 최대한 활용하여 진지를 고수하였으며, 특히 105㎜ 곡사포의 화력을 집중하여 적에게 큰 타격을 주었다. 아군은 적의 자주포가 북한강계곡의 도로를 따라 침투해오자, 57㎜대전차총으로 이를 명중시켰으나 아무 소용이 없자 육탄공격을 자원하는 소대장을 포함한 5명의 특공조가 적에게 접근하여 수류탄과 화염병으로 자주포를 파괴하였다.

북한군 제2사단은 예비로 있던 제17연대를 우측 일선에 투입하여 불리한 전황을 타개하려 하였으나 좌절되었다. 북한군 제2사단은 이 공격작전에서 40%의 전투력을 상실하였고, 특히 제6연대의 피해는 50%에 달했으며 SU-76자주포 16문 가운데 7문, 45㎜대전차포 2문, 박격포 수문이 파괴되었다. 이로써 국군 제6사단

은 최초접전에서 적의 공격을 성공적으로 격퇴하였다.

(3) 인제·홍천지역 전투

전차 30대의 지원을 받아 인제로부터 홍천 방면으로 공격을 개시한 북한군 제12사단은 국군 제2연대의 분전에도 불구하고 인제 남방 25㎞ 지점에 있는 큰말고개까지 진출하여 국군 제6사단 주력의 퇴로를 위협하였다. 그러나 이때 북한군 제2군단장은 춘천의 점령을 중요시하여 예하 제12사단의 진출을 중지시키고, 이 부대를 다시 인제를 거쳐 춘천 동방으로 공격하도록 명령하였다.

북한군은 제2사단의 서울 외곽 진출이 지연될 경우 전반적인 공격계획에 차질이 올 것을 우려하여 제12사단의 1개 연대를 큰말고개에 잔류시키고 주력을 다시 북상시켜 춘천공격에 가담시켰다.

국군 제6사단은 3일간 춘천을 확보하면서 선전하였으나 동해안의 제8사단이 이미 퇴각중이었고, 6. 27 저녁에는 서울에 적이 침입하여 더 이상 전선을 유지할 수 없게 되었다. 그리하여 6. 27 저녁에 접수된 육군본부의 명령에 따라 질서정연한 후퇴작전을 개시, 홍천 남방에 새로운 방어선을 점령하고 국군 제8사단의 철수를 엄호하였으며, 이 날 북한군 제2, 12사단은 춘천시내에 돌입했다.

(4) 춘천 철수 작전

3일간 적의 진출을 저지한 국군 제7연대는 홍천으로 철수하면서 제2대대를 원창고개에 배치하여 아군부대의 후방을 엄호하도록 하였다. 춘천과 홍천 사이에 있는 횡격실의 원창고개는 급경사에 굴곡이 심하여 방어에 매우 유리한 지형이었다.

제2대대는 6. 28 오후 북한군 2개연대의 공격을 맞아 이를 격퇴하였으나 투항을 가장한 소수의 적병에 의해 어이없이 원창고개를 포기해야만 하였다.

한편 국군 제2연대는 6. 27 아침 한계리와 북창을 잇는 큰말고개로 후퇴하여 방어선을 구축하였으나 6. 29 밤 이 방어선을 포기하였다.

서울이 함락되고 육군본부가 수원으로 이동하자 국군 제6사단은 횡성, 원주, 제천을 거쳐 7. 1 충주로 철수하였다.

(5) 결과

국군 제6사단은 5일간에 걸친 춘천·홍천지구의 서전(緖戰)에서 북한군 2개 사단에게 섬멸적인 타격을 주었고, 스스로 정예로 자랑하던 북한군 제12사단을 강타했다. 북한은 그들 제2군단장과 제2, 12사단장을 경질했다.

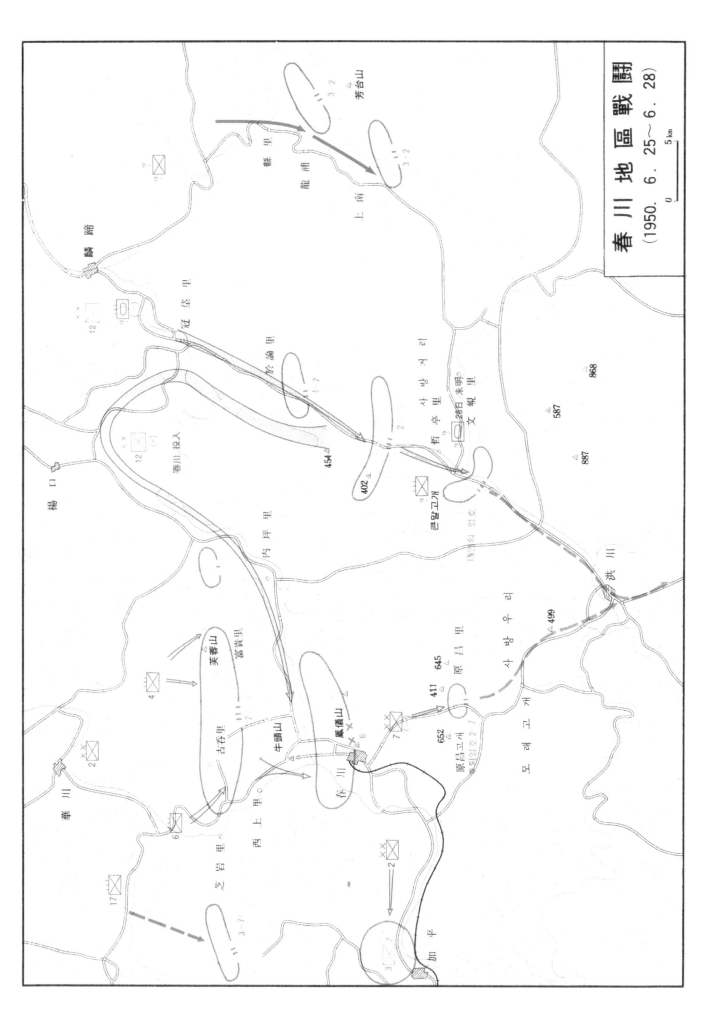

春川地區戰鬪
(1950. 6. 25~6. 28)

9. 동해안지구 전투

(1) 상황

남북으로 이어진 1,000~1,500m의 수많은 고지군들로 형성된 태백산맥과 좁은 해안평야지대, 그리고 작은 하천들로 이루어진 동해안지구는 대규모 공격작전이나 방어작전에 모두 부적절하고 불리한 지형을 이루고 있다.

동해안지구를 방어중이던 국군 제8사단은 사단사령부를 강릉에 두고, 예하 제10연대를 전방 38선일대에, 제21연대를 후방 삼척에 배치하고 있었다. 제10연대는 험준한 지세를 이용하여 정면 26㎞에 달하는 넓은 지역을 경계중이었고, 제21연대는 태백산맥일대에서 적의 게릴라를 소탕중이었다.

북한군 제5사단은 북한군 유일의 제12싸이드카연대를 배속받아 38선 일대의 아군 방어선을 정면으로 공격하여 돌파한 후 해안을 따라 남하하여 포항방면으로 진출할 계획이었다. 그리고 이를 지원하기 위하여 갑산에서 훈련을 마친 북한 제766유격연대가 동해안 여러 곳에 상륙하여 아군의 퇴로를 차단하고, 다시 내륙으로 침투하여 태백산맥 일대의 유격대와 합세한 후 중부전선에서 남하하는 북한군 제2군단의 진출을 지원하려 하였다.

(2) 작전경과

6. 25 새벽 북한군 제5사단은 증강된 2개 연대를 주력으로 동해안로에 지향시키고, 1개 연대를 산간도로를 따라 서림리에서 광원리로 남진시켜 총공격을 개시하였다.

공격개시와 더불어 적 유격대 병력으로서 강릉 부근에 적 제766부대의 2개 대대가, 옥계에 약 400명, 임원진에 약 600명이 상륙하였다.

국군 제8사단 사령부와 예하 각 부대는 상호간의 통신연락이 차단되어 분산 고립될 위험에 빠지게 되었다. 제10연대가 지세를 이용하여 38선상의 방어진지를 고수하였으나 전반적 상황은 시시각각 불리하게 전개되어 마침내 아군의 주저항선이 붕괴되었다.

그리하여 국군 제8사단은 내륙으로의 철수를 결정하고, 분산 배치된 각 부대를 일단 강릉에 집결시킨 후 대관령을 넘어 평창을 거쳐 제천으로 후퇴하여 7. 2까지 철수작전을 완료하였다.

10. 초기 작전 분석

(1) 국군

장기간의 계획과 준비 끝에 감행된 북한의 기습공격은 경비대 창설기의 규모와 성격을 탈피하지 못하고 있던 국군에게 큰 시련이 아닐 수 없었다.

국군의 필사적인 저지작전에도 불구하고 3일만에 서울을 포기해야만 했던 이유는 무엇보다도 병력, 장비, 훈련 및 전투경험 등 전투력의 절대적인 열세에 있었다. 미소 양국의 남북한에 대한 군사원조정책의 차이는 한반도에 심각한 군사적 불균형을 초래하였다. '일본군의 철모, 미제군화, 일제소총 등…' 각개 병사의 장구와 기본화기마저 제대로 통일되어 있지 않았다. 더욱이 국군은 병력을 전국에 분산 배치해야만 하였고, 현대전 수행에 불가결한 전차와 전투기 등을 보유하지 못하였으며, 적전차를 저지할 효과적인 무기조차 없었다.

국군이 북한군의 진출을 저지하지 못한 또 하나의 큰 원인은 작전지휘 및 전쟁지도가 부적절하고 임기응변적이었다는 점을 지적하지 않을 수 없다. 당시 우리에게는 일단 유사시에 대비할 구체적이고 현실적인 작전계획과 국가 정책적 차원에서 국가의 이익과 안전을 도모할 체계적인 안보정책이 미비한 실정이었다.

(2) 북한군

개전 초기 전투력의 압도적인 우세와 작전의 주도권을 확보한 북한군은 정면돌파와 측후방우회를 배합한 이른바 '일점양면전술(一點兩面戰術)'로 상당한 성과를 거둘 수가 있었다.

38선상의 아군 방어선을 연대단위로 돌파한 다음, 북한군은 다시 사단단위로 공격축선을 부여하여 2개 사단이상의 협동에 의한 양익포위로서 의정부, 서울, 춘천, 홍천 등 제1단계작전의 최종목표를 점령하려 하였다.

북한군은 또한 남침개시와 더불어 대규모의 유격대를 동해안에 상륙시킴으로써 정규전과 비정규전의 배합을 기도하였다. 적의 유격대는 태백산맥과 소백산맥 일대에 침투하여 이미 남파된 잔류 유격대 및 공비와 합류한 다음 국군의 후방 병참선을 교란 또는 차단하고 북한군 주력의 진로를 개척하도록 하였다. 특히 남로당계 지하세력을 과대 평가한 북한군은 유격대의 주도 아래 이들을 전력화하려고 하였다.

그러나 속전속결의 해결방식을 구현하기에는 북한군의 공격배치가 너무 평범하였고, 공격력이 불필요하게 분산되었다. 서울 점령 후 전과확대와 추격의 기회를 놓친 북한군은 아군의 필사적인 방어로 패배의 고배를 마셔야 했다.

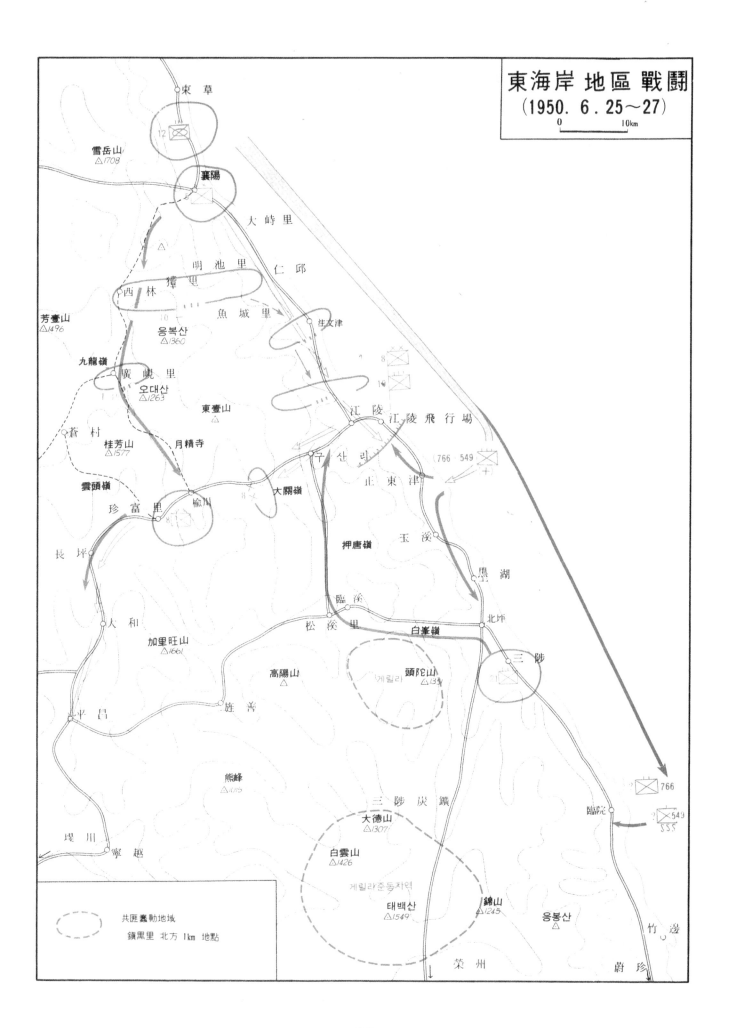

東海岸 地區 戰鬪
(1950. 6. 25〜27)

0   10km

東草

雪岳山 △1708

襄陽

大峴里

明池里   仁邱

西林   獐里

魚城里   住文津

芳臺山 △1496

응복산 △1360

九龍嶺   廣峴里

오대산 △1263

東臺山 △

江陵   江陵飛行場

蒼村

桂芳山 △1577

月精寺

구산리

766   549

雲頭嶺

珍富里   楡川

大關嶺

正東津

長坪

押唐嶺   玉溪

墨湖

大和

加里旺山 △1661

高陽山 △

頭陀山 △1351

三陟

北坪

臨溪

松溪里   白峯嶺

게릴라

旌善

熊峰 △1015

三陟炭鑛

大德山 △1307

白雲山 △1426

게릴라준동지역

堤川

寧越

太白山 △1549

錦山 △1245

응봉산 △

766

臨院

549
555

게릴라

竹邊

榮州   蔚珍

共匪蠢動地域

鎭黑里 北方 1km 地點

제3장 지연전

§1. 한강선 방어

1. 시흥지구 전투사령부

옹진반도와 개성지구에서 아군의 상황이 결정적으로 불리해지자, 수도사단은 즉시 기갑부대 예하의 2개 소대를 김포반도에 배치하여 6. 25 하오부터 한강 하류의 동서 양안을 경계시키는 동시에 적의 상륙에 대비케 하였다. 이와 같은 수도사단의 조치는 비교적 정확한 것이었으나, 김포반도에 투입된 아군의 방어부대는 그 규모에 비해 임무가 너무 과중하였다.

6. 25 밤 국군 제17연대가 옹진에서 철수하고, 제1사단이 청원을 포기하자 김포반도는 위기에 직면하게 되었다. 6. 26 정오 북한군 제6사단은 다수의 목선과 어선을 동원하여 문수산 전방 월관지구에서 김포반도에 상륙하는 한편, 한강을 거슬러 올라가 아군 후방 청현리에 상륙을 개시하였다. 아군은 6. 29 정오 김포비행장까지 후퇴하여 이를 확보하려 했으나, 적은 이미 6. 28 비행장을 점령하였다. 그 후 적은 국군의 결사적인 지연작전에도 불구하고 경인철도를 따라 계속 진출하였다.

한편 6. 28 새벽 수원으로 이동한 육군본부는 그날 정오 김홍일 소장을 시흥지구전투사령관으로, 이응준 소장을 수원지구 전투사령관으로 각각 임명하여 부대의 재편과 한강선 방어임무를 담당하게 하였다.

시흥지구전투사령관은 시흥에 있는 육군보병학교에 도착하자 수습된 병력으로 전투사령부를 설치한 다음 6. 29에는 각개행동으로 한강을 도하해온 병력을 모아 부대를 편성하고 한강방어선 강화에 주력하였다.

전투사령부는 국군 제7사단을 노량진 방면에 배치하고, 수도사단을 영등포에 배치하여 한강선 저지작전의 주력을 삼았으며, 제1사단을 시흥에 두어 예비대로 하였다. 또한 김포방면에는 새로 편성한 김포지구경비대를 배치하였으며, 제2, 3, 5사단의 잔여병력을 저지선에 투입하여 방어부대를 보강하였다.

당시 국군의 각 사단은 '소총사단'에 불과하여 공용화기라고는 81㎜박격포 2~3문, 기관총 3~4정을 보유하고 있을 뿐이었다. 병사들은 개전이래 거듭되어온 무질서한 후퇴와 급식의 부족으로 인하여 피로가 극심하였고, 사기도 저하되어 있었다.

그러나 국군은 유엔군의 부산상륙을 가능케 할 최소한의 소요기간만이라도 충족시키기 위해서 한강선을 필사적으로 확보하려 했다.

2. 북한군의 한강도하

서울을 점령한 북한군은 최초작전의 성공을 자축하면서 북한군 제 3, 4사단 및 제 105전차여단에게 '서울사단'이라는 칭호를 부여하였다(제 105전차여단은 사단으로 승격되었음).

북한군은 차후작전의 기본방침을 '미군이 증원되기 전에 한국군의 주력을 수원 이북에서 포위한 후 평택-안성~충주~제천~영월에 이르는 선까지 진출'하는 것으로 설정하고, 주공을 경부축선에 두었다.

적은 6. 29 밤부터 맹렬한 포격과 함께 한강 도하작전을 개시하였다. 6. 30 미명 서빙고에서 도하를 개시한 북한군 제3사단은 한강 남안에 상륙한 다음 동작동과 흑석동을 잇는 고지 일대로 진출을 기도하여 아군과 일진일퇴의 치열한 공방전이 전개되었다. 적은 제3사단이 노량진부근까지 진출하여 한강 남안의 고지군을 일단 장악하게 되면, 그 엄호 아래 완전히 파괴되지 않은 한강의 철교를 이용하여 전차를 남안으로 진출시키려 하였다.

적이 전차의 지원을 받지 못하고 있다는 사실에 큰 용기를 얻은 아군은 대등한 조건 속에서 북한군 제3사단을 공격하여 대타격을 주면서 7. 3까지 진출을 저지하는데 성공하였으며, 국군 제18연대는 마포방면에서 7. 1 새벽 북한군 제4사단의 도하를 저지하고 여의도를 계속 확보하였다.

7. 3 미명을 기하여 한강철교의 수리를 끝낸 북한군은 전차를 앞세워 한강을 도하하여 영등포방면으로 진출하기 시작하였다. 여의도를 확보하고 있던 국군 제8연대는 적이 배후로 진출하자 한강선을 포기하지 않을 수 없었으며, 대안(對岸)에 있던 북한군 제4사단은 국군 제8연대가 철수하자 곧 도하를 완료한 다음 영등포로 돌입하였다.

영등포에 집결한 아군부대는 시가전을 전개하여 적의 진출을 최대한 지연시켰으며, 개전 초 적의 기습공격을 받아 지리멸렬되었던 국군의 전열은 놀랍게도 단시일내에 정비되었다.

국군은 사력을 다하여 한강방어선을 1주일간이나 확보한 다음 지연전을 전개하면서 전략적 후퇴를 계속하였다.

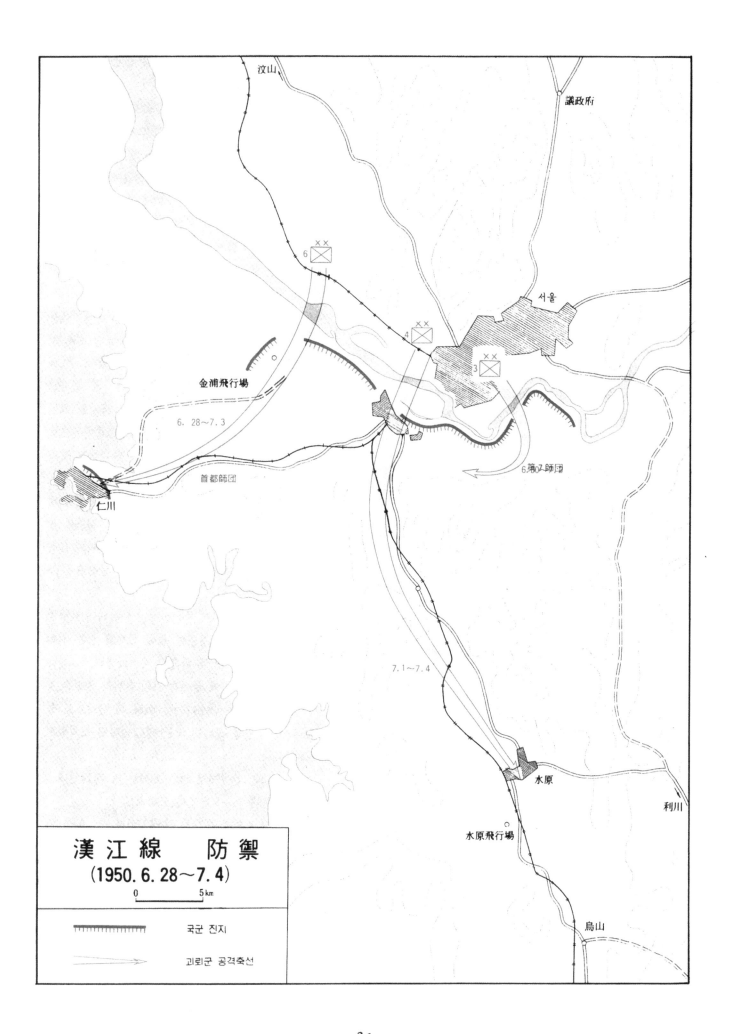

汝山

議政府

서울

金浦飛行場

6. 28~7. 3

首都師団

仁川

4

3

6.第7師団

7. 1~7. 4

水原

利川

水原飛行場

烏山

漢江線　防禦
(1950. 6. 28~7. 4)

0　　　　5 km

|||| 국군 진지

⟶ 괴뢰군 공격축선

§2. 금강·소백산맥 방어선으로

1. 전선의 정리

7월중 동부전선에서는 국군 제6, 8사단이 질서 있는 지연전을 전개중이었으나, 서부전선은 극심한 혼란에 빠져 거의 작전통제가 불가능한 상황이었다. 이때 대전에 도착한 스미스(Charles B. Smith) 부대는 처치 장군에 의하여 즉각 전선에 투입되었으며, 미(William F. Dean) 제24사단장 딘 소장도 대전에 도착하였다. 이에 따라 국군은 전력을 재편성하고 전선정리를 하게 되었다.

맥아더 장군으로부터 가능한 한 북부전선에서 적을 저지하고 공세를 위한 기지를 설정할 임무를 부여받은 딘 소장은 평택~안성~삼척을 연하는 선, 차령산맥 일대, 금강선, 소백산맥 일대, 낙동강선 등을 양호한 방어선으로 판단하고, 스미스부대가 죽미령에서 적을 견제하는 동안 후속 북진중인 제34연대를 평택, 안성 일대에 배치하기로 결정하였다.

이때 국군 제6, 8사단을 제외한 6개 보병사단이 거의 와해되어 잔여병력이 평택 일대에 집결되어 있었는데, 국군은 이들을 모아 3개 사단으로 재편성하고, 7. 5 이 3개 사단으로 제1군단을 편성하여 청주에 군단사령부를 설치하였다. 국군 제1군단은 수도사단을 진천·괴산 일대에, 제1사단을 음성일대에 배치하고, 제2사단을 군단예비대로 삼아 연담리 부근에 배치하였다.

중동부전선에는 국군 제6, 8사단이 배치되고, 동해안로에는 제3사단 제23연대가 배치되어 전반적 방어편성이 완료되었으나 장비, 보급품의 부족으로 악조건하에서 전투를 계속하지 않을 수 없었다.

2. 죽미령 전투

미 제24사단 선발대는 7. 1 부산공항에 착륙하였으며, 7. 3에는 부산에 기지사령부가 설치되어 계속 상륙하는 미군 주력부대를 지원하게 되었다. 7. 4에는 오산~평택간에 미군 선봉부대가 진출하여 이 선에 방어선을 구축하고 적과 최초로 접촉하였다.

미 제24사단 제21연대의 '스미스(Smith) 특수임무부대'는 최초로 한국에 공수된 미 제21연대의 일부 병력으로서 7. 4 04:50 오산에 도착하여 오산 북방 죽미령에 방어진지를 구축하였다. 스미스부대는 미 제21연대 1대대가 중심이 된 부대로서 2개 소총중대와 75mm무반동총소대(4정), 4.2″ 박격포소대(4문) 등 406명으로 구성되어 있었으며, 미 제52포병대대 A포대(105mm 6문)의 지원을 받고 있었다.

스미스부대는 죽미령 부근의 경부국도와 철도 주변에 있는 100m 내외의 능선에 배치되었으나 전투준비는 매우 미비한 상태였다. 미군 병사들은 정찰행동 정도로 생각하여 곧 일본으로 다시 돌아간다는 환상 속에 전투에 임하는 정신적 자세가 전혀 가다듬어 있지 않았다. 지원포대 역시 1,200발의 포탄중 대전차포탄은 6발뿐이었고, 기타 장비 역시 매우 부족한 상태였다. 이들의 후방 오산에는 국군 제17연대가 있었으나 호주 공군의 오폭으로 많은 피해를 입고 있었다.

수원을 점령한 북한군 제4사단은 제107전차연대를 선두로 7. 5 07:30 스미스 부대를 공격하였다. 08:16 최초의 미군 포화가 적 전차를 향해 발사되었다. 75mm 무반동총과 2.36″ 로켓포가 발사되었으나 적 전차는 남진을 계속하였다. 보병진지를 돌파하고 죽미령 고개를 넘어오는 적 전차중 2대를 포병의 직접조준사격으로 격파하였으나 적 전차는 미군 방어선을 돌파하고 남쪽으로 계속 전진해 내려갔다.

11:00경 북한군 제4사단 제16, 18연대가 공격을 개시하였다. 스미스 부대는 박격포사격으로 적 전차를 공격하였으나, 이에 아랑곳없이 적 전차는 아군에게 직접조준사격을 하고 보병들은 스미스 부대의 양측면을 우회포위하기 시작하였다.

무전기까지 고장이 나서 통신연락이 두절되어 포병지원도 받지 못한 스미스 부대는 결국 압축해 오는 적의 포위망을 뚫고 오산으로 후퇴하기 시작하였다. 그러나 이미 오산이 적의 수중에 들어가 있던 터이라 포병은 포를 버리고, 소총병은 공용화기를 버린 채 안성으로 철수하였으며, 오산을 지키던 국군 제17연대도 조치원으로 후퇴하였다.

스미스 부대는 안성에서 새로 도착한 미 제34연대 3대대와 합류하여 7. 6 천안에 도착하였다.

이 작전에서 스미스 부대는 전사 150여 명, 실종 26명의 손실을 입어 사실상 전투임무 수행이 불가능한 실정이었다.

미군이 개입했다는 사실만으로 강력한 무력시위를 하려 했던 미군의 최초개입은 뜻밖의 적에 의해서 실패로 돌아가고 말았다. 이로써 단순한 경찰행동만으로 북한군을 저지시킬 수 있으리라는 안이한 전술판단은 사라지고 미군의 정규 사단이 계속 참전하게 되었다.

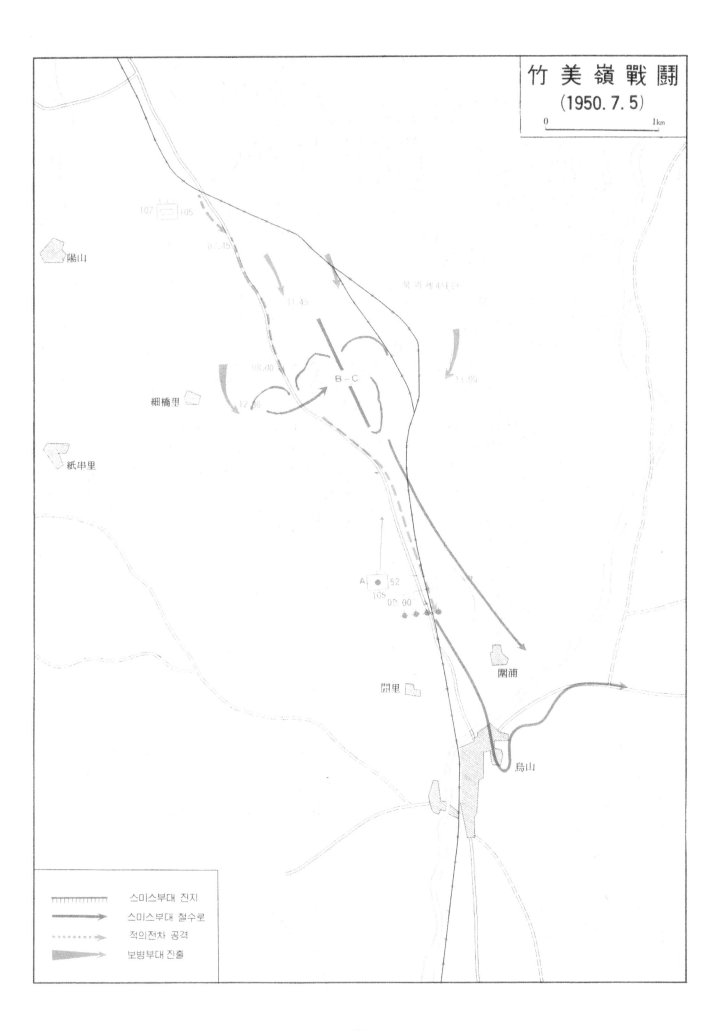

竹美嶺戰鬪
(1950. 7. 5)

0   1km

陽山

細橋里

紙串里

B-C

A　●　52
105
09.00

鬧里

闊浦

烏山

스미스부대 진지	
스미스부대 철수로	
적의전차 공격	
보병부대 진출	

3. 평택 · 천안지구 지연전

(1) 평택지구 전투

미 제24사단장은 7. 5 예하 제34연대를 평택~안성 선에 배치하였다. 7. 5 오후 북한군 제4사단은 전차부대를 선두로 서정리까지 진출하였고, 7. 6 아침에 비와 안개 속에 부대기동을 은폐하면서 평택에 대한 공격을 계속하였다.

적은 종대대형으로 접근한 후 축차적으로 보병을 산개하면서 보 · 전협동으로 아군정면을 압박하는 한편, 좌우 양익으로 기동하여 아군의 측방을 강타하였다. 이와 동시에 적은 후방정찰대를 침투시켜 게릴라전을 수행하면서 아군의 통신선을 절단하여 부대지휘를 불가능하게 함으로써 조직적인 작전수행을 못하게 하였다.

특히 민간인 복장을 한 게릴라 대원이 피난민 사이에 끼어 들어와 후방을 교란시킴으로써 아군에게 공포와 혼란을 야기시켜 공격의 성과를 가일층 증대시켰다.

미 제34연대는 천안부근으로 철수하였다. 그러나 이러한 상황을 알지 못한 미 제24사단장 딘 소장은 7. 5 16:00경 천안에 도착하여 이튿날 아침 반격할 것을 명령하였다.

(2) 피아의 작전태세 정비

미군의 직접적인 지상전개입으로 한 · 미연합작전 체계의 확립이 필요하게 되었다. 이러한 현실적인 요청에 따라 전열을 다시 가다듬은 국군이 중 · 동부지역을 담당하고, 미 제24사단이 경부가도를 연한 서부지역을 담당하게 됨으로써 한 · 미군의 연합작전은 원활히 수행되었다.

한편 맥아더장군은 북한군을 과소평가할 수 없는 적으로 간주하고 제공, 제해권을 확보한 후 적의 후방에 상륙하여 적을 격파해야 한다는 구상하에 7. 5과 7. 7 2차에 걸쳐 병력증가를 미 행정부에 요청하였다. 그는 일본에 있는 미 제25보병사단과 제1기병사단을 즉시 한국에 파견하도록 조치하였다.

유엔으로부터 한국의 작전지휘를 위임받은 트루만 대통령은 7. 8일부로 맥아더 장군을 유엔군 총사령관에 임명하였다. 맥아더 장군은 다시 워커(Walton Walker) 장군을 주한 미 제8군 사령관으로 임명하였다. 그리고 이승만대통령의 각서에 근거를 두고 7. 14일부로 한국군의 작전지휘권이 미8군 사령관에게 위임되

었다.

북한은 전선부대를 효과적으로 통합지휘할 수 있도록 전선사령부를 신설하여 제1, 2군단을 지휘하기로 하는 한편, 병력증강을 위하여 예비사단의 증편과 전투사단의 신편 등에 총력을 기울였고, 전시동원법을 제정하여 군사훈련을 강화하는 등 단기결전을 시도하였다.

또한 북한군은 유엔군에게 금강~소백산맥 선에서의 방어를 위한 시간적 여유를 주지 않기 위하여 갖은 노력을 다하면서, 주공방향을 서부전선의 천안~대전방향으로 지향하였다.

(3) 천안전투

천안으로 후퇴한 미 제34연대는 미 제24사단장 딘소장의 명령에 따라 7. 7 아침 천안북방으로 전진하였다. 그러나 15:00경 매복중이던 적의 기습을 받아 일대혼란에 빠져 다시 천안으로 후퇴하였다.

북한군은 차후작전을 성공적으로 수행하기 위하여 천안을 조기에 탈취해야만 했으므로 북한군 제4사단으로 하여금 천안을 공격하도록 하였다. 미 제24사단 역시 천안의 중요성을 고려하여 천안시가 주변의 진지를 강화하였다.

북한군 제4사단은 7. 7 저녁 많은 피난민속에 후방정찰대를 침투시켜 전차 통로상의 대전차지뢰등 대전차 장애물을 제거하고 7. 8 미명에 공격을 개시, 북한군 제107전차연대를 앞세워 천안시가로 돌입하였다.

북한군 제4사단은 제5연대로 아군 정면을 견제하면서 제16연대를 좌익, 제18연대를 우익으로 공격하여 미 제34연대의 측방과 배후를 강타하였다. 혼란상태에 빠진 미 제34연대는 많은 인명피해와 장비의 손실을 입고 천안 이남으로 철수하였다.

4. 차령산맥에서의 지연전

천안을 상실한 미 제24사단은 조치원과 공주 방면으로 후퇴하면서 지연전을 수행하였다. 7. 8 오후 딘 사단장은 차후 작전지침을 하달하고, 차령산맥에서 최대한의 시간을 얻으면서 그동안에 제19연대를 투입하여 금강선에서 적을 저지한다는 작전목표를 명백히 하였다. 또 그는 사단작전명령에서 금강선은 어떠한 희생을 치르더라도 확보되어야 한다고 지시하였다.

국군 역시 차령산맥선에서 적을 저지하면서 공세 이전의 기회를 잡기 위하여 최대한의 노력을 경주하였다.

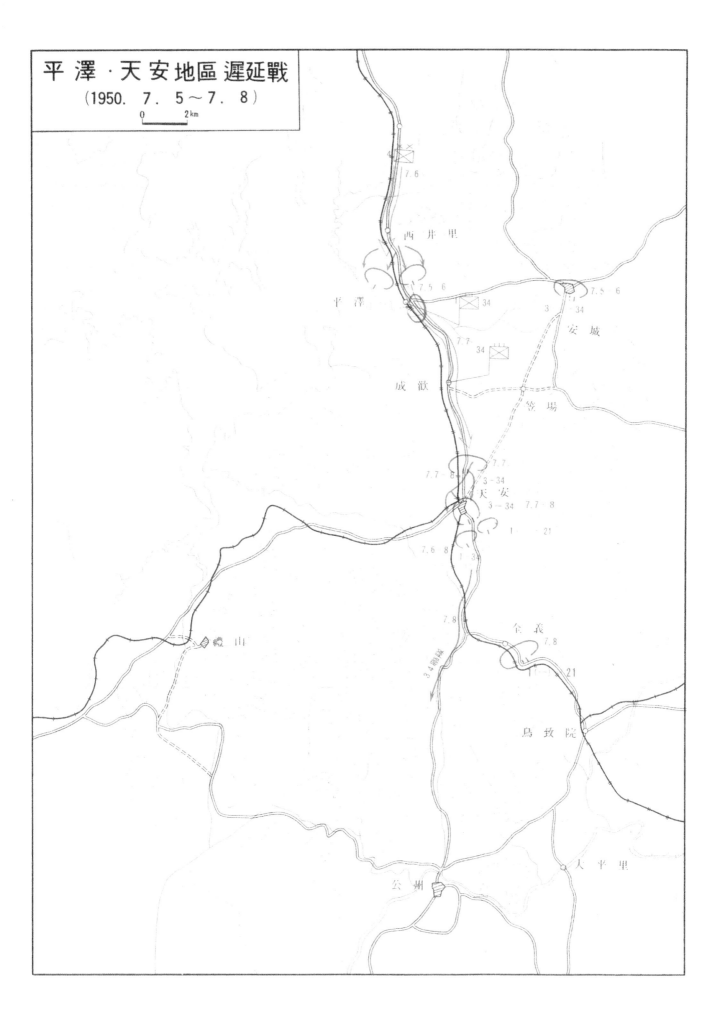

平澤·天安地區遲延戰
(1950. 7. 5～7. 8)

西井里

平澤

安城

成歡

笠場

天安

禮山

全義

鳥致院

人平里

公州

5. 전의 · 조치원지구 전투

(1) 전의 전투

7. 9 아침 전의 전방에 투입된 미 제21연대는 항공지원 및 155㎜ 포대의 지원하에서, 이날 오후 북한군 제4사단의 공격을 격퇴하였다. 미군은 이 전투에서 북한군 전차 5대를 파괴하였고, 그 밖에 약 100대의 차량을 파괴하였다. 그러나 미군은 북한군의 맹공으로 인하여 7. 10 전의 후방으로 철수하였다.

전의를 점령한 북한군 제4사단은 주공의 임무를 제3사단에 인계하고 공주방향으로 남진하고, 제3사단은 경부도로를 따라 조치원으로 접근하였다. 이와 같은 북한군의 부대교체는 얼마 만큼 미 공군이 북한군에게 심한 피해를 주었던가를 말해주고 있다. 7. 10 오후 미 공군은 평택 북방에서 북한군 전차 38대, 자주포 7대, 트럭 117대를 파괴하여 개전 이래 최대의 성과를 얻었다.

(2) 미곡리 전투

조치원 북쪽의 미곡리 남방 능선에는 미 제 3대대가 7. 10 밤을 새워 참호를 구축하고 대전차지뢰를 매설하는 등 전에 없는 강력한 방어준비를 실시하였다.

그러나 이 전투에서 북한군 제3사단은 치밀한 계획과 밀접한 보전포협동으로 개전초기와 같이 조직적으로 작전을 수행했다.

적은 주공격에 앞서 예비공격을 실시하였다. 그들은 사단 게릴라부대를 침투시켜 미군의 진지를 정밀하게 탐색하고, 보병진지, 포진지, 지휘소간의 유선을 파괴하였으며, 동시에 미 제3대대의 후방퇴로를 차단하였다.

7. 11 06:30 북한군은 짙은 안개를 이용, 전차를 투입하여 대대 정면으로 육박하였으며, 미리 정찰한 바에 따라 박격포로 대대본부, 포병지휘소, 통신취급소, 탄약보급소 등을 대파하였다. 이 때문에 미 포병은 통신이 두절되어 아무 기능을 발휘할 수가 없었고, 보병은 탄약 보급마저 끊어졌다.

적 보병은 일부가 전차와 함께 정면에서 압박, 견제하도록 하고, 주력을 미 대대의 양측 배후로 우회시켰다. 이와 같은 북한군의 작전에 의하여 미 제3대대는 7. 11 정오경 완전히 포위되었다. 이 전투에서 미군은 667명의 대대병력 중 대대장을 비롯한 517명을 상실하고 그 밖에 4대의 경전차와 2개 보병대대분의 장비를 상실하였다.

(3) 조치원 전투

미 제21연대 1대대 스미스 부대는 205명의 보충병을 받아 재편성한 후 7. 11 새벽 조치원 북쪽 능선의 네 지점에 포진하였다. 그러나 전날 밤 몰래 게릴라부대를 침투시켜 오봉산(△262)을 점령하고 있던 북한군 제3사단의 공격을 받아 스미스 부대는 정오부터 철수를 개시, 금강을 도하하였다. 그동안 미 제34연대는 공주도로를 따라 후퇴하면서 북한군 제4사단의 전진을 지연시켰으나 이 연대도 7. 12에는 제63야전포병대대와 함께 금강을 건너 후퇴하였다.

6. 중서부전선의 지연전

7월 초 중부 및 동부전선의 국군은 제6, 8사단과 제3사단 23연대가 각각 조직적인 지연전을 전개하여 북한군에 많은 타격을 주었다. 제6사단은 7. 2 충주에 집결, 이후 진천~무극리 일대에서 신진지를 구축하였다.

제8사단은 제천지역을 방어하다가 일시 육본의 잘못된 지시로 대구근처까지 왕래하는 소란을 겪었으나, 7. 6 18:00까지는 지연전을 위해서 단양에 도착하였다.

동해안지역에서는 국군 제3사단 23연대가 미 해군 함포사격의 엄호하에 북한군의 전진을 저지하고 있었다.

이 지역에서 북한군의 진격은 예상외로 신속하였으나, 국군은 미 제19연대의 지원과 미 해군의 강력한 함포지원을 받아가며 적의 전진을 저지하였다.

한편 북한군 제12사단은 원주를 점령한 후 동북쪽으로 진출하였고, 수원 근교로 진출했던 제2사단은 제1군단으로 소속을 변경하여 진천방면으로 전진하였다. 그 대신 제1군단 예하에 있던 제1사단이 장호원을 거쳐 충주북방으로 진출해서 제12사단과 함께 충주를 협격 점령하였다. 이후 적은 다시 중앙선 방향으로 진출하여 국군 제8사단과 대치하였다.

(1) 진천지구 전투

7. 7 오후 북한군 제2사단은 진천을 점령하고 그 선두 부대는 문안산~을소산선까지 침투하고 있었다. 이에 대하여 국군 제1사단은 기습적인 반격작전을 실시하여 문안산과 그 북방 고지를 점령하였다. 진천시가 탈환은 비록 실패하였으나 아군 지휘관들은 확고한 결단으로 북한군 제2사단의 공격을 분쇄하였다.

(2) 청주지구 전투

7. 11 국군 수도사단은 전선의 균형을 위해서 청주방면으로 철수하였다. 아군은 7. 17까지 청주 남쪽의 용대리~관기리 일대에서 적의 공격을 저지, 북한군 제2사단이 대전으로 진출하려는 기도를 분쇄하였다.

全義·鳥致院地區戰鬪
(1950. 7. 8～7. 12)

0　　　1 km

天安

安

全義

鳥致院

清州

37

7. 중동부전선의 지연전

북한은 예비로 보유하고 있었던 제15사단을 중동부전선에 투입하였다. 이 15사단은 여주를 거쳐 장호원으로 진출하여 왔으며, 그 중 제49연대는 전차 8대를 앞세우고 음성방면으로, 제48연대는 충주방향으로 남하하여 왔다. 이와 함께 북한군 제12사단과 문산에서부터 용인, 이천을 거쳐 진출해온 제1사단이 충주로 집결하고 있었고, 이 중 제12사단의 1개 연대는 단양방향의 제8사단을 지원하기 위해 제천으로 전진하고 있었다.

이 지역을 담당한 국군 제6사단은 제7연대가 무극리~음성방면을, 제2연대가 충주일대를 각각 방어하고 있었다.

(1) 무극리 전투

국군 제7연대는 일시 무극리를 탈환하였으나 북한군의 역습으로 다시 음성지구로 후퇴하였다. 북한군 제48연대가 남진하고 있다는 정보를 입수한 아군은 무극리~음성간 도로와 644고지 일대를 점령, 잠복 대기하였다.

북한군 제48연대는 무극리 일대에서 이미 국군이 철수한 것으로 믿고 7. 7 오후 동락리의 초등학교 일대에 집결하여 휴식을 취하며 경계를 소홀히 하고 있었다.

644고지에서 대기하고 있던 아군은 이 사실을 간파하고 신속히 포위하기 시작하였다. 아군은 병력이 압도적으로 열세한 상황이었지만 기선을 제하여 공격하였다. 국군 제7연대 2대대는 제7중대로 적의 퇴로를 차단하게 하고, 제6중대는 적의 측후방에서, 제5중대는 정면에서 17:00 정각을 기해 기습공격을 개시하여 적을 크게 혼란시켰다.

아군 제2대대의 병력은 불과 400명밖에 안되고 중화기라고는 81㎜박격포 1문과 기관총 1정밖에 없었으나, 북한군 제48연대는 신예부대로서 완전 편성된 병력과 장비를 보유하고 있었다.

아군의 공격에 당황한 북한군은 76㎜박격포로 사격을 개시하였다. 그러나 아군은 81㎜박격포로 300m거리에서 직접 조준 사격하여 제1탄을 적의 포진지 중앙에 명중시켰으며, 순식간에 적의 포대를 격파하였다.

적은 사방에서 아군의 집중사격을 받고 북쪽으로 도주하였으나, 이곳에는 이미 아군 제6중대가 퇴로를 차단하고 있었기 때문에 완전히 포위망 속에 갇혔다.

아군은 다음날 새벽까지 공격을 계속, 적 제48연대를 거의 섬멸하여 제2대대장을 비롯한 800여 명을 사살하고 적 제15사단 군수참모를 포함한 90여 명을 생포하는 동시에, 각종 차량 60여 대, 장갑차 3대, 박격포 35문, 76㎜포 12문, 기관총 47정, 소총 1,000여 정을 노획 또는 파괴하였으며, 아군의 손실은 경상자 1명뿐이었다.

(2) 음성·충주지구 전투

국군 제1사단은 7. 7 08:00 음성에 도착하여 제11연대를 음성 서북방 4km 지점에, 제13연대를 음성남방 5km 지점에 배치하였다. 또한 무극리전투를 치른 제6사단 7연대도 제1사단에 배속되었다.

그러나 북한군의 대병력이 보현산을 우회하여 음성으로 집결하고 있었으므로 국군 제1사단은 7. 10부터 괴산 방면으로 철수하기 시작하여 이후 14일 동안 괴산~보은간의 50km지역에서 지연전을 실시하였다.

이 기간중 아군은 강우로 인하여 제대로 항공지원도 받지 못했으나 용전분투하여 적의 공격을 성공적으로 지연시켰으며, 적 사살 약 300명, 장총 68정, 다발총 25정, 박격포 9문, 전차 1대를 노획 또는 파괴하는 전과를 올렸다.

한편 충주지구에는 북한군 2개 사단이 진격 중이었다. 원주방면에서 남하한 북한군 제12사단과 수원방면에서 이천~여주를 거쳐 남진한 북한군 제1사단은 전차를 선두로 하여 충주로 집중하였다.

국군 제6사단 2연대는 충주북방 남한강을 연하여 방어선을 형성하였다.

7. 8 05:00 적은 안개를 이용하여 아군 방어선에 공격을 개시하였다. 아군은 중과부적으로 적의 공격을 저지하지 못하고 10:00 수안보리로 철수하여 새로 진지를 구축하였다.

충주를 점령한 북한군 제12사단 주력은 7. 9 단양방면으로 계속 진출하였으며, 북한군 제1사단은 전차를 선두로 한 2개 대대 병력으로 수안보리를 공격하였다.

국군 제6사단 2연대는 제19연대 2대대의 지원을 받고 충주를 탈환하기 위해서 7. 9 05:00공격을 개시하였다. 아군 제2연대는 제3대대를 주공, 제2대대를 조공으로 하여 적포산일대에서 적과 3시간에 걸친 격전을 전개하였으나, 오히려 병력이 우세한 적에게 포위되어 결국 문경방면으로 후퇴하였다.

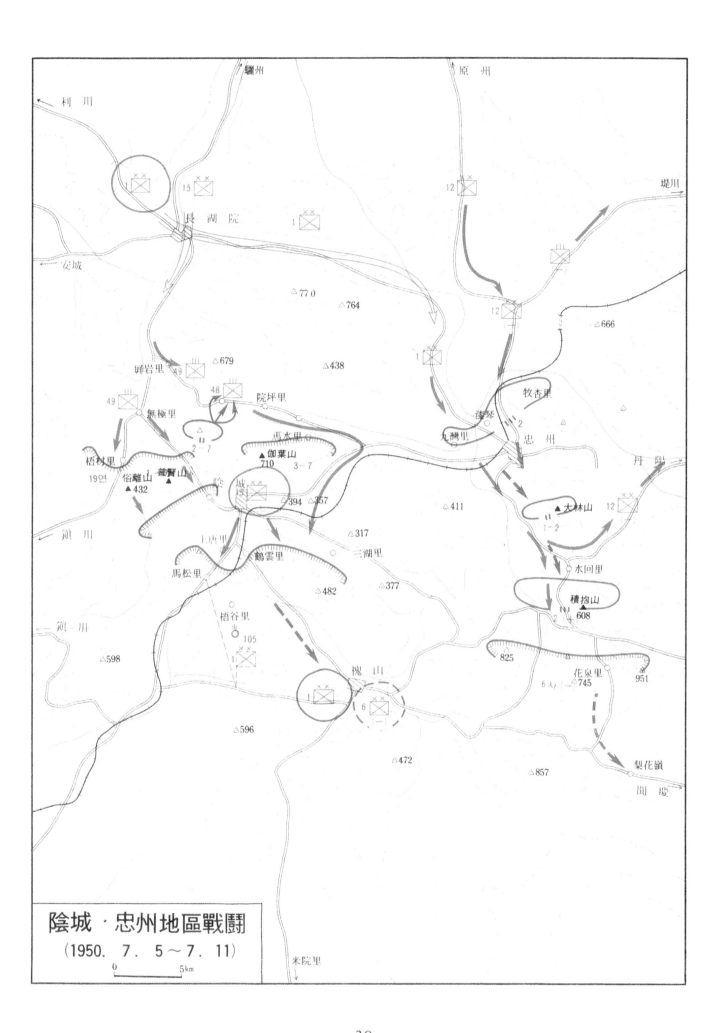

陰城・忠州地區戰鬪
(1950. 7. 5～7. 11)

0   5km

39

8. 동부전선의 지연전

동부전선에서 북한군 제12사단은 38선을 넘어 한강 상류까지 계속 공격해 왔다. 또한 이 지역에 투입된 북한군 제8사단도 이미 제천을 점령하고 7. 6에는 남한강 상류의 해포리까지 진출하였다.

동해안의 북한군 제5사단과 제766게릴라연대는 아군이 일찌기 동해안지역에서 철수하였기 때문에 별다른 작전이 없이 계속 남하하다가 7월 초에 단양지역에서 국군 제8사단과 조우하였다.

국군 제8사단은 대관령에서 평창을 경유하여 7. 2 제천에 집결 완료하였다. 그러나 이후 제8사단은 대구로 이동했다가, 중부전선의 지연전을 위해서 다시 북상하여 7. 6 18:00 단양에 도착하였다.

〔1〕 단양지구 전투

7. 6 국군 제8사단은 단양 정면에 제10연대, 그 우측에 제21연대를 배치하였다. 아군의 계획은 단양에서 남한강을 도하하여 북한군 제8사단의 사단본부를 기습 공격하는 것이었다. 이때 북한군 제8사단은 부대지휘소를 매포리 서북방 2km 지점에 자리잡고, 선발대는 도담리에 진지를 구축하고 남한강 도하작전을 위한 준비를 하고 있었다.

7. 8 하진리에서 도하한 국군 제10연대 1대대는 7. 9 새벽 적의 사단 전방지휘소를 공격하였다. 이 기습공격으로 적의 장갑차와 10여문의 포를 파괴하였으나 적은 우세한 병력으로 아군의 퇴로를 차단하기 시작했다. 아군은 공격시 퇴로 확보를 위한 준비가 없었기 때문에 결국 적의 후퇴로 포위를 피해서 철수해야만 하였다.

7. 10 국군 제8사단은 단양지역에서 죽령으로 후퇴하기 시작하였다.

아군은 일시 죽령의 험준한 지형을 이용, 적의 공격을 저지하였으나, 적은 짙은 안개를 이용하여 아군 진지를 돌파하여 공격해 왔다. 아군은 적의 포위망을 뚫고 풍기 일대로 후퇴하였다.

7. 12 국군 제8사단은 '춘양지구 독립대대'를 배속받았다. 이 독립대대는 원래 제2사단 25연대 1대대로서, 안동과 영덕 일대에서 개전전에 공비토벌을 하다가 개전후 연대에 합류하지 못하고 그동안 춘양지구에서 독자적인 작전을 수행하여 왔다.

일명 '내성지구 독립대대'라고도 알려진 이 부대는 7. 9 춘양 북방 도로 주변에 U자형으로 병력을 배치하고 화망을 구성하였다. 대대장의 지형을 최대로 이용한 적

절한 부대배치에 힘입어 이 대대는 함정 속으로 들어오는 적을 불시에 공격하여 큰 전과를 거두었다.

〔2〕 풍기 · 영주지구 전투

국군 제8사단은 단양에서 풍기까지 철수할 때 적절한 지연전을 전개하지 못하였으나, 풍기·영주지구에서는 적의 공격을 효과적으로 지연시킬 수 있는 준비를 갖추었다. 특히 신형 M-2 곡사포의 지원을 받아서 사기가 크게 앙양된 아군은 풍기 주변 고지 일대에 부대를 배치하고 빈 차량을 영주방향으로 이동시킴으로서 후퇴를 가장, 적을 유인하였다.

북한군 제8사단은 아군의 차량이 남으로 이동하는 것을 보고 국군 제8사단이 다시 풍기를 포기하고 영주로 후퇴하는 것으로 오판하였다.

따라서 적은 전방에 대한 경계대책도 없이 7. 14 13:00부터 이튿날까지 장갑차를 앞세우고 계속해서 풍기 읍내로 밀집해 들어왔다.

7. 14 17:00 풍기에 침입한 1개 대대의 적 선발대가 풍기~영주가도를 남하하고 있을 때 아군은 일제히 사격을 개시하였다. 적은 기습을 받고 당황하여 분산 도주하였으며, 이때부터 비로소 풍기 주위의 고지로 수색전에 나섰다.

7. 15 02:00 병력을 만재한 적 차량 30여 대가 풍기에 진입하였을 때, 아군 포병은 집중포격을 개시하고 또한 보병부대도 기습적인 집중사격을 퍼부었다. 적은 7. 15~16 양일간에 걸쳐 유엔공군의 폭격과 아군의 지상포화로 1개 연대 이상의 손실을 입었다.

북한군 제8사단이 막심한 피해를 입자, 적은 충주에서 단양을 거쳐 풍기로 후속 남진해 오던 북한군 제12사단으로 하여금 아군을 반격케 하였다.

국군 제8사단은 동림리에서 용암리에 이르는 선에서 새 방어선을 형성하였다.

북한군은 7. 17 야간공격을 감행해 왔다. 이때 방어선의 중앙을 담당한 국군 제21연대 1대대가 임의로 후퇴함으로써 간격이 형성되어 아군은 방어선을 지키지 못하고 다시 안동방향으로 후퇴하였다.

한편 동해안로에서는 국군 제3사단 23연대가 미 해군의 함포지원하에 북한군 제5사단의 남진을 저지하고 있었으나, 북한군은 7. 13 평해리를 점령한 후 그 일부 병력으로 측방을 엄호케 하고 주력을 영덕으로 남진시켰다.

국군 제23연대는 동해안의 요충인 영덕 사수를 위해 연대지휘소를 영덕 남쪽으로 옮겼다.

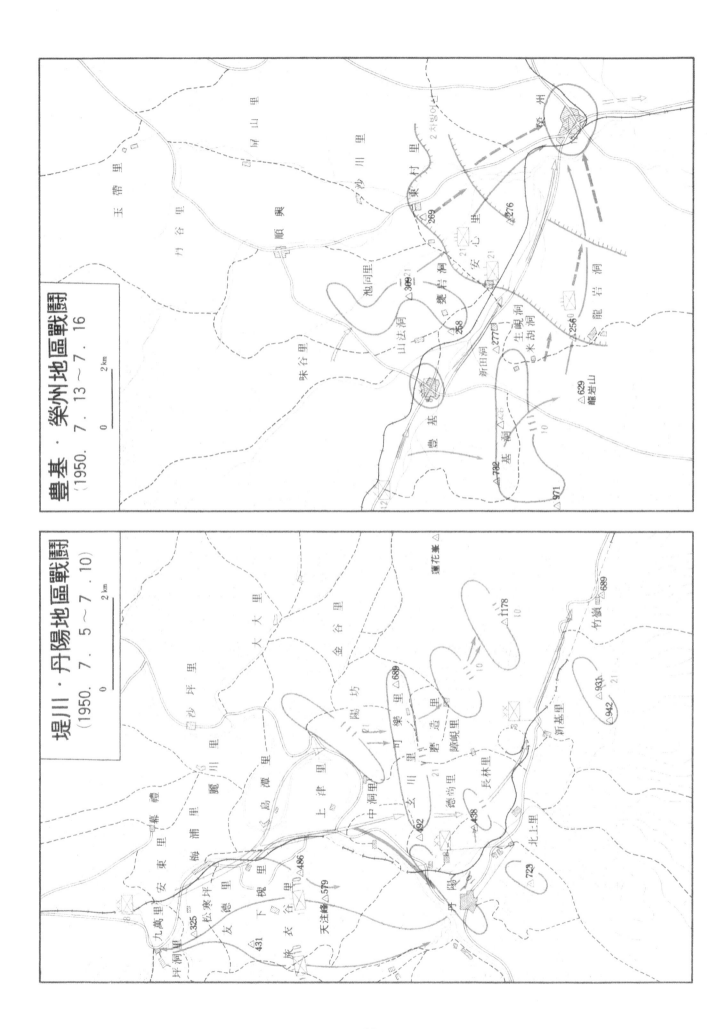

豊基・榮州地區戰鬪
(1950. 7. 13～7. 16)

堤川・丹陽地區戰鬪
(1950. 7. 5～7 . 10)

41

§3. 금강 및 소백산맥선 전투

1. 7월의 전황

(1) 적 상황

소백산맥은 남한의 중부와 남부를 나누는 분수령이며, 이에 병행하여 흐르는 금강은 2～5m의 수심에 300～500m의 하폭을 가진 중요한 자연장애물이다.

또한 대전시는 이 지역 행정, 산업의 중심지인 동시에 교통의 요지로서 전략적 요충이다.

북한의 작전기도는 국군이 금강 및 소백산맥에서 강한 저지선을 형성하기 전에 신속히 돌파하여 대진격전을 감행하는 것이었다. 북한군은 우선 금강선을 돌파하고 대전을 점령하기로 결정한 후, 주공방향을 경부본로(本道)에 두어 제3사단으로 하여금 정면공격케 하고, 제4사단은 공주방면으로 남진하여 논산을 거쳐 대전남방으로 우회하는 한편, 제2사단으로 하여금 신속히 청주를 점령, 대전 동방으로 진출시키려 했다.

이와 동시에 북한군은 전 전선에 걸쳐 공격에 박차를 가하기 위해 제6사단은 서해안로를 따라 남진하게 하고, 진격속도가 둔화된 중부전선에는 제8 및 제15사단에 이어 제13사단을 추가 투입하였으며, 동해안의 제5사단은 신속히 남진하여 아군의 후방으로 진출키 위한 노력을 강화하였다.

이때 미군은 북한군의 전력을 과대평가 하여 1개 사단 50대 이상의 전차와 70% 이상의 병력을 확보하고 있다고 판단하였다.

그러나 실제 당시의 북한군 전력은 크게 약화되어 있었다. 최정예사단으로 알려진 북한군 제4사단을 예로 들더라도 전차 약 20대, 병력 5,000～6,000명, 야포 40～50문으로 감소되었으며, 병사들은 유엔공군의 폭격에 대한 공포중에 빠져 있는 등 전력수준은 과히 높지 않았다.

(2) 유엔군의 창설

7. 7 제476차 유엔안보이사회에서 한국파견 자유우방 국군의 통합사령부 설립이 결정되었으며, 7. 8 맥아더 원수가 유엔군 총사령관에 임명되었다. 또한 7. 14 이승만대통령이 유엔군에게 작전지휘권을 위임하고 맥아더 장군이 이를 다시 주한 미8군사령관 워커장군에게 위임함으로써 한국에는 사상 최초의 국제경찰군이 창설되었다.

(3) 유엔군의 상황

개전 초에 투입된 미군의 장비는 사실상 극히 빈약했다. 예컨대 미 제24사단은 60%의 통신장비밖에 보유하지 못했는데, 그 중에서도 80%는 작동되지 않았다. 각 부대의 박격포는 극히 낡았고 탄약도 부족하였으며, 조명탄의 경우는 50～60%가 불발이었다.

국군의 장비는 이보다 훨씬 더 나쁘고 급식조차 여의치 못한 상태이었으나, 부산기지사령부가 편성되면서부터 점차적으로 호전되어 가는 중이었다.

주병참기지는 일본이었고, 일본에서 조달할 수 없는 것은 3개 수송로를 통해 태평양을 건너 부산에 양륙되었다. 당시 부산에는 1일 약 14,000여 톤의 군수품이 양륙되고 있었고, 1951. 6월까지 일본에서 수리한 차량도 무려 46,000여 대에 달하였다. 이와 같은 군수지원으로 국군의 전력이 계속 유지되는데 당황한 김일성은 스탈린에게 잠수함에 의한 부산항 봉쇄를 요청한 적도 있었다.

제공·제해권은 아군이 장악하고 있었다. 유엔군이 본격적으로 참전함으로써 국군의 공군력도 점차 증강되었고, 특히 유엔공군의 급속히 강화된 전략 및 전술폭격은 북한 공군을 완전히 제압하였다.

이와 동시에 주로 미국과 영국으로부터 지원된 유엔 해군은 제해권을 장악하였을 뿐만 아니라 동해안상에서는 제2차 세계대전식으로 함포사격에 의하여 북한군의 남진을 효과적으로 저지하였다.

미군의 한국전쟁 참전 당초의 전략구상은 일단 북한군의 전진을 저지하여 전선이 안정되기만 하면 공군 및 해군의 우세를 이용하여 적 후방에 상륙하려는 것이었다.

그러나 북한군의 공격은 예상보다 훨씬 위협적이어서 우선 적을 어느 선에서 정지시키고 가용한 예비대를 확보하는 것이 급선무이었다.

7. 11～12에 미 제24사단이 조치원 북방에서 패배한 이후 워커 장군은 전투부대의 증원을 요청하였고, 맥아더 원수도 미 합동참모본부에 계속해서 병력 및 장비의 지원을 요청하였다.

워커 장군은 금강, 소백산맥선에서 적을 방어하기로 결심하고 미 제24사단을 금강선에 집결시켰다. 또한 당시 해상수송중에 있는 미 제25사단 및 제1기병사단을 그 후방에 배치하여 미 제24사단의 방어력을 강화할 계획을 세웠다.

이와 같은 계획하에서 워커 장군은 미 제24사단장 딘 소장에게 대전지역을 7. 20까지 고수하라고 명령하였다.

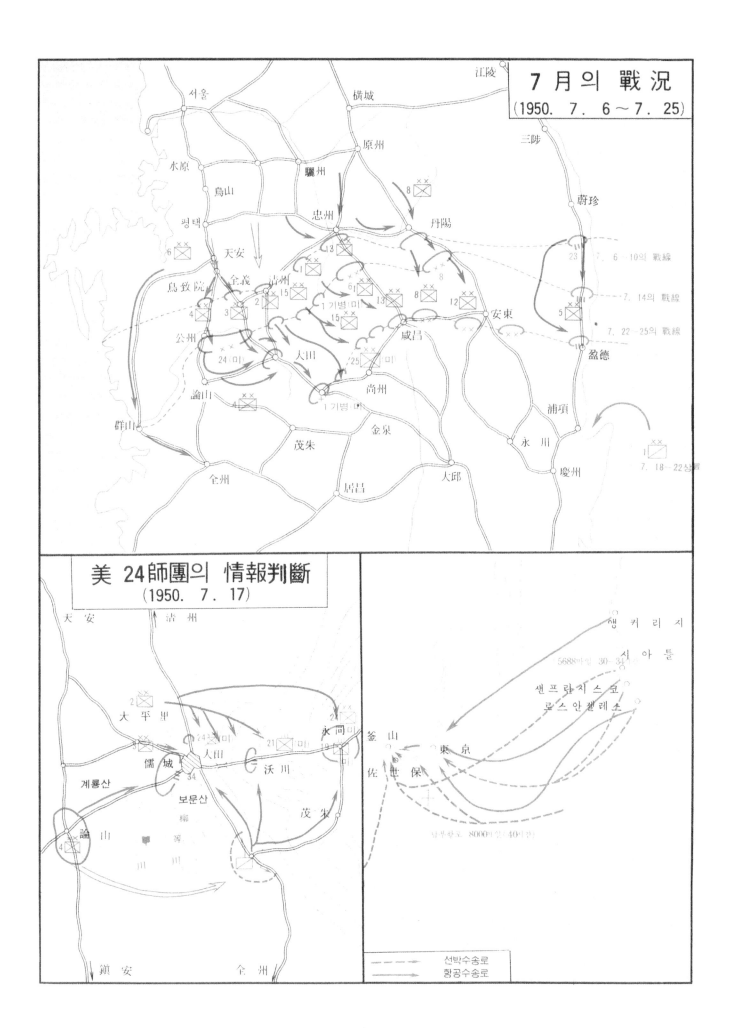

7 月의 戰況
(1950. 7. 6 ～ 7. 25)

江陵
橫城
三陟
原州
蔚珍
서울
水原
8
丹陽
砥平
驪州
烏山
忠州
13
7. 6～10의 戰線
23
평택
天安
1
7. 14의 戰線
全義
淸州
6
8
鳥致院
15
6
7. 22～25의 戰線
2
13
8
12
5
安東
4
3
1 기병(미)
15
盈德
公州
咸昌
24(미)
大田
25(미)
1
論山
4
尙州
1 기병(미)
群山
1 기병(미)
浦項
茂朱
金泉
永川
7. 18～22상륙
全州
居昌
大邱
慶州
1

美 24師團의 情報判斷
(1950. 7. 17)

天安
淸州
2
大平里
24(미)
2
21(미)
19(미)
永同
3
儒城
大田
釜山
34
沃川
계룡산
보문산
茂朱
논산
4
川
鎭安
全州

행커리지
5688마일 30~34시간
시아틀
샌프란시스코
로스안젤레스
東京
佐世保
남부항로 8000마일 40여일

선박수송로
항공수송로

43

2. 공주지구 전투

(1) 상황

미 제24사단장 딘 장군은 7. 12 제19연대와 사단포병 주력을 대평리 정면에, 제34연대를 공주 정면에 배치하고, 사단 수색중대는 금강 하류를 경계하게 하였다. 또한 제21연대를 대전 비행장에 집결시켜 재편성을 서두르고, A전차중대와 제26자주고사포대대는 대전에서 일반 지원하도록 하였다.

한편 사단공병은 공주의 금강교, 신대평리의 금강교 및 신촌의 철교 등 금강의 모든 교량을 폭파하고, 모든 도하기재를 파괴 소각하였으며, 금강에서 대전에 이르는 교량도 폭파할 준비를 하였다.

이때 금강 하류에는 민부대(제7사단 잔류병력 약 700명) 등이 북한군 제6사단의 도하에 대비하고 있었다.

7. 12 오후 금강 남안으로 철수한 미 제34연대는 대전에서 재편성한 제3대대를 공주 전방에 L, I, K중대를 금강 남안에 배치하고, 제1대대는 기동예비로서 용성리에, 그리고 연대본부는 봉곡리에 배치하였다. 한편 연대의 좌측에 수색중대를, 우측엔 1개 수색소대를 배치하여 연대의 양측방을 엄호하도록 하였으며, 제63포병대대(105㎜)와 제11포병대대(155㎜)의 1개포대는 연대를 지원하도록 함으로서 일종의 기동방어 형태를 갖추었다.

그러나 연대가 기동방어를 하기에는 여러 가지 약점이 있었다.

우선 통신장비가 극히 부족하여 연대본부와 각 대대 또는 포병부대 사이에 확실한 통신수단이 확보되지 못하였고, 특히 L중대는 EE-8 전화기 1대가 통신장비의 전부였다. 동시에 장병들의 정신적 육체적 피로가 극심하였기 때문에 기동방어에 필요한 전투력이나 정신적 준비가 전혀 되어 있지 않았다.

설상가상으로 연대 작전주임 장교와 정보장교가 후송되고, 7. 13 밤에는 K중대의 40여 명이 후송되어 중대가 해체됨으로서 제19연대와 I중대 사이에는 3.2㎞의 간격이 형성되었다.

(2) 전투 경과

7. 11 이미 충분한 정찰을 완료한 북한군은 공격을 개시하였다 북한군은 전차를 금강 대안에 추진하여 L중대 지역에 집중사격을 가하는 한편 전 포병화력도 이 지역에 집중하였다.

미군은 북한군이 이 지역으로 도하할 것으로 예상하여 주의를 집중시켰으나, 이것은 어디까지나 적의 견제 공격일 뿐이었다.

바로 이 때 북한군의 주 도하부대인 제16연대는 L중대 4㎞ 남쪽 검상리 일대에서 2척의 작은 보트를 이용하여 30여 명씩 계획적으로 도하하였다. 맑은 날씨였으므로 이 사실은 즉각 미 포병대에 통보되었으나 특별한 관심을 끌지 못하였다.

북한군은 이와 같이 미군이 전혀 예상하지 않은 방향과 방법으로 7. 14 08:00~09:00 사이에 약 500명이나 도하하여 삼교리 일대에 배치된 미 포병진지로 전진하였다.

한편 이때 L중대는 원래 후위를 맡았던 부대로서 사기가 극도로 저하되어 있었는데다가 북한군의 집중포화로 거의 전의를 상실하여, 북한군이 중대 후방의 검상리에서 도하한 사실을 확인하게 되자 중대장은 인접 I중대에 연락하지도 않은 채 11:00경 무단으로 철수명령을 내리고 말았다.

13:30경 검상리에서 도하한 북한군은 미 제63포병대대를 공격하였다.

피아를 구별하지 못하여 접근하는 적을 방관하던 미 제63포병대대원들은 완전히 기습을 당하여 지리멸렬하였다. 때마침 국군 기갑연대의 기병분견대가 나타나 이들을 지원하였으나, 미군은 국군과 합세할 여유가 없어 15:00경 마침내 부대를 철수시켰다.

한편 사단장의 명령에 따라 논산지역을 정찰하고서 16:00경 복귀한 미 제34연대장 대리 웨링톤(Welington) 중령은 제1대대로 하여금 즉각 반격하여 미 제63포병대대를 구출하도록 명하였으나, 17:00경 출동한 제1대대는 포병진지에 도착하기도 전에 북한군 매복병의 기습을 받아 논산으로 후퇴하고 말았다. 또한 I중대는 21:30경에야 이 사태를 알고 완전히 포위된 속에서도 동쪽으로 후퇴하여 성공적으로 철수하였다.

(3) 결과

이 전투에서 미 제63포병대대는 전체 보유화포인 105㎜곡사포 10문을 비롯하여 86대의 차량이 파괴되고, 대대장을 포함한 136명의 장병을 상실하였다.

북한군은 7. 14~15에 걸쳐 무방비 상태의 금강을 도하하여 논산으로 전진하였으며, 미 제34연대는 7. 15 아침에 논산 동쪽에서 새로운 진지를 점령하였다. 이렇게 하여 금강방어선은 사실상 7. 14에 돌파되고, 대평리 방면의 미 제19연대의 측방은 완전히 노출되고 말았다.

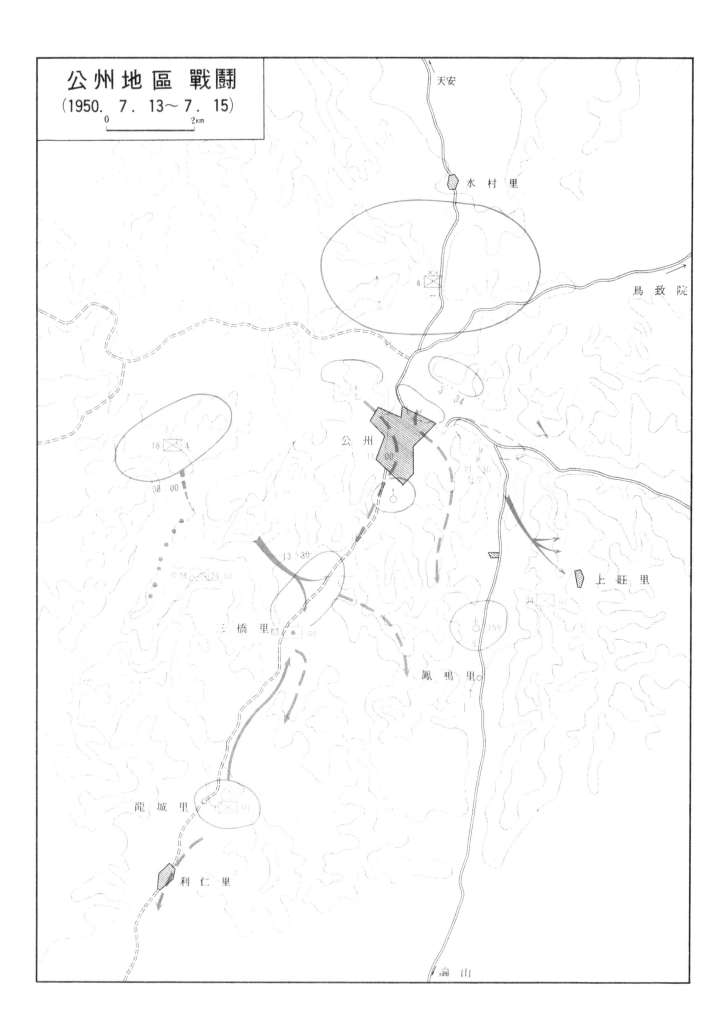

公州地區 戰鬪
(1950. 7. 13～7. 15)

天安

水村里

鳥致院

公州

上旺里

三橋里

鳳鳴里

龍城里

利仁里

論山

45

3. 대평리방면 전투

대전에 이르는 적의 주요접근로는 대전 북방 24km 지점에 있는 대평리간 도로, 서쪽에 있는 공주간 도로 그리고 경부선을 낀 신탄진간의 도로 등 3개가 있다.

미 제24사단 정면의 적은 전차지원을 받는 2개 보병사단이었고, 60~80%의 병력을 유지하고 있었다.

딘소장은 적의 접근로를 전의~공주~대전, 전의~대평리~대전으로 판단하는 동시에 청주를 통한 우회접근도 대전 방어상 중요한 곳으로 판단하고, 제34연대를 공주 정면에, 제19연대를 대평리 정면에 배치하고, 제21연대를 옥천에 예비대로서 보유하고 있었다.

(1) 미 제19연대의 방어편성

미 제19연대는 7. 12~13에 대평리일대에 배치되었다. 연대는 총 6개 소총중대를 보유하고 있었는데 연대장 멜로이(Meloy) 대령은 4개 중대와 수색소대를 전방에 배치하고, 2개 중대를 예비대로 보유하였다.

또한 연대는 미 제11야전포병대대(155㎜)를 비롯하여 2개의 105㎜ 포병대대의 지원을 받고 있었으나 방어정면이 48km에 달하여, 대평리를 제외하고는 많은 간격이 형성되어 있었다.

(2) 예비대의 조기투입

7. 15 05:00경 연대의 좌측방에 적 1개대대 병력이 출현하였다는 보고를 받자, 그렇지 않아도 미 제34연대의 조기철수로 측방의 안전을 불안하게 생각하고 있던 연대장은 즉각 2대의 전차를 비롯한 각종 가용한 장비 및 병력을 집합, 맥그레일(McGrail) 특수임무부대를 편성하여 연대의 좌측방에 배치하였다. 이리하여 연대장은 전투가 개시되기도 전에 F중대를 제외한 전예비대를 전방에 투입하는 결과를 자초하였다.

(3) 북한군의 금강 도하

북한군의 작전계획은 본질적으로 공주 정면에서와 다를 바 없었으나 보다 더 치밀하고 조직적이었다. 북한군은 7. 15 야간의 탐색공격에 이어 7. 16 야간에 대평리 일대에서 치열한 준비포격을 가한 후 공격해 왔다. 이때 미 포병은 적의 도하지점에서 벗어난 엉뚱한 지점에 조명 사격하는 실수를 범하였다.

북한군은 미 제19연대 1대대의 중앙을 돌파하여 08:00경 가동쪽으로 공격해 왔다. 연대장은 취사병, 운전병까지 포함된 연대 및 제1대대 본부중대병력을 총동원하여 역습을 감행, 09:00경 적을 일단 격퇴하는 데 성공하였다.

그러나 이에 앞서 04:00경 북한군의 일부는 C중대와 I중대간의 간격을 통해 제1대대의 우후방으로 우회 침투하여 박격포진지와 대대지휘소를 공격해 왔다.

이동안 적은 송원리 일대에서 1회에 1개 소대씩 도섭하여 1개 중대 정도의 병력을 집결한 다음 그 일부로 F중대를 견제하는 한편, 주력은 깊숙이 우회하여 미 제52포병대대 옆을 통과, 그 남쪽 720m 지점의 봉암리일대의 요충지(한쪽은 13m의 단애이고, 반대쪽은 작은 고지)를 점령하였다.

이렇게 미 제19연대는 별 전투도 없이 병참선은 물론 후퇴로까지 차단되어 북한군의 포위망 속에 빠졌다.

(4) 돌파 및 우회

아군은 퇴로 타개를 위해서 각종 노력을 다하였다. 딘소장은 맥그레일 특수임무부대로 하여금 경전차 2대, M-16자주고사포 4문 등을 동원하여 남쪽으로부터 아군의 퇴로를 타개하고자 했으나, 적의 중기관총과 대전차포의 집중사격을 받아 M 16 자주고사포는 파괴되고, 전차도 탄약이 떨어져 후퇴하고 말았다.

북쪽에서도 연대장이 부대지휘중 적탄에 부상하였으며, 지휘권을 위임받은 제1대대장도 전사하는 등 손실만 컸을 뿐, 퇴로를 타개하지 못하였다.

도로가 차단된 북방에는 아직도 연대본부, 제1대대의 주력, F중대, 박격포중대, 제52야전포병대대가 남아 있었다. 그러나 이들을 지휘할 사람이 없어서 연대참모들이 도로봉쇄점을 돌파하기로 결심하고 부대를 정비하여 남하하기 시작하였으나, 500명의 병사와 100대 이상의 차량이 봉쇄점 북쪽에서 완전히 차단되었다.

천신만고 끝에 부상당한 연대장을 포함한 일부 병력은 유성과 대전으로 탈출했으나, 미 제19연대는 거의 와해되어버렸다. 병사들은 지휘자가 없게 되자 대부분의 부상자들을 버려둔 채 각개분산해버렸으며, 부상자 및 이들과 함께 남은 의무병과 군목들은 북한군에게 모두 사살되었다.

(5) 결과

미 제19연대는 3,401명이 전투에 참가했었는데 그 중 650명의 병력을 상실하였다. 이 전투에서 미 제19연대는 대부분의 장비를 도로봉쇄점 북쪽에 유기한 채 후퇴하였고, 미 제52야전포병대대는 8문의 105㎜곡사포를 상실하였다.

7. 17 오후 미 제19연대는 재편성을 위하여 영동으로 이동하였다.

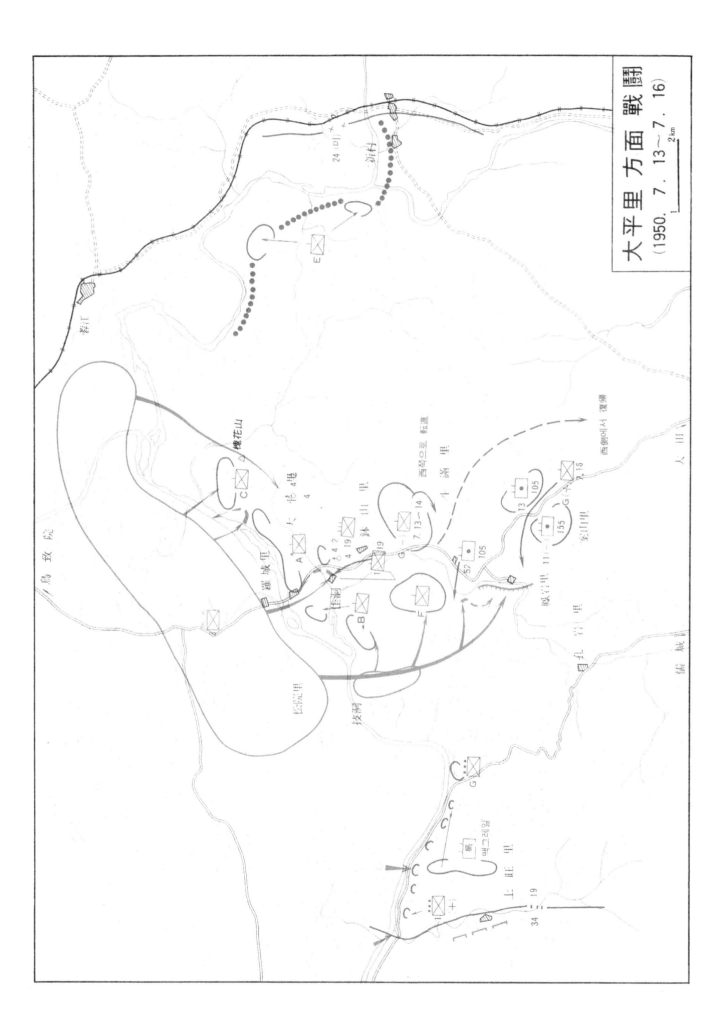

大平里方面戰鬪

(1950. 7. 13〜7. 16)
2km

4. 대전 전투

(1) 북한군의 공격계획

북한군의 제2단계 작전계획의 주요 목표는 대전공략이었다.

북한군은 제3사단이 정면으로 압박하는 동안 제2, 4사단이 각각 대전 동서측으로 우회하여 제105전차사단을 포함한 총 4개 사단이 미 제24사단을 완전포위 섬멸하고자 했으나, 제2사단의 전진이 저지되는 바람에 여타 부대만으로 공격계획을 수립하였다.

제3사단: 주력은 대전을 정면공격, 미 제24사단을 고착시키고, 일부 병력은 동쪽으로 우회하여 제4사단과 함께 경부가도를 차단한다.

제4사단: 제5연대는 공주-유성, 제16연대는 공주-논산, 제18연대는 논산-금산을 거쳐 대전으로 집중 공격한다.

(2) 딘 소장의 방어계획

딘 소장의 상황판단은 북한군의 작전기도를 간파한 것이었지만 북한군 제2사단의 우회를 지나치게 우려하였다.

딘 소장은 제19연대가 영동에서 재편성중인데도 제21연대로 하여금 옥천가도에서 제24사단의 퇴로를 확보하게 함으로써, 사실상 제34연대만이 대전을 지키는 결과가 되었다.

대전의 방어편성은 7. 16 밤부터 제34연대를 갑천선에 배치하고, 사단 수색중대가 금산 일대에 경계선을 편성함으로써 7. 17 밤늦게 완료되었다.

(3) 전투 경과

북한군 제4사단 제18연대는 7. 18 논산에서부터 개인당 1.5 기수의 탄약과 3일분의 식량 그리고 1~2발의 박격포탄 등을 휴대하고 미군의 경계망을 돌파한 다음, 도로가 없는 준령과 계곡을 2주야에 걸쳐 강행군하여 대전 남쪽을 우회, 7. 20경까지는 논산은 물론 경부도로 일대까지 진출하여 북한군 제3사단 일부 병력과 함께 미 제24사단을 사실상 포위 완료하였다.

미 제21연대가 우군의 퇴로를 엄호하고 있었지만, 북한군의 차단부대는 그들보다 북쪽인 제1터널 지점에서 확고하게 도로를 장악하였던 것이다.

북한군의 공격은 7. 19 아침 6대의 야크기의 폭격과 함께 개시되어 유성지역에서는 증강된 북한군 제5연대가, 논산방면에서는 북한군 제16연대로 추측되는 부대들이 갑천을 돌파하여 정오에는 이미 대전시가로 육박하여 왔다.

미 제19연대 2대대가 급거 증원 투입되어 일시 반격에 성공하였으나, 북한군의 야간공격을 막지 못하여 아군은 7. 20. 03:00경 적의 대전시내 진입을 허용하였고, 이날 하루종일 시가전을 계속하였다.

미 제24사단의 철수는 불가피하였으며, 이 날 오후에는 사단이 거의 와해되었으나, 그 저항은 격렬하였다. 새로 개발된 대전차무기로서 한국전쟁에 최초로 투입된 3.5″로켓포로 적 전차를 여러 대 격파하였지만, 전투는 이미 사실상 종결상태에 들어갔다.

미 제34연대장은 후방 정찰차 출동하였다가 복귀하지도 못하였고, 제3대대장도 오전중에 포로가 되어버렸다.

(4) 결과 및 분석

이 전투로 미 제24사단은 사단장이 포로가 된 것(낙오되어 36일만에 전북 진안군에서 포로가 됨)을 비롯하여 약 30%의 병력손실과 1개 사단분의 장비를 상실하였다.

그러나 북한군 역시 15대의 전차와 15대의 자주포, 그리고 122㎜ 곡사포 6문 등 많은 장비와 병력손실을 입었다.

미 제24사단이 방어에 실패한 주원인은 무기와 장비의 부족보다는 그들 전투지휘자들의 능력부족과 전투의지의 결핍이었다.

그러나 딘 장군은 비록 방어에 성공하지는 못하였지만 7. 20까지 방어한다는 임무는 달성하여, 이 덕분에 미 제1기병사단은 무사히 영동 일대에 투입될 수 있었다.

한편 북한군의 작전은 그들의 통상적인 작전형태의 표본으로써, 조직적인 침투 및 우회전술을 복합한 것이었다.

그러나 북한군의 대전 점령은 원래의 계획보다 늦어진 것으로, 이것은 아군에게 차후의 방어선 준비를 위한 시간을 제공해 주었다.

7. 20 미 제24사단은 대전시로부터 철수를 개시하였으며, 7. 21 일몰 전 미 제21연대는 야간을 이용하여 미 제8기병연대와 교대할 것을 명령받았으나, 7. 22 12:00까지 미 제8기병연대와 더불어 현 진지를 고수한 후 철도와 자동차편으로 영동까지 후퇴하였다.

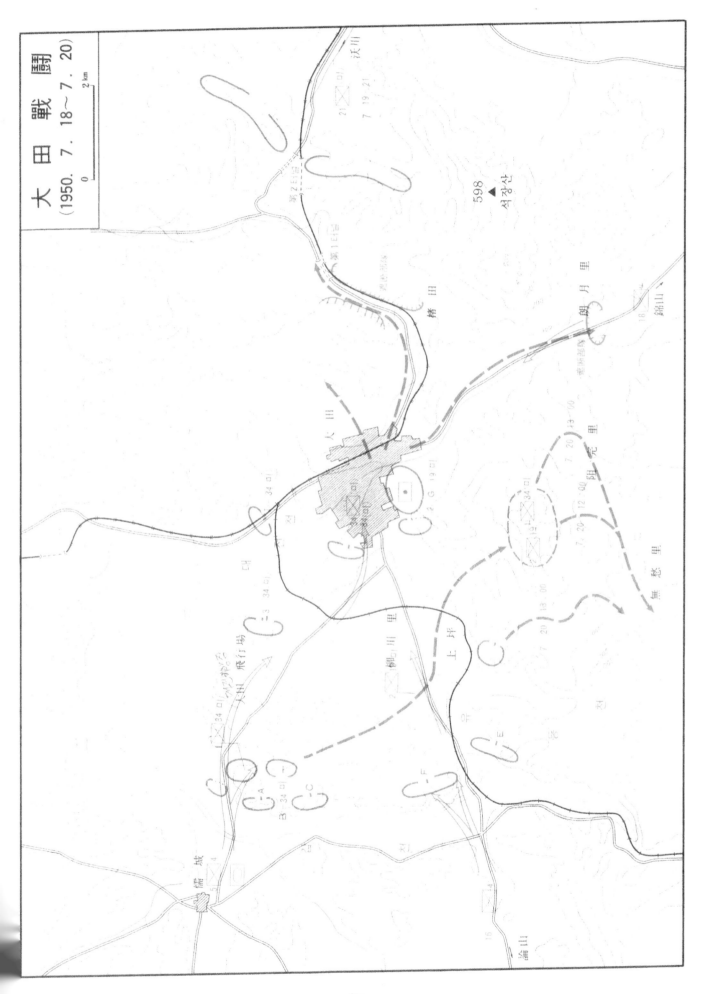

5. 화령장지구 전투

(1) 상황

① 북한군

북한군은 7월 중순 대전 남쪽으로 우회하려던 제2사단이 국군 수도사단 제17연대에 의해 청주남방에서 저지되고, 제1사단 역시 국군 제6사단에 의해 저지당하자 제15사단을 투입하여 공격부대를 증강하였다.

북한군 제15사단은 괴산에서부터 미원, 보은에 이르기까지 국군 제1사단을 공격하는 한편, 증강된 1개 연대 병력을 무방비 상태의 중앙도로를 따라 남진시켜 화령장을 돌파하고 일거에 상주를 점령함으로써 국군 제6사단의 병참선을 차단, 이를 격멸한 다음 북한군 제1사단과 함께 대구를 공격하려고 하였다.

② 국군

전선이 남하하자, 지연전을 조직적으로 전개하기 위해서 전선을 재정리하는 한편, 7. 15에는 함창에서 제2군단을 창설함으로써 국군은 2개 군단을 보유하게 되었다.

이와 같은 재편성 단계에서 중동부전선을 담당한 수도사단은 제17연대를 안동으로 이동시킬 계획이었다.

그러나 이때 북한군 제15사단이 화령장 지구로 진출하고 있다는 정보를 입수한 아군은 우선 제17연대를 이 지역에 투입하고, 뒤이어 제1사단을 투입할 것을 결정하였다.

(2) 전투 경과

① 국군 제17연대의 투입

7. 17 제17연대 선발대인 제1대대가 급거 금곡리에 도착했을 때는 이미 북한군의 선봉 1개대대 병력이 이곳을 지나 상주로 남하하고 있었으나, 제1대대는 적의 주력부대를 격퇴할 목적으로 금곡리 주위의 능선에 병력을 배치하였다.

② 금곡리의 섬멸전

아군 수색대원들은 적 통신장교를 납치하여 적의 작전명령서를 노획함으로써 북한군의 이 지역에서의 기도를 사전 탐지하였으며, 국군 제17연대 1대대는 전투 준비를 완료하고 적의 주력부대가 나타나기만 기다리고 있었다.

7. 17 16:00 적의 주력부대는 4열 밀집종대로 아군이 매복한 지역으로 접근해 왔다. 이들은 이미 선발대가 통과한 도로이기 때문에 안심하고 행군하다가 아무 경계도 없이 전 병력이 '걸어 총' 하면서 휴식하였다.

능선상에 매복하여 이와 같은 적의 행동을 주시하고 있던 제1대대는 대대장의 사격개시 신호와 동시에 일제 사격을 개시하였다.

무방비 상태의 적은 아군의 기습사격에 당황하여 일대혼란에 빠져 많은 병력이 사살되었으며, 지리멸렬상태에서 일부 병력만 겨우 송천리방면으로 도주하였다.

아군은 이 전투에서 200명 이상의 적을 살상하는 동시에, 트럭 2대분에 가까운 장비를 노획하는 큰 전과를 거두었다.

③ 동비령 전투

금곡리 전투 후 국군 제17연대 제1, 3대대는 주변의 잔적을 소탕하고, 제2대대는 전방의 동비령일대에 추진 배치되어 북한군의 행동을 관측하였다.

한편 북한군 제45연대는 금곡리에서 거의 섬멸된 제48연대를 지원하기 위해 갈령을 거쳐 동비령을 넘어 오고 있었다.

아군 제2대대는 적정을 파악하고 동비령 고갯길 양측 고지에 1개 중대를 배치, 7. 19 11:00 아군 정면으로 접근해온 적 탄약 수송부대를 기습하여 일제사격과 수류탄 공격으로 전멸시켰다.

아군은 이튿날 새벽에도 이 지역으로 접근해 온 북한군 제49연대 1대대를 기습사격으로 섬멸하였다.

아군은 이 전투에서 적 1개대대 병력 이상을 살상하고, 2트럭분이 넘는 각종 장비를 노획하였다.

아군은 금곡리 및 동비령전투에서 병력의 열세에도 불구하고 과감한 기습작전을 전개하여 경계가 소홀한 북한군을 격파함으로써 적의 상주 점령 기도를 수포로 돌아가게 하였다.

(3) 국군의 전선정리

비록 북한군의 상주 침공을 저지하기는 했으나, 이미 대전이 함락됨에 따라 아군은 전선을 재조정해야만 하였다. 이에 따라 제17연대는 육본의 기동예비대로서 대구로 집결하였으며, 보은에 있던 제1사단도 화령장으로 이동했다가 7. 25 새로 투입된 미 제25사단에게 진지를 인계하고 다시 상주지역으로 철수하였다.

그러나 국군 제6사단은 점촌, 함창일대에서 지연전을 계속하였다.

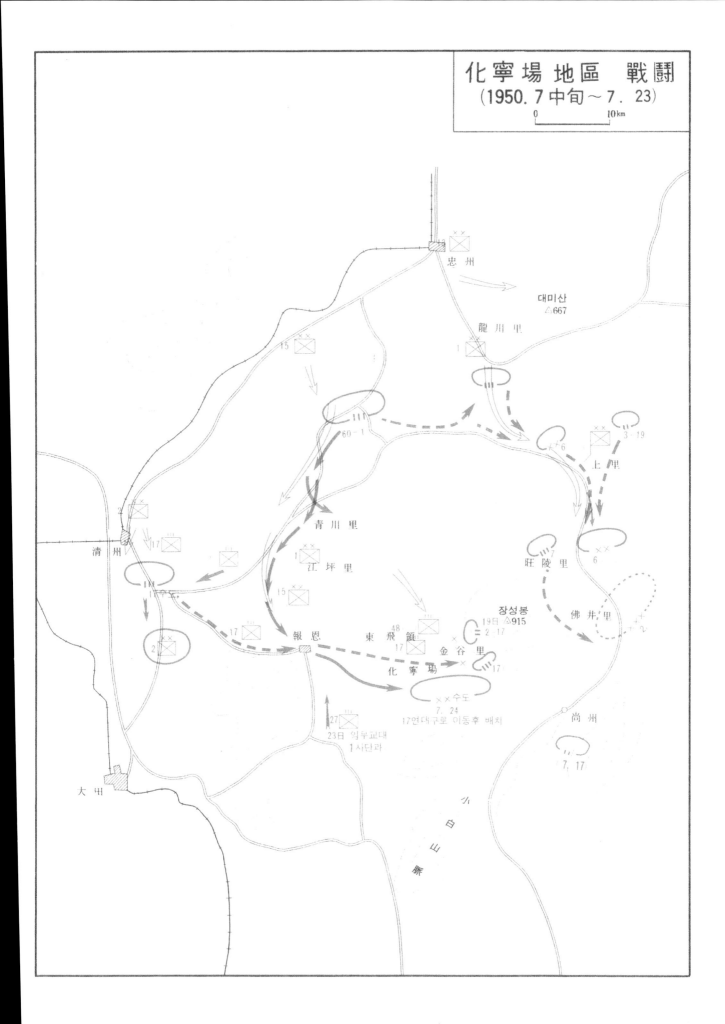

化寧場 地區 戰鬪
(1950. 7 中旬 ～ 7. 23)

0   10 km

忠州

대미산
△667

龍川里

15

1

60-1

3-19

6

上里

清州

2

17

1

15

青川里

江坪里

旺陵里

7

6

장성봉
19日 △915
2-17

佛井里

報恩

東飛嶺

17

金谷里

2

17

化寧場

××수도
7. 24
17연대구로 이동후 배치

尚州

27

23日 일부교대
1사단과

7. 17

大田

白

山

脈

51

§4. 낙동강 방어선으로의 철수

1. 전황

(1) 북한군의 작전계획

금산~영동~함창~안동선까지 진출한 북한군은 그 후 미군과 국군의 방어선을 돌파하고 낙동강 이북 및 이서지역을 석권하는 동시에, 급속히 낙동강을 도하한 후 예비대를 투입함으로써 한·미연합군 전선이 강화되기 이전에 조기결전을 강행하려고 하였다.

이러한 계획하에서 북한군은 제3사단으로 하여금 계속해서 영동·김천방면으로 공격하도록 하고, 동부전선에는 예비사단이었던 제13사단과 개전 직후 조급히 편성한 제8사단을 투입하는 동시에, 서부전선에서는 제4 및 6사단을 호남지방에 침투시켜 거창·진주 지역에서 방어배치가 취약한 유엔군의 좌측방으로 우회 공격하게 하였다.

이 작전을 위해서 북한군은 전선사령부를 수안보로 옮기고, 김일성이 직접 이곳에 내려와 각 병종간의 협동과 야간전투 및 침투 우회포위작전등을 강조하고, 전선사령관 김책에게 "단순히 대로를 따라서 정면공격을 가할 것이 아니라 오히려 험한 산간소로와 능선을 따라 전진하면서 한·미연합군전선의 측배를 위협하는 우회와 포위작전을 감행함으로써 진격속도를 증가시키라"고 독전하였다.

그러나 이때 북한군은 제공·제해권을 상실하고 항공기에 의한 후방보급로를 차단 당하였으며, 그간의 전투로 병력 및 장비의 손실이 극심한 상태에 있었다.

따라서 북한은 노소를 불문하고 강제로 징집하여 이른바 의용군을 편성, 전선으로 내몰아 부족한 병력을 보충하고, 식량 등은 현지에서 약탈하여 조달하며, 병기와 탄약 등의 보급은 주로 야간의 릴레이식 수송작전에 의존하는 등 안간힘을 다하였으나, 사실 전력은 거의 고갈되어 가고 있었다.

(2) 아군의 방어계획

전선을 정리하면서 지연전을 전개해 온 국군은 7. 24 부대들을 재편성하여, 제1군단은 그 예하에 제8사단과 수도사단을 두어 동부지역을, 제2군단은 제1 및 제6사단을 예하에 두고 중부지역을 담당하도록 했으며, 제3사단을 육본 직할로 두어, 개전당시의 8개 사단을 5개 사단으로 축소 개편하였다.

유엔군의 증원병력은 속속 도착하고 있었지만 유엔군 전선의 위기는 여전히 해소되지 않은 채로 남아 있었다.

유엔군은 아직도 적의 우회기동과 포위 및 야간침투를 조직적으로 저지할 수 있을 정도의 충분한 병력을 확보하고 있지 못했으며, 더욱이 적이 침투한 지역을 신속히 타격하여 격퇴시킬 수 있는 기동예비대를 보유하지 못하고 있었다.

7월 중순부터 하순에 걸쳐서 미 제1기병사단, 제25사단, 제29연대전투단 등이 증원되었으며, 미 제2사단, 제1해병여단, 제5연대전투단 등은 항해중에 있었다.

7. 19경 국군은 중동부의 산악지대와 동해안 지역을 담당하게 되었으며, 미 제24사단은 김천, 군위, 의성, 등지에서 재편성에 들어가고, 미 제1기병사단은 영동 일대를 담당하는 한편, 미 제25사단은 상주 정면을 방어하게 되었다. 또한 서해안지구사령부는 서해안일대에서 적을 저지하도록 하였다.

7. 22까지 유엔군의 총 병력은 적과 거의 대등한 수준에 이르렀지만, 아직까지 전쟁의 주도권은 적의 수중에 남아 있었으며, 유엔군은 북한군의 유격전을 가미한 전법에 익숙해 있지 않았을 뿐만 아니라, 방어해야 할 정면이 광대하여 수세에 몰려 있는 상태에서 동시에 모든 지역을 동일한 밀도로 방어할 도리가 없었다. 더구나 7. 23 군산일대에 북한군 제6사단이 출현하고, 무주·진안일대에서는 북한군 제4사단이 발견됨으로서, 아군은 그동안 거의 공백상태로 두었던 서남부지역의 방어에 유의하지 않으면 안 되었다.

따라서 아군은 연속된 전선을 유지, 적의 공격을 효과적으로 저지하기 위하여 다음과 같이 방어선을 재조정하였다.

① 국군 제1군단(수도, 제8사단) : 동부전선
② 국군 제2군단(제1, 제6사단) : 중부전선
③ 국군 제3사단(육본 직할) : 동해안 지역
④ 미 제25사단 : 상주지역
⑤ 미 제1기병사단 : 영동, 황간, 김천지역
⑥ 미제24사단(제29연대전투단의 2개대대 배속) : 진주, 거창지역

그러나 7월 말에 접어들면서 적의 강력한 압력을 받게 된 아군은 영동, 안동, 김천, 영덕 등지에서 치열한 공방전을 전개하였으며, 특히 낙동강 서부와 남부에 대한 위기가 증대되어 갔기 때문에 어떤 새로운 조치가 필요하게 되었다.

戰　況
(1950. 7. 20～7. 31)

2. 영동·황간지구 전투

(1) 영동지구 방어전

제2차대전시 유럽전선에서 패튼 장군의 참모장이었던 게이(Robert R. Gay) 소장의 제1기병사단은 제24사단과 같이 감소 편성되어 있었으며, 태풍으로 인해 제7연대와 제82야전포병대대는 상륙이 지연되었기 때문에 최초 방어편성에는 제5 및 제8연대만이 투입될 수 있었다.

미 제1기병사단의 방어편성은 병참선에 유의하라는 워커장군의 충고와 미 8군 G 3의 지시에 따라 영동을 중심으로 제8기병연대 1대대는 대전방향 7km 지점에, 제2대대는 무주 방향 3km 지점에 배치하고, 제5기병연대는 영동 동측방에 배치하였다.

약 1만명에 불과한 병력을 이와 같이 분산 배치한 것은 적에게 각개격파당할 우려가 있었으나, 게이 소장은 미8군사령부의 지시에 따랐다.

북한군의 작전기도를 보면, 북한군 제3사단은 제8연대와 제107전차연대를 미 제8기병연대 1대대 정면으로 공격시키고, 그러는 동안 제7 및 제9연대를 무주방면으로 우회시켜 미 제8기병연대 제2대대 및 제5기병연대의 후방을 공격하였다.

7. 23 아침부터 미 제8기병연대 제1대대는 제77야전포병대대와 제92곡사포대대의 지원사격 하에 북한군 제8연대의 공격을 수차에 걸쳐 저지하였으나, 북한군이 우회하여 후방으로부터 공격해옴에 따라 남쪽으로 후퇴하였다.

한편 미 제8기병연대 제2대대 지역으로 공격해온 북한군은 7. 24 제2대대의 퇴로를 차단하고, 이어 제99 및 제61야전포병대대, 제5기병연대를 공격하였다.

7. 25 아침 미 제8기병연대의 진지는 완전히 유린되어 막대한 장비의 손실과 인명피해를 내고 후퇴하지 않으면 안 되었다. 미 제5기병연대의 진지는 지뢰지대로 방호되고 있었는데, 7. 26 여명 북한군 제9연대는 수백명의 선량한 피난민을 횡대로 벌려 세우고 전차와 총검으로 위협하여 지뢰지대로 내몰아 지뢰를 폭파시키면서 접근하는 사상 유례없는 잔인 무도한 작전을 전개하여 왔으나, 미 제5기병연대는 7. 28까지 완강히 진지를 방어하였다.

북한군은 유엔공군의 폭격으로 야포나 전차가 대부분 파괴되어 그 위력이 감소되자 미 제1기병사단에 대한 정면공격이 불가능함을 깨닫고 제3사단 9연대로 하여금 영동에서 미 제1기병사단을 견제하게 하고, 제7연대를 우회시켜서 김천으로 향하게 하였다.

미 제1기병사단은 7. 28에 이르러 황간 지구의 미 제25사단 제27연대가 북한군 제2사단에 의해 구축됨에 따라 김천으로 후퇴하였다.

(2) 황간일대 지연전

상주 일대에서 국군 제8사단의 지원임무를 맡고 있던 미 제27연대는 7. 22 밤 전선정리와 함께 7. 23 황간 북방 상룡리 일대에서 국군 제2사단과 임무를 교대하여 북한군 제2사단의 전진을 지연시키려고 하였다. 180km에 달하는 거리를 하루만에 달려온 미군의 기동력은 북한의 의표를 찌른 행동이었다.

7. 24 06:00부터 이 지방 특유의 짙은 안개 속에 북한군은 8대의 전차까지 동원하여 공격을 개시하였는데, 미 공군의 지원을 받은 미 제27연대의 용전으로 일단 격퇴되었다.

이날 밤 미 제27연대장은 대대가 현 진지를 고수한다면 야간 또는 다음날 새벽까지는 적에게 포위당할 것으로 판단하여 제1대대장에게 후퇴명령을 하달하였다.

그리하여 제1대대는 일몰 후에 후퇴명령에 따라서 제2대대 후방의 새로운 진지로 이동하였는데 적은 제1대대의 후퇴를 모르고 있었다.

7. 25 아침 미 제27연대 제2대대는 적 2개 대대가 미 제1대대의 원진지를 우회 포위하고자 후방으로 진출한 다음 그 배후에서 공격을 준비하고 있는 것을 진전에서 포착하게 되었다.

적도 그들이 잘못 들어왔다고 판단하였을 때는, 이미 제2대대 병력과 105mm포 12문 및 전차포 9문의 집중포격을 받고 혼비백산, 섬멸적인 타격을 받고 도주하였다.

이와 같은 격전을 계속하다가 미 제27연대는 7. 29 여명 후퇴를 개시하여 김천으로 이동하였다가, 그 후 왜관에 집결하여 미 제8군의 예비대로서 활동하였다.

이 전투의 결과 미 제27연대는 400여 명의 병력손실을 입었으나 약 6일간 적을 지연시켜 미 제1기병사단의 후방을 엄호하고, 북한군 제2사단에게는 3,000여 명의 병력손실과 6대의 전차를 포함한 막대한 피해를 입혔다.

이로 인하여 북한군 제2사단은 8월의 낙동강전투에 참가할 수 없게 되었다.

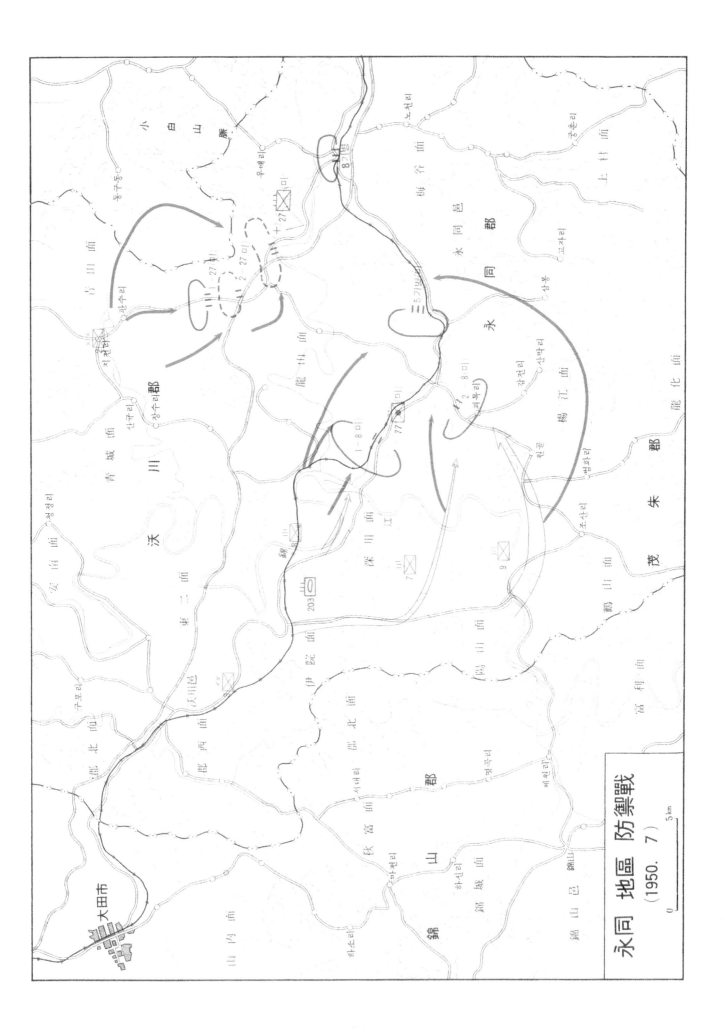

永同 地區 防禦戰
(1950. 7)

0 _____ 5 km

3. 김천지구 방어전투

(1) 상황

북한군 제3사단은 영동 정면을 공격하는 한편 제7연대를 김천방면으로 우회시키려고 기도하였다.

이와 같은 적의 동태를 간파한 미 제1기병사단은 우측 미 제25사단과의 큰 간격이 위협을 받고 있으므로 김천으로 철수, 김천방어를 위하여 제8기병연대를 상주가도에, 제5기병연대를 무주～김천가도에, 제7기병연대를 영동가도에 각각 배치하여 김천으로 들어오는 3개 방면의 도로를 봉쇄하였다.

또한 적이 서남방으로 우회하여 미 제1기병사단의 후방 대구～김천간의 병참선을 위협하고 있다고 판단했던 유엔군은 김천방어선을 보강하기 위하여 배속 받은 미 제27연대 3대대를 하원리에 배치하였다.

(2) 전투 경과

7. 29 아군의 1개 소대가 수색중 지례에서 적의 기습사격을 받았다. 미 제1기병사단장은 사단의 후방이 위협받고 있다는 정찰대의 보고를 받자, 제5기병연대 1대대, 제21연대 3대대, 제99야전포병대대를 지례방면으로 공격시켰다.

적은 이미 미군의 공격을 예상하고 지례에서 철수하여 주위의 고지일대에 매복하고 있었다. 이러한 상황을 모르고 지례에 진입한 미군은 적 2개 연대의 집중사격을 받고 후퇴하였다.

7. 31 북한군 제3사단의 주력은 김천에 침입, 1개 연대가 20여 대의 전차를 앞세우고 미 제7기병연대의 진지를 공격했으며, 그 일부병력은 미 제8공병대대를 공격했다.

다행히 적의 공격이 주간에 전개되었기 때문에 유엔군은 공중지원으로 적을 포착하여 전차 19대를 파괴했는데, 이로써 북한군 제203전차연대는 전력이 절반이하로 줄어들게 되었다.

(3) 결과

미 제1기병사단은 7. 23 한국에 투입된 이래 약 9%의 병력 손실과 다소의 장비 손실을 입었으나 결코 적에게 격파되지는 않았다.

이에 비해 북한군 제3사단은 비록 '영동사단'의 칭호를 얻기는 했으나 주로 아군의 포격에 의해 2,000여 명의 병력을 상실했으며, 특히 북한군 제203전차연대는 재기불능의 상태가 되었다. 이것은 근본적으로 북한의 혹독한 독전으로 무모한 공격을 감행한 데 기인한다.

4. 상주지구 전투

(1) 상황

북한군 4개 사단(제1, 2, 13, 15사단)이 보은, 문경방면으로부터 상주～함창으로 집중하고 있었기 때문에 유엔군은 미 제25사단을 이곳에 투입하여 지연전의 임무를 부여하였다.

미 제25사단은 7. 20 상주～함창가도를 연결하여 배치되었는데, 좌측으로 미 제1기병사단, 우측으로는 국군 제1사단과 인접하고 있었다.

미 제25사단 24연대는 연대장과 대대장을 제외하고는 모두 흑인으로 구성되어 있는 흑인부대였는데, 거의 전의가 매우 부족하여 사단장의 애를 태우는 경우가 많았다. 이들은 철수하고 있던 국군 수도사단 제18연대가 도착하자 진지를 인계해버리고 아무 접적없이 임의로 후퇴하는가 하면, 북한군의 소규모 공격에도 후방으로 도주해버리곤 했다.

(2) 전투 경과

7. 25 미 제24연대는 화령장일대에서 저지임무를 수행하던 국군 제1사단의 임무를 인수하여 상주방면으로 남하하는 북한군 제15사단의 공세에 대비, 상주서쪽 16㎞ 지점의 낙서리 고지에 진지를 구축하였다. 그러나 병사들 가운데는 처음부터 전장공포증에 걸려 진지를 무단 이탈하는 사례가 허다하였다.

7. 29 미 제24연대 1대대는 적의 박격포사격이 개시되자 진지를 무단 철수하여 10㎞나 후퇴하였다.

사단장은 마침내 이와 같은 미 제24연대의 문란한 전장군기를 바로잡기 위하여 7. 30 미 제35대대 1대대에 독전임무를 부여하여 제24연대의 후방에 배치하는 한편 7. 31부터는 진지이탈자를 단호히 군법회의에 회부하는 등 강력한 조치를 취하였다.

7. 31 미 제24연대는 적의 압력을 받고 후퇴를 개시, 미 제35연대 1대대 진지에 수용되어 상주 남쪽으로 후퇴했다.

(3) 결과

11일간의 접적을 통하여 미 제24연대는 전사 27명, 부상 293명의 손실을 보았으며, 이 지연전에서 전투다운 전투는 한번도 해 보지 못하고 약 50㎞를 후퇴했다.

한편 화령장부근에서 국군에 의하여 치명적인 타격을 입은 북한군 제15사단은 새로 투입된 북한군 제13사단과 교대하였으며, 한편 미 제25사단은 서남부전선의 위기를 맞아 미 제24사단의 뒤를 이어 신속히 서부로 이동하였다.

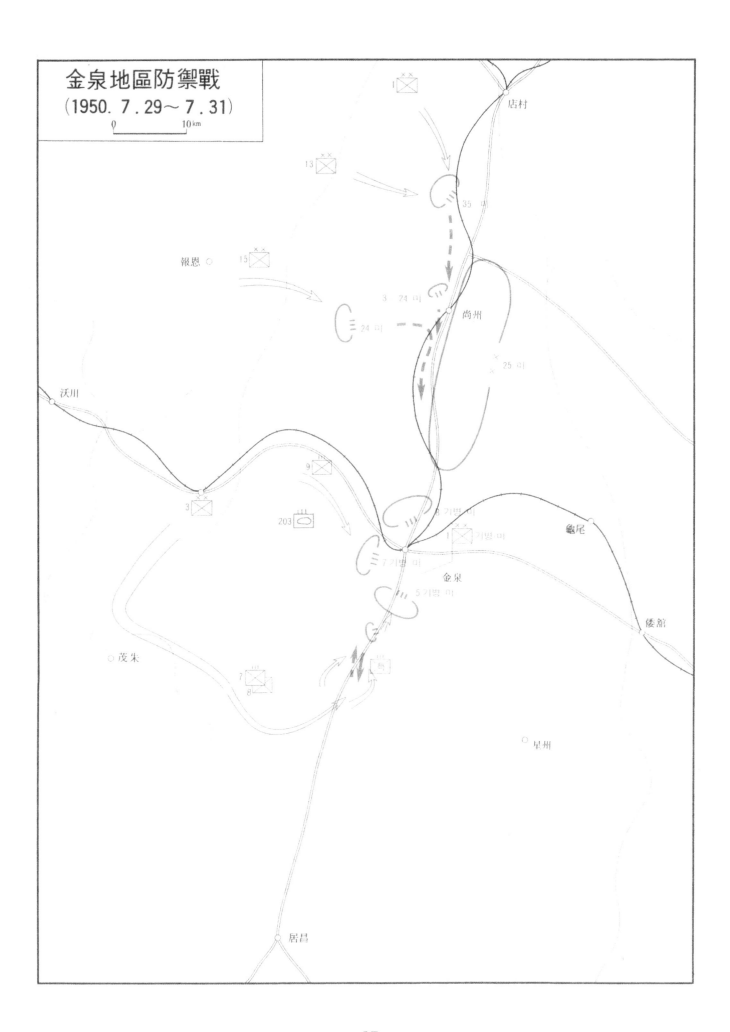

金泉地區防禦戰
(1950. 7. 29～7. 31)

0   10 km

店村

報恩 ○

沃川 ○

尚州

9

3

203

龜尾

金泉

倭舘

茂朱

7
8

星州

居昌

5. 안동지구 전투

(1) 중동부전선에서의 국군의 지연전

괴산에서 충주 남쪽으로 전진한 국군 제6사단은 7월 중순경에는 문경을 거쳐 점촌부근 경강 일대에 도착하여 7. 18 밤부터 적과 강을 사이에 두고 격전을 전개하였다.

북한군은 게릴라부대를 투입하며 아군의 부대간격으로 침투하거나 야간공격을 감행하는 등 다양한 전법으로 집요하게 공격해 왔으나, 아군의 강력한 반격에 의하여 모두 격퇴되었다. 7. 23 북한군 일부가 어룡산 일대로 진출하자 국군 제6사단은 점촌 일대로 이동하여 완강히 저항하였다.

북한군은 제15사단을 침투시키는 동시에 제13사단을 새로이 이 지역에 투입했으며, 이에 대해 국군은 화령장지구에 있던 제1사단을 이곳에 투입하여 아군의 저지선을 보강하였다.

이리하여 국군 제2군단(제1, 6사단 및 제1연대)은 이안천, 국사봉 일대에서 북한군 제13사단 등의 공격을 저지, 낙동강 방어선으로 철수할 때까지 성공적으로 진지를 고수할 수 있었다.

(2) 안동 철수작전

① 상황

북한군은 동해안 지역에서 제12사단으로 하여금 안동을 거쳐 포항으로 진출시키려고 기도했으나, 안동지역에서 국군 제8사단에 의해 저지되었다.

이에 북한군은 강릉에서 신편한 제8사단을 투입, 평창~제천~단양을 거쳐 예천으로 남진시키고, 제12사단은 계속 안동에서 국군의 정면을 공격하며, 그동안에 제5사단의 일부 병력과 제766게릴라부대로 하여금 안동을 우회 포위하여 국군 제1군단의 후방을 차단하려고 기도하였다.

국군은 수도사단의 주력인 제18연대를 예천에 배치하여 북한군 제8사단의 전진을 저지하게 하고, 제8사단과 수도사단 제1연대는 안동북쪽에서 북한군 제12사단과 대치하였다.

② 전투 경과

7. 30 예천을 점령한 북한군 제12사단과 제8사단의 일부 병력은 아군 방어선의 중앙인 제21연대 정면에 주공을 두는 한편, 좌측에서 국군 제8사단 10연대와 수도사단 제1연대의 간격으로 침투하였으며, 예안방면으로 우회 남하한 적의 일부 병력은 안동 동측방에서 국군 제16연대를 공격하여 3개 방면에선 포위해 왔다.

국군 제8사단은 제16연대의 진지가 적에게 돌파되는 바람에 도게 텃골 일대로 철수하였다.

7. 31 북한군은 후속 전차부대를 투입하여 안동에 돌입하려고 국군 제21연대 정면을 공격하였다. 제21연대는 옥달봉으로 후퇴하였으나 미공군의 지원폭격으로 적이 혼란에 빠진 기회를 포착하여 원진지를 회복하였다.

전선정리를 위하여 전 한국군부대와 미 제8군 예하 전 부대의 낙동강 방어선으로의 철수가 결정됨에 따라 국군 제1군단은 7. 31 19:00에 8. 1 05:00까지 낙동강 남안의 저지진지로 철수하라는 명령을 접수하였다.

이 명령을 받고 철수문제를 결정하기 위하여 열린 군단참모회의는 8. 1 02:00까지 4시간이나 계속된 끝에 수도사단 제1연대가 엄호하는 가운데 제8사단, 수도사단의 순서로 철수할 것을 결정하였다.

원래 작전명령으로 지시받은 야간철수는 참모회의로 시간을 다 소비하였기 때문에 이미 때를 놓쳤으며, 군단의 철수명령이 예하부대에 너무 늦게 하달됨으로써 북한군의 여명공격과 때를 같이하여 철수를 개시하게 되었고, 일부 경계부대들에게는 철수명령이 전달도 되지 못했었다.

엄호부대로서 안동 북쪽 2㎞선에 배치되었던 제1연대는 8. 1 04:00 개시된 북한군의 공격으로 방어선이 돌파되어 안동 시내로 철수해버렸다.

아군과 북한군이 혼합되어 안동 시내로 밀려오는 상황에서 아군은 우군부대 철수를 기다릴 수가 없어서 8. 1 07:00경 안동의 인도교와 철교를 폭파하여 북한군의 도하를 저지하려고 했다.

철수로가 차단된 아군의 잔여부대는 하폭이 약 400m에 달하는 낙동강의 급류로 뛰어들 수밖에 없었으며, 많은 손실을 초래하였다.

그러나 북한군의 피해 역시 심각하여 제12사단장 최춘국(崔春國)이 전사하는 등 부대의 전력이 크게 약화되었다.

③ 안동 철수작전의 실패 원인

첫째, 긴급한 상황에서 작전회의를 위해서 너무나 많은 시간을 소비했으며, 둘째, 철수명령을 하달하는데 있어서 시간이 없는 상황에서는 연락장교 대신에 유·무선통신을 이용했어야 하며, 셋째, 철수엄호부대가 임무를 완수하지 못했기 때문이었다.

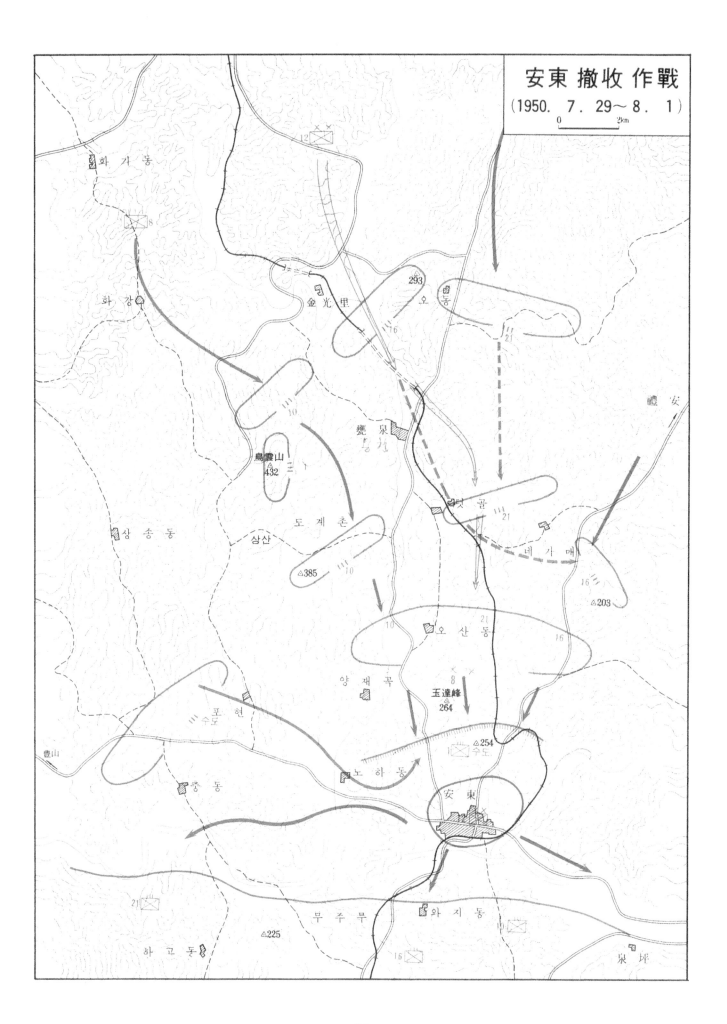

安東 撤收 作戰
(1950. 7. 29～ 8. 1)

화가동

金光里

293

오 동

화 강

甕泉

鳥靈山
△432

덧 골

體安

상 송 동

도 계 촌

상산

△385

△203

오 산 동

양 재 곡

玉達峰
△264

△254
수도

수도

포 현

豊山

노 하 동

安東

중 동

와 지 동

무 주 무

△225

하 고 동

泉 坪

59

6. 영덕지구 전투

(1) 상황

동해안가도를 따라 무인지경으로 남진해 오고 있던 북한군 제5사단을 최초로 저지한 부대는 국군 제3사단 23연대였다. 제23연대는 6. 29 울진에 도착한 후 지연전을 전개하며 평해를 경유해 7. 12에는 영덕부근으로 철수했다.

국군 제3사단은 7. 14 사단지휘소를 영덕에서 포항으로 이동하고, 미 8군의 지원을 받아서 영덕지구를 고수하려 하였다.

(2) 전투 경과

7. 17 영덕북방 화수동에서 북한군을 저지하고 있던 제23연대는 적의 여명공격을 받고 영덕 남쪽으로 후퇴했다.

미 8군은 영덕의 전략상 중요성을 인식하고, 영덕을 다시 탈환할 수 있는 조치를 취했다. 영덕은 동해안에서 주요한 교통중심지로서 영양과 포항에 이르는 요지이며, 포항까지는 약 45㎞의 거리이다.

국군 제3사단은 미 8군으로부터 1개 105㎜ 곡사포대의 지원을 받은 후, 7. 18 미명 항공기의 폭격과 함포의 지원사격 하에 영덕 탈환작전을 개시하였다. 미 순양함이 영덕 시내의 적을 강타하고, 구축함들이 후방차단사격을 실시하는 가운데 국군 제23연대와 독립대대는 영덕을 탈환하였으며, 화림산쪽으로 패주한 적은 막심한 피해를 입었다.

7. 19 북한군은 2개 연대 병력으로 반격에 나서 다시 영덕을 점령하였으나, 아군은 7. 21 08:00 미 해·공군의 화력지원을 받아 영덕을 재탈환하였다.

7. 22 북한군은 다시 영덕으로 침입한 후 강구방면으로 압력을 가해 왔다. 영덕과 강구 중간에 위치한 181고지는 이 지역의 전략적 요충인데 이 고지를 쟁탈하기 위한 공방전이 7. 24～29까지 계속되었다. 7. 29 아군은 영덕을 세번째 탈환하고, 영덕 북쪽 2㎞선에서 진지를 구축했다.

이후 북한군은 7. 31까지 아군의 방어선에 부분적인 탐색전을 시도하였을 뿐, 그들의 전력은 현저하게 약화되었다.

(3) 결과

이 전투로 북한군 제5사단은 40% 이상의 병력손실을 입었다.

아군이 영덕을 지킬 수 있었던 것은 장병의 분전과 강력하고 효과적인 공중폭격에 힘입은 바가 컸다.

미 8군사령관 워커 장군은 전전선에서 북한군 제5사단이 압력을 가하는 동해안지역이 가장 돌출된 것을 우려한 나머지, 매시간마다 그곳 상황을 보고하라고 지시하는 등 동해안 지역의 전투를 중요시하여 적극적으로 미 해·공군의 화력을 투입하였다.

7. 청송·보현산지구 전투

(1) 상황

청송은 안동과 영덕을 연결하는 교통의 중심지이며 동쪽으로 태백산맥을 끼고 있다. 이 산맥에서 분파된 지맥들이 몇 개의 종격실을 이루고 있고, 지맥을 분리하는 횡격실의 발달로 교통망이 형성되어 있다.

이 지역에는 북한군 제766게릴라부대가 침투하여 후퇴하는 아군의 보급로를 차단하려 했으며, 또한 안동을 점령한 북한군 제12사단이 청송 측면을 포위하려고 기도했다.

이와 같은 적정을 파악한 국군은 북한군의 기도를 분쇄하기 위해서 수도사단 기갑연대 및 강원도 경찰 제5대대를 청송지역에 투입하였다.

(2) 전투 경과 및 결과

7. 25 200여 기의 마필과 함께 청송에 도착한 국군 기갑연대는 이날 저녁 북쪽의 진보동을 기습하여 이를 탈환, 비봉산(△671)에 부대를 배치하고 그 우측에 있는 고지(△605)에 경찰대대를 배치하였다. 아군은 8. 3까지 이곳에서 수색작전을 하면서 적의 사단사령부를 야습하여 큰 전과를 거두기도 하였다.

그러나 8. 4 미명에 수색대대의 진지를 돌파한 적이 아군 혼성대대의 지휘소까지 침투함으로써, 아군은 적의 포위망 속에 빠지게 되었다.

연대장의 적절한 조치에 의해서 이날 22:00 병력은 의성 방면으로 철수하기 시작했지만, 장갑차 및 기마를 거의 모두 상실하였다.

한편 청송 남쪽의 보현산 일대에서는 개전 전부터 공비들이 활동하고 있었는데, 이들은 적 제766게릴라부대와 합세하여 아군의 후방지역을 교란하고 있었다.

아군은 이 지역의 적을 소탕하기 위하여 경북경찰대, 제1201건설공병단, 제1유격대대를 투입하였다. 이중 제1유격대대는 8. 6 03:00 총공격을 개시, 제3중대가 보현산 최고봉에서 저항하는 적 200여 명을 사살하고 06:00 산정 일대를 점령함으로써 그동안 집요하게 보현산 일대에 출몰하면서 후방을 교란하던 적 유격대의 활동 근거지를 무너뜨렸다.

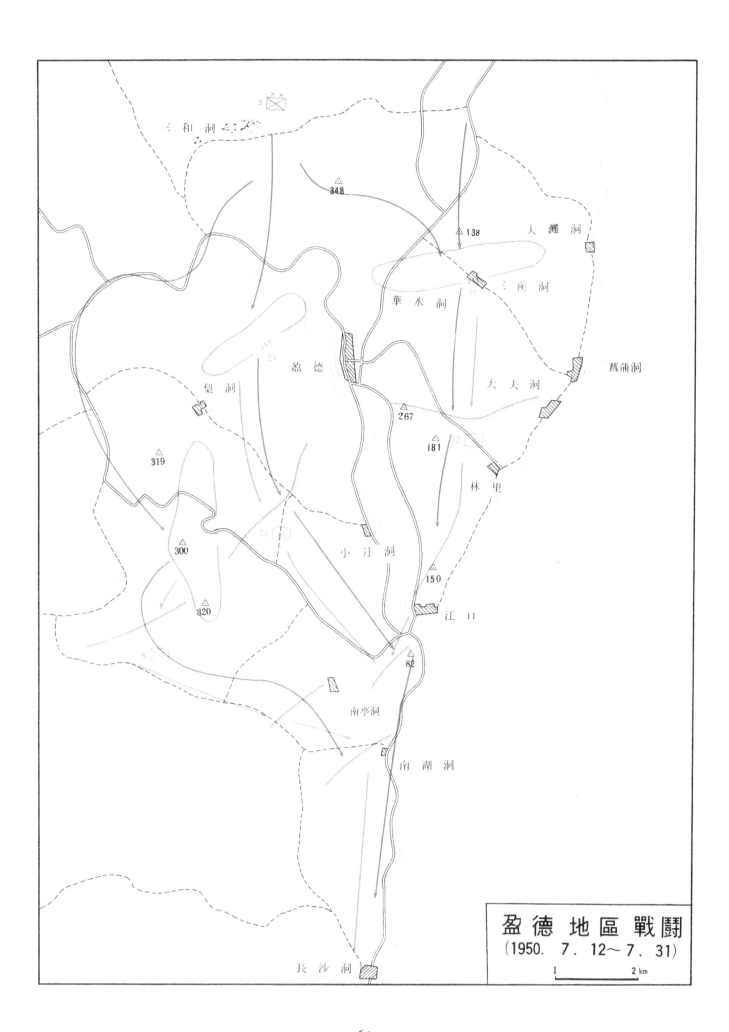

三和洞

348

138 人灘洞

華水洞 三溪洞

盈德 菖蒲洞

梨洞 大夫洞

319 267 林里

181

300 小月洞

320 150

江口

82

南亭洞

南湖洞

盈德地區戰鬪
(1950. 7. 12～7. 31)

1　　　　　2 km

長沙洞

8. 서남부방면 지연전

(1) 일반 상황

7월 중순까지 서남부지역을 담당한 국군 서해안지구 사령부 예하의 전북 및 전남지구 편성관구사령부는 명칭만 있을 뿐, 실질 전투력이 거의 없는 잡다한 부대들로 구성되어 북한군 제4사단 및 제6사단과 간헐적인 접전을 하고 있었다.

북한군 제6사단은 천안에서부터 온양, 군산을 거쳐 7. 20 전주를 점령하고, 7. 23 광주, 7. 25 순천을 점령하였으며, 7. 29까지 진주와 마산을 해방시키겠다고 호언장담하였다.

7월 하순에야 비로소 서남부지역에서 적의 위협을 의식한 워커장군은 대전전투에서 참패하고 재편성중이던 미 제24사단(병력은 10,000여 명에 불과했고, 장비도 60~70%를 이미 상실하였음)을 7. 24 이 지역에 투입하였다.

미 제24사단 예하의 제19연대는 진주에, 제34연대는 거창일대에 투입되었으며, 당시 부산항에 도착한 제29연대의 2개대대도 진주지역으로 추진되었다. 그러나 하동의 중요성을 고려하여 제29연대의 투입지역을 변경, 제1대대는 안의지역에, 제3대대는 하동에 배치하였다.

(2) 하동지구 전투

하동은 영·호남의 관문인 동시에 사천과 진주로 통하는 전략적 요충이기는 하지만, 접근로가 험악하고 이미 북한군이 점령하고 있는 지역이기 때문에 아군이 하동으로 전진하는 데는 문제점이 많았다.

미 제29연대 3대대는 7. 26 미명에 하동에 도착할 예정이었으나 사천~원전간의 도로상태가 불량하여 차량행군이 지연되었으며, 이로 인하여 원전리 남쪽에 도착했을 때는 이미 날이 밝았다.

7. 27 09:00경 하동을 향하여 계속 진출하던 미 제29연대 3대대는 자체경계를 소홀함으로써 쇠고개에서 적의 기습공격을 받았다.

북한군은 국군 및 미군전투복을 착용, 아군을 가장하여 미군이 피아를 식별하지 못하는 사이에 접근해 왔으며, 쇠고개 양측면에 매복하고 있던 적과 함께 일제사격을 가해 왔다.

불의의 기습을 받은 미 제29연대 3대대는 60% 이상의 병력과 모든 중장비를 상실하였다. 특별한 계획과

대책이 없는 가운데 북한군의 전진이 계속되었다.

(3) 함양·거창방면 전투

미 제29연대 1대대가 B중대를 안의로 보내 민부대 등 국군과 함께 우오리 일대에서 함양·안의지역을 방어하고자 할 때, 7. 27 북한군 제4사단의 일부가 함양을 통하여 우명리로 압력을 가하는 한편, 그 주력은 안의지역에 있는 아군의 퇴로를 차단하며 공격해 왔다.

이 결과 안의지역에 있는 미군은 많은 손실을 입었으며, 안의 남쪽 우명리에서 교전하던 미군 및 국군도 7. 29 후퇴를 개시하여 그 이튿날 산청 및 진주에 도착하였다.

한편 거창에 투입된 미 제34연대는 7. 27 제 3대대를 안의 통로에, 제1대대를 합천통로에 배치하는 한편, 1개 중대를 김천가도에 배치하여 전면방어를 시도하고, 미 제13야전포병대대 A포대를 국농소 일대에 위치시켜 전 보병부대를 지원케 하였다.

7. 28 야간에 북한군 제4사단은 일부 부대로 하여금 미 제34연대 3대대를 우회하여 김천가도의 아군 퇴로를 차단하였으며, 동시에 안의지역에서 우회하여 양곡일대의 제1대대 진지를 후방에서부터 격파하였다.

이미 전투력이 극도로 쇠약해 있었던 미 제34연대는 거의 와해되어버린 상태에서 합천 일대로 철수하였다.

미 제34연대는 철수과정에서 거창 남쪽의 도로를 군데군데 폭파하여 적의 중장비 이동을 봉쇄하였으며, 이로 인하여 적은 포병을 움직이지 못하고 보병만 낙동강지역으로 진출시켰을 뿐이었다.

서남부지역이 위태로워지자, 워커장군은 신속히 국군 제17연대와 미 제21연대 1대대를 합천 전면으로 투입하여 미 제34연대의 진지를 보강하였다.

(4) 진주지구 전투

7. 29 하동 일대로 진출한 북한군은 진주의 서남부쪽에서 침입해 왔다.

미 제19연대 제1대대는 사천 구호리 부근에서, 제2대대는 남강 서쪽의 고지에서 방어에 임하였으며, 하동에서 철수한 국군은 북쪽 및 남쪽에 배치되었다.

7. 30 2,000여 명의 적은 전차와 함께 공격을 개시하였으나 한국 해병대의 진지를 돌파하지 못하자 미 제19연대 지역으로 끈질기게 공격을 시도하였다.

결국 미군 진지가 돌파되어 미 제19연대는 의령으로 철수하였으며, 국군은 마산으로 철수하였다.

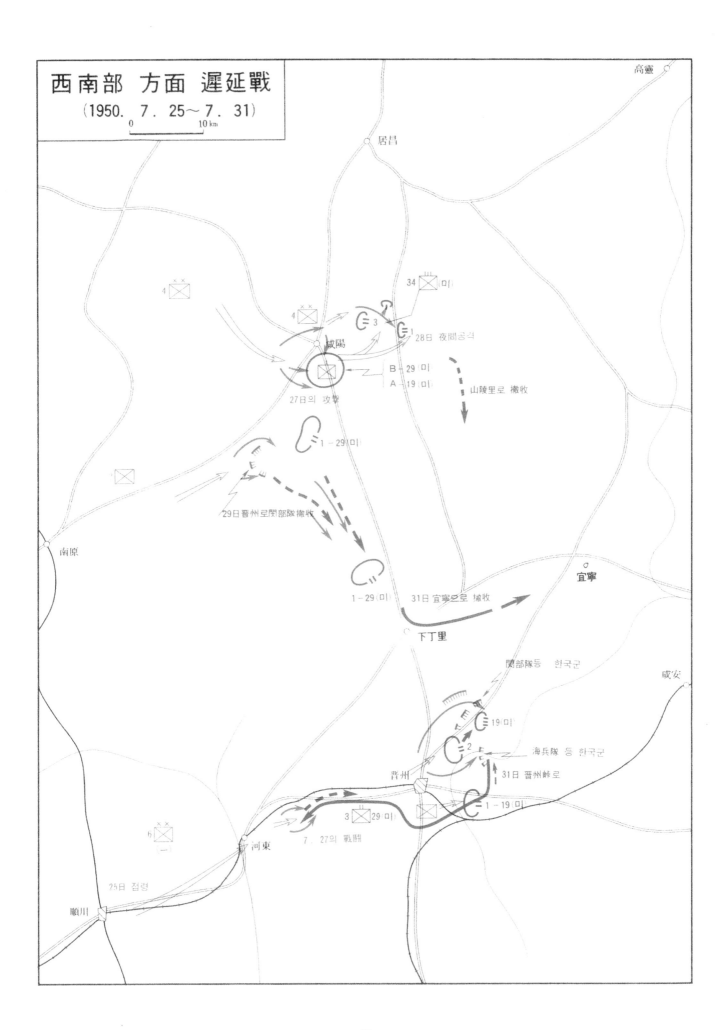

西南部 方面 遲延戰
(1950. 7. 25～7. 31)

0 　　　10 km

高靈

居昌

4 ⊠⊠

4 ⊠⊠

34 ⊠⊠ (미)

(三)3

28日 夜間攻擊

咸陽

B－29 (미)
A－19 (미)

山陵里로 撤收

27日의 攻擊

1－29 (미)

南原

29日 晋州로 聯部隊 撤收

宜寧

1－29 (미)　31日 宜寧으로 撤收

下丁里

聯部隊등 한국군

咸安

19 (미)

(三)2

海兵隊 등 한국군

31日 晋州峠로

晋州

1－19 (미)

3 ⊠ 29 (미)

6 ⊠⊠ (一)

河東

7. 27의 戰鬪

25日 占領

順川

9. 낙동강 방어선의 형성

(1) 상황

7. 29 미8군사령관 워커장군은 후퇴준비를 하고 있는 미 제25사단의 지휘소에서 격렬한 어조로 다음과 같은 훈령을 사단장병들에게 하달하였다.

"우리는 지금 시간을 얻기 위하여 싸우고 있다. 전선 재조정이라든가 또는 기타 어떠한 명목하의 후퇴도 더 이상 허용할 수 없다. 우리의 후방에는 더 이상 물러설 수 있는 방어선은 없다. 모든 부대들은 적을 혼란에 빠지게 하며 그 균형을 깨기 위한 부단한 역습을 감행해야 한다. 여기에는 덩케르크(Dunkirk)나 바탄(Bataan)의 재판은 있을 수 없다. 부산으로 후퇴한다는 것은 사상 최대의 살육을 의미할 것이므로 우리는 끝까지 싸워야 한다."

이것이 바로 후일 널리 알려진 워커 장군의 '사수훈령(死守訓令)'이었다.

7월 말의 유엔군전선은 워커 장군이 말한 그대로 불안하고 혼미한 정황 속에 있었다.

중부와 서부에서 대구로 집중하는 적의 공세는 계속되었으며, 낙동강과 남강이 합류하는 지점의 바로 북쪽에서 동부 강변지대의 돌출부에 자리잡은 영산을 공격하기 시작하였다. 적은 영산에서 낙동강을 도하한 후 밀양으로 직행하여 부산~대구간의 아군의 대동맥을 끊을 기도였다.

(2) 낙동강 방어선으로 철수

미 제8군사령부는 전 유엔군부대에게 8. 1 현 전선에서 낙동강 동안과 남쪽으로 철수하라는 명령을 하달하였다.

7월 말에 접어들면서 적의 강력한 압박을 받게 된 유엔군 전선 중에서도 특히 낙동강 서부와 남부에 대한 위기가 점차적으로 증대되어 가자, 이 방어공간을 메우기 위해서 워커 장군은 단호한 조치를 취하였다.

워커 장군은 마산지구 방어의 성공여부가 아군의 운명을 결정짓는 열쇠라고 확신하고, 8. 1 상주를 방어하던 미 제25사단을 마산지구에 이동시키고, 그 밖의 모든 부대를 낙동강선으로 철수시켜 이른바 낙동강 방어선을 형성하였다.

낙동강 방어선은 북한군의 공격에 대한 최후의 방어선으로서 동북부 산악지대, 낙동강, 남강, 남해 등 천연장애물을 최대로 이용한 방어선이었으며, 워커 장군의 비장한 사수결의에 의하여 이루어졌기 때문에 '워커 라인(Walker Line)'이라고도 불리고 있다.

유엔군 각급 부대는 낙동강으로의 철수작전을 8. 1을 전후로 하여 각각 개시하였다.

이때 서부전선에 배치되어 있던 미 제24사단 34연대는 7. 30 거창을 출발한 후 합천과 낙동강의 연안을 감제할 수 있는 산제리에 위치하여 있었으며, 제21연대는 산제리의 후방에, 배속된 국군 제17연대는 산제리 북쪽에 배치되어 있었다.

철수명령을 받은 미 제24사단은 제34연대, 제21연대, 국군 제17연대의 순서로 철수하였는데, 국군 제17연대는 최후까지 엄호진지에 남아 있으면서 미군의 영산방면으로의 철수를 엄호하고 마지막으로 8. 3 06:30에야 철수하였다.

한편 미 제24사단의 바로 북쪽에 위치한 미 제1기병사단도 철수명령을 받고 김천을 떠나서 왜관 지역으로 집결하였다. 8. 3까지 이 사단은 거의 전병력이 낙동강 남안으로 철수하였으며, 이후 왜관철교와 인도교를 폭파하는 문제가 남아 있었으나 수천명의 피난군중이 적의 점령지역을 벗어나서 왜관철교쪽으로 쇄도하고 있었기 때문에 일대혼란이 일어났다.

작전상 피난민 처리는 매우 어려운 문제였다. 적은 인도주의를 숭상하는 아군의 약점을 역이용하여 피난민 속에 제5열 및 유격대원을 침투시켜 아군의 후방지역을 교란시키곤 했었다.

적 점령하에 있는 지역에서부터 피난민은 끊임없이 아군지역으로 밀려들어 7월 중순부터 하순에 걸쳐 남하한 피난민의 총수는 약 380,000명에 달하였고, 그 후 매일 평균 25,000명씩 증가하고 있었다. 이와 같은 피난민의 대열은 흔히 주보급로를 메웠으므로 작전부대의 기동에 많은 지장을 주었다.

아군은 8. 3 왜관의 철교와 인도교를 폭파한 다음 이튿날 이른 아침까지 낙동강상의 나머지 교량을 모두 폭파했다.

이에 앞서 8. 4 01:00까지 유엔군 및 국군은 새로운 방어선 즉 남북 160km, 동서 80km의 곱자모양(矩形)을 이룬 낙동강 방어선으로 철수를 완료하였다.

낙동강 방어선의 서쪽 외곽선상에는 남에서 북으로 미군이 제25사단, 제24사단, 제1기병사단의 순으로 배치되었으며, 북쪽 외곽선상에는 서에서 동으로 국군 제1사단, 제6사단, 제8사단, 수도사단, 제3사단의 5개 사단이 배치되었다.

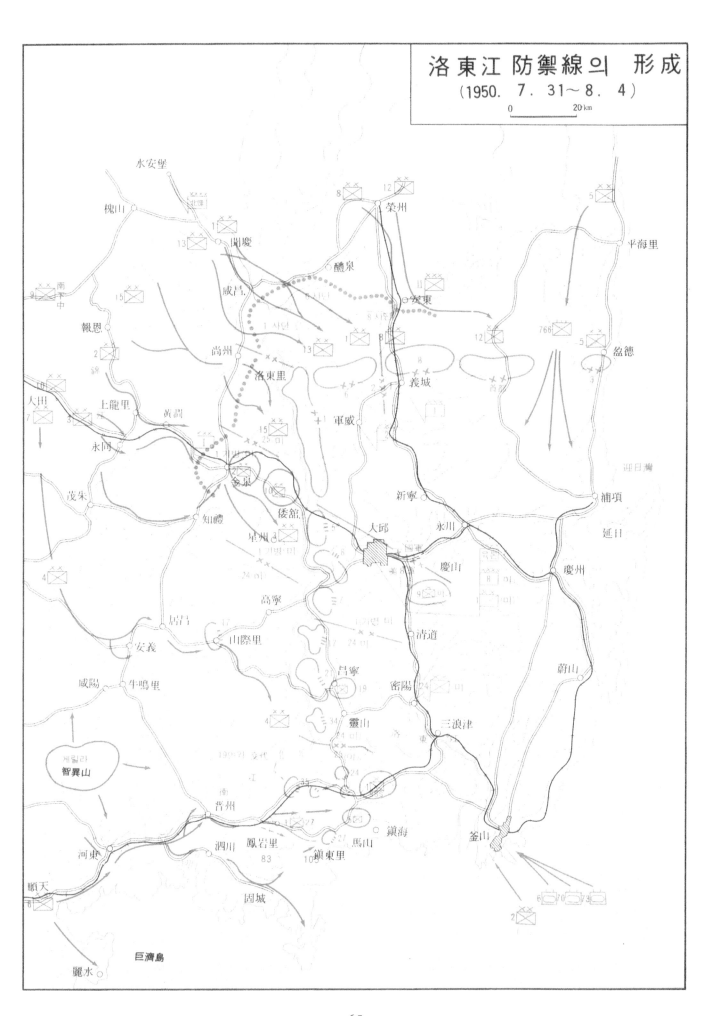

洛東江 防禦線의 形成
(1950. 7. 31～8. 4)

65

제4장 낙동강 방어선

§1. 낙동강 방어선의 의의

한반도 동남부에 남북 160km, 동서 80km의 곱자모양을 이룬 낙동강 방어선은 서북 첨단의 왜관을 기점으로 하여 북측면은 동해안의 영덕에 이르며, 서측면은 낙동강 본류를 따라 남강과의 합류지점에 있는 남지읍에 도달하고, 그로부터 다시 함안, 진동리를 거쳐 진해만에 이른다.

방어목적상 적의 진출을 더 이상 허용할 수 없는 최후의 저지선이자, 궁극적으로는 작전의 주도권을 탈취하여 전세를 역전시켜야 할 반격의 도약대로서 절대적인 의의를 지녔던 낙동강 방어선은 다음과 같은 몇 가지 이점도 갖추고 있었다.

① 개전 이래 최초로 전선을 연결하여 형성된 방어선이므로 작전상 각 부대간의 긴밀한 협조가 가능하고, 적의 일점양면전술과 같은 우회침투를 저지할 수 있다.

② 서측면의 낙동강 본류(강폭 400~800m, 수면폭 200~400m, 수심 2m 내외)와 북측면에 늘어 선 횡격실의 고지군은 천연의 방어지대를 이루고 있다.

③ 방어지대 안쪽은 거대한 보급기지인 부산으로부터 마산, 대구, 영천, 포항 등 전방지역에 이르는 방사선의 병참선이 발달되어 있어서 보급 및 병력이동에 유리했으며, 방어작전상 기동예비대를 적시적소에 투입하여 효과적인 역습을 취하는 등 내선작전의 이점을 최대한 누릴 수 있게 하였다.

한편 맥아더는 8월 초에 낙동강 방어선의 붕괴에 대한 예비진지 구축을 명령한 바 있는데, 이에 따라 제8군 공병참모 데이비드슨(G. H. Davidson) 준장은 8월 말까지 울산 동북쪽 17km 지점의 서동리(경남북도계)로부터 도경계의 산맥과 밀양 북쪽의 유천 및 그 서쪽의 무안리를 지나 마산 동북쪽의 고지군으로 이어지는 총연장 90km의 '데이비드슨선'을 구축하였다.

같은 무렵인 8. 2 국군은 낙동강선 방어작전의 기본지침인 '육본작명 제94호'를 하달하여 작전의 제1목표선인 X선과 제2목표선인 Y선을 설정하고 그 이남으로의 적의 진출을 저지하려 하였다.

X선: 의령 동쪽 백삼리~합천 북쪽 가야산~지례 동쪽 염속산~김천 서북방~상주 동방~예천 북쪽 탑동~안동~청송 북쪽 홍구동~영덕

Y선: 낙동강 연변~왜관 동북쪽 작오산(△303)~포남동 328고지~수암산(△519)~유학산(△839)~신주막·군위 도로 북쪽의 고지군

§2. 작전경과의 개요

1. 전반상황

(1) 아군

낙동강 방어선이 형성되면서 국군은 방어선의 북측면(왜관~영덕)을, 미군은 방어선의 서측면(왜관~남지읍~진해만)을 담당하였는데 그 배치는 대략 다음과 같다.

국군
- 제1군단(사령부: 의성)
  담당정면: 의성~영덕
  부대: 수도사단(동), 제8사단(서)
- 제2군단(사령부: 군위)
  담당정면: 왜관~의성
  부대: 제6사단(동), 제1사단(서)
- 육본직할 제3사단: 영덕지구

미군
- 제1기병사단: 왜관 일대(북)
- 제24사단: 낙동강 돌출부 일대(중)
- 제25사단: 마산, 진동리 일대(남)

아군은 그 밖에 미 제1해병임시여단과 미 제2사단 등이 속속 도착되어 제8군의 예비가 되었고, 5개 대대 이상의 전차부대도 도착중이었다.

(2) 적군

북한군 전선사령부: 수안보
　　제1군단(김천): 미군 정면
　　제2군단(안동): 국군 정면

이상과 같은 배비를 갖춘 적의 작전기도는 부산을 점령하기 위하여 다음의 4개 공격방안을 동시에 적용하려는 것이었다.

① 남강과 낙동강 합류점 동남방으로부터 마산을 통과하는 방안

② 낙동강 돌출부를 통과하여 밀양에서 철도와 도로를 이용하는 방안

③ 경부본도를 따라 대구를 통과하는 방안

④ 동해안 가도를 따라 남하하는 방안

8月의 概況
(1950. 8. 4~8. 25)

0   10km

8. 4現在陣地
8. 20現在陣地
유격대 공격

2. 적의 8월공세 개황

적은 8월공세의 주공을 대구 정면으로 지향하는 동시에 영산~밀양 방면을 돌파하여 경부선을 차단하려 하였다. 이에 따라 미군 정면의 북한군 제1군단은 남으로부터 제6, 4, 10, 3 등 4개 사단을 투입하여 대규모 도하작전을 개시한 결과, 적 제4사단은 영산까지 진출하였고, 적 제3 및 제10사단은 현풍 방면으로부터 대구 서남방을 공격하여 대구를 고립시키려 하였으며, 적 제6사단도 마산 서부로 진출하였다.

그러나 적 제4사단은 미 제1해병임시여단의 역습을 받아 낙동강 서부로 격퇴되었고, 적 제6사단도 미 제25사단을 주축으로 하여 편성된 킨(Kean) 특수임무부대에 의해 진주 동쪽까지 격퇴되었으며, 현풍 방면의 적도 국군 제17연대 및 미 제24사단에 의해 저지되었다.

한편 국군 방어정면의 적 제2군단은 서쪽으로부터 제15, 13, 1, 8, 12, 5 등 6개 사단을 투입하여 총공세를 전개한 결과, 8. 20 현재 왜관~다부동~신령~기계~포항선까지 진출하였으나 당초 목표로 했던 대구 점령에 실패하였다.

즉, 국군 제1사단은 미 제8군 예비인 미 제27연대의 지원을 받아 왜관~다부동 일대에서 적 3개 사단의 공격을 저지하고 대구를 확보하였으며, 포항 일대에서는 8. 10 급편된 포항지구전투사령부 예하부대 외에 국군 제17연대와 브레들리(Bradley) 특수임무부대를 투입, 적을 격퇴하였던 것이다.

그리하여 적의 8월공세는 좌절되었다.

3. 적의 9월공세 개황

적은 8월 하순부터 제5단계 작전을 준비하여 미군정면의 왜관~현풍 일대를 견제하고 국군 정면에 주공을 지향하는 이른바 9월공세를 전개하였다. 미군 정면에서는 8. 31 밤에, 국군 정면에서는 9. 2 밤에 개시된 이 공세로 아군방어선은 도처에서 깊숙이 돌파되는 등 개전 이래 최대의 위기를 맞게 되었다.

적 제4, 9사단은 재차 낙동강 돌출부에 침입하여 영산을 점령하였고, 제6사단도 함안까지 진출하였다.

한편 북측면에서는 영천이 함락됨으로써 대구가 삼면으로부터 고립될 위기에 빠졌고, 기계, 안강, 포항이 돌파되어 경주까지 위협받게 되자, 급기야 9. 5에는 국방부, 육군본부, 제8군사령부가 부산으로 이동하였다.

그러나 적 제2군단은 왜관~다부동~영천~안강~포항선까지 가까스로 진출하였을 뿐, 국군의 필사적인 방어작전으로 막대한 출혈을 보고 공격력의 한계점에 도달하였으며, 영산과 마산 서부의 적도 미 제1해병임시여단과 미 제25사단의 역습으로 격퇴되어 적의 9월공세 역시 좌절되었다.

특히 국군 제2군단은 영천에 침입한 적 제15사단을 포위작전으로 섬멸하는 등 아군은 9월 중순까지 포항을 제외한 전지역에서 원래의 방어선을 탈환하고 작전의 주도권을 확보하였으며, 이어서 9. 15의 인천상륙작전과 더불어 총반격의 횃불을 높이 들었다.

4. 낙동강선 방어의 성공요인

(1) 아군은 현지사수의 투철한 정신력으로 진지를 끝까지 지켰다. '격퇴 아니면 죽음'이라는 비장한 각오는 비단 군인들뿐만 아니라 애국청년, 학생 등 온 국민에게 공통된 것이었으며, 북한은 이러한 대한민국의 반공애국정신을 과소평가하였다.

(2) 유엔 각국의 군사원조는 개전 초 압도적으로 열세했던 아군의 전투력을 급격히 향상시켜 대략 8월말경에는 병력, 화력, 기동력 등에서 적을 능가하게 되었다. 이는 침략을 격퇴하고 국제평화와 안전을 회복하려는 자유세계 각국의 의지의 결실이었다.

(3) 아군은 북측면의 횡격실 산악지대와 서측면의 낙동강 본류 등 천연적으로 방어에 유리한 지형을 효과적으로 이용하였다.

(4) 아군은 내선작전의 이점을 살린 기동예비대의 적시적소 투입으로 적의 돌파기도를 효과적으로 봉쇄하였다.

(5) 아군은 제공·제해권의 장악으로 적의 병력증강 및 병참지원능력을 결정적으로 감퇴시켰으며, 아군 지상부대에 대한 근접지원 효과도 다대하였다.

(6) 적은 8, 9월공세를 막론하고 확고한 주공방향결정과 그에 따른 공격력 집중을 도외시한 나머지 병력의 균등한 배분에 의한 전전선에서의 일제공격과 같은 안이한 작전만을 되풀이하였다. 더구나 도하장비를 비롯한 특수장비의 부족으로 공격부대의 대규모 투입은 더욱 어려웠다.

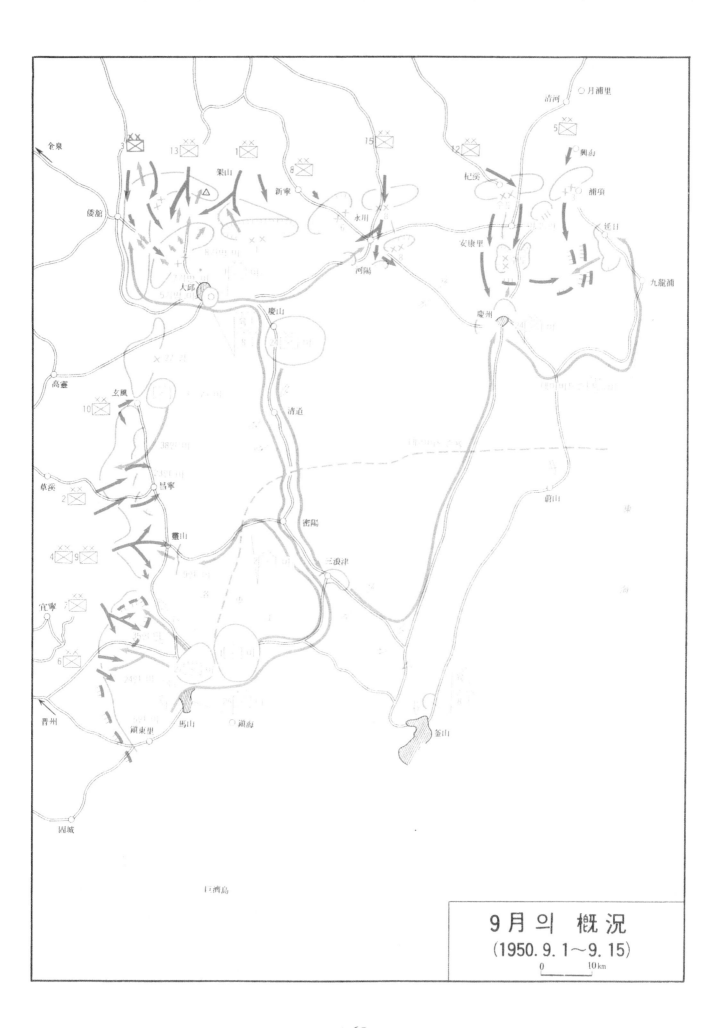

9月의 槪況
(1950. 9. 1～9. 15)

0   10 km

§3. 킨(Kean) 특수임무부대 작전

1. 피아 투입부대

(1) 아군
미 제25사단: 제24, 제27, 제35연대
배속: 국군 민부대, 국군 해군육전대, 한국경찰대, 미 제5연대전투단, 미 제5해병 독립연대

(2) 적군
북한군 제6사단: 제1, 제13, 제15및 포병연대
배속: 제83모터찌크연대

2. 작전지역의 특징

주작전지역인 마산~진주 일대는 표고 500m 이상의 고지군이 산재해 있으나, 비교적 평탄한 남강 유역을 따라 진주~무촌리~검암리~마산을 잇는 도로와 해안을 따라 진주~사천~고성~진동리~마산을 잇는 주도로가 있고, 그 외에도 무촌~진동, 검암~진동을 잇는 도로 등 교통로가 발달되어 있다.

이 지역의 요충인 마산은 부산 서쪽 57km 지점에 위치한 교통, 상업, 수산업의 중심지이며, 군항 진해를 직후방에 두고 있는 부산의 서쪽 관문이다. 따라서 마산의 확보 여부는 아군으로서 낙동강 방어선의 기단을 지키느냐 잃느냐 하는 판가름이었다.

3. 작전의 목적 및 계획

(1) 작전 목적

① 마산 정면의 적 제6사단을 분쇄하여 부산교두보를 안정시킨다.
② 방어선을 진주고개~사천선까지 확장한다.
③ 적의 병력을 흡수하여 대구 일원에 대한 압력을 완화시킨다.
④ 공격작전의 경험을 습득시킨다.

위와 같은 목적을 달성하기 위하여 워커 장군은 상주 남쪽에 있던 미 제25사단을 마산 방면으로 이동하도록 명령했는데, 동 사단은 36시간만인 8. 3 한밤중까지 김천, 왜관을 거쳐 240km의 행군 끝에 마산 일대에 집결하였고, 그로부터 사단장 킨 소장은 배속부대들을 포함하여 특수임무부대를 편성 지휘하게 되었다. 동 부대는 8. 7 06:30을 기하여 공격하도록 명령받았다.

(2) 기동계획

① 미 제35연대는 중암리→무촌리로, 미 제5연대전투단은 진동리→봉암리→무촌리로 공격하여 합세한 후, 양 부대는 진주고개쪽으로 계속 진출한다.
② 미 제5해병연대는 고성→사천→진주 동남쪽으로 공격한다.
③ 미 제24연대(민부대, 해군육전대, 경찰대 배속)는 서북산 일대를 공격, 함안 도로를 확보한다.

4. 전투 경과

(1) 미 제35연대는 격전을 치르면서 8. 10까지 목표 지점인 진주고개에 도달하였으나, 미 제5연대 전투단은 봉류리에서 적의 포위공격을 받아 진격이 부진하였다.

(2) 미 제5해병연대는 8. 11 고성을 점령하고 8. 12 정오 사천 전방 장천리까지 진출하였으나 적의 완강한 저항으로 저지되었다.

(3) 한편 8. 11부터 영산 일대가 적의 공세로 위기에 빠지자 워커 장군은 기동예비대의 부족을 인식하고 킨 작전을 중단하기로 결심하였다. 이에 따라 각 부대를 진동리~남지선까지 후퇴시켜 방어진을 축소하고, 미 제5해병연대를 주축으로 하는 미 제1해병임시여단을 제8군 예비로 돌렸다.

(4) 후퇴 도중인 8. 12 미 제5연대전투단은 봉암리 일대에서 적의 기습을 받아 큰 피해를 입었는데, 특히 미 제555 및 제90포병대대 등 지원포병의 피해가 심하였다.

(5) 8. 16 15:50을 기하여 킨 특수임무부대는 해체되고 이로부터 9월 중순까지 마산 서부 일대에서는 방어작전만이 수행되었다.

5. 분석

이 작전은 개전 이래 최초로 실시된 아군의 대대적인 반격작전이었지만 적정판단의 부정확, 적의 침투 및 후방교란에 대한 대비책 결여, 산악지에서 적의 매복에 대한 대비책 결여 등 미비점으로 인하여 예상외의 큰 피해를 입고 소기의 성과마저 이루지 못하였다.

그러나 마산을 끝까지 확보함으로써 부산으로 우회하려던 적의 기도를 분쇄하였으며, 차기의 반격작전에 많은 교훈을 남겨 주었다는 점에서 큰 의의를 지니고 있다.

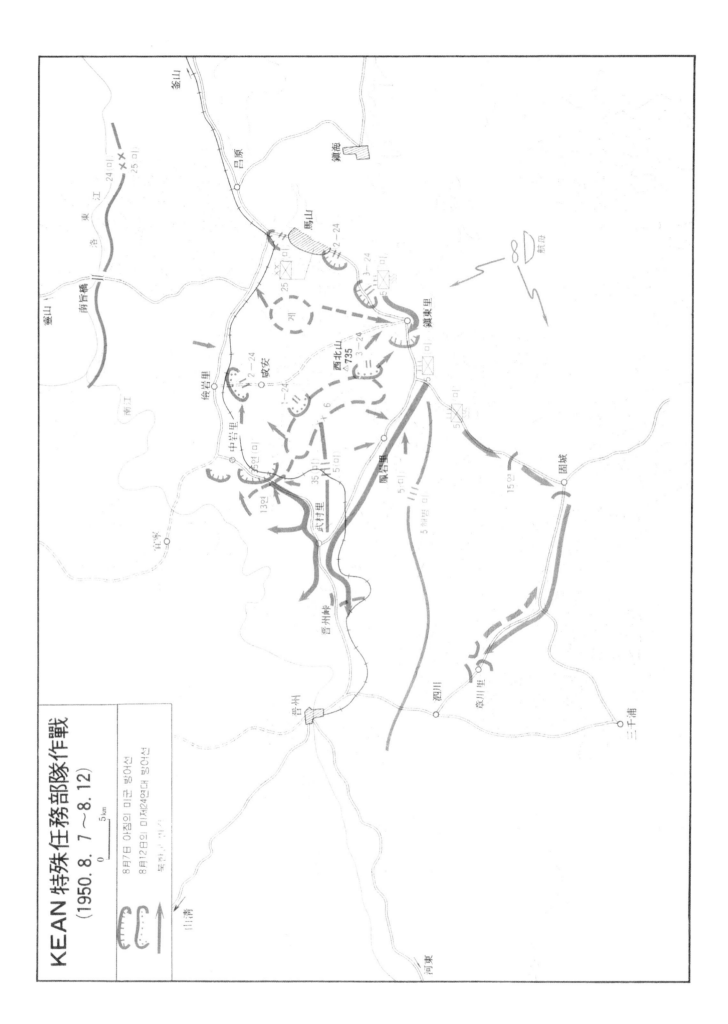

KEAN 特殊任務部隊作戰
(1950. 8. 7〜8. 12)

0   5km

8月7日 아침의 미군 방어선
8月12日의 미제24연대 방어선

§4. 낙동강 돌출부지구 작전

1. 작전지역의 특징

낙동강은 마산 북방의 남지읍에서 남강과 합류되는데, 남지읍으로부터 북쪽으로 약 10㎞에 걸친 유역 일대는 서쪽을 향해 반원형의 굴곡을 이루며 돌출되어 있다.

이 지역의 강폭은 300~1,000m, 유수면의 폭은 200~300m, 그리고 수심은 2~4m 정도이며, 수개처의 도하지점 가운데서 특히 돌출부 첨단의 박진 및 그 북쪽의 오항 나루터가 도하에 적합하였다.

돌출부 동쪽으로는 표고 100~200m의 고지군이 산재해 있고, 그 사이로 남지~영산~창령~현풍~대구를 잇는 종단도로와 영산~밀양~삼랑진을 잇는 횡단도로가 있다.

이 지역에서 8월~9월 사이에 치열한 공방전이 전개되었다.

2. 8월의 공방전

(1) 피아 투입부대

① 아군

미 제24사단(사령부: 창녕)

　　미 제19연대: 창녕에서 재편성

　　미 제21연대: 창녕지구 방어

　　미 제34연대: 운산지구 방어

배속부대

　　국군 제17연대: 현풍지구(8. 6 배속해제)

　　미 제2사단 9연대: 8. 8 창녕 도착

　　미 해병 임시여단: 8. 15 영산 도착

미 제24사단은 대전전투 이래 손실보충이 불충분하여 40% 내외의 전투력을 겨우 유지하고 있었는데, 연대는 원래 2개 대대 편성이었고 당시의 대대 병력은 약 500명 정도였다. 배속부대를 포함한 미 제24사단의 총병력은 약 8,000명 수준이었다.

② 적군

북한군 제4사단

　　　제16, 제17, 제18연대

　　　총병력: 약 7,000명

적의 계획은 영산~밀양 방면으로 돌파하여 대구를

후방에서 차단함과 아울러 경부간 철도 및 도로를 이용하여 곧바로 부산으로 진출하려는 것이었다.

(2) 전투경과

① 8. 5 자정 북한군 제16연대는 창령 방면으로 주공이 있으리라는 처치(John H. Church) 소장(미 제24사단장)의 예상을 뒤엎고 오항 나루터로 도하 공격하였으며, 일부 부대는 오항 북쪽의 부곡 일대로 침투하였다.

② 8. 6 미 제19연대 및 사단 수색중대는 부곡 방면으로, 미 제34연대 1대대는 클로우버고지와 오봉리 사이로 반격을 실시하였다.

③ 적은 오항 및 박진 나루 등을 통하여 증원된 병력으로 8. 7까지 영산 서부의 주요 감제고지인 클로우버고지(△165)와 오봉리 능선 일대를 장악함으로써 돌출부내에 완강한 교두보를 구축하였다.

④ 8. 10부터 처치 소장은 돌출부내의 전 부대를 미 제2사단 9연대장 힐(John C. Hill) 대령의 통합 지휘하에 두어 힐 특수임무부대를 편성하고 보다 조직적인 반격을 취하고자 하였다.

⑤ 그러나 적은 오히려 수중도로(수면 아래 25~30㎝ 깊이까지 모래가마니와 목재 등을 쌓아 만든 폭 5m 정도의 도하용 시설)를 이용한 병력 증강으로 힐 특수임무부대를 돌파하고, 8. 11에는 영산을 점령한 후 여세를 몰아 계속 동진하려 하였다.

⑥ 워커 중장은 8. 15 밀양에 있던 미 제1해병임시여단(제8군 예비)을 영산에 급파하여 8. 17 08:00부터 본격적인 반격을 취하도록 하였다.

반격에 투입된 부대의 배치는 남으로부터 미 제5해병연대, 미 제9연대, 미 제34연대, 미 제19연대의 순이었다.

⑦ 낙동강 돌출부내에서 가장 강력한 적의 거점인 클로우버고지와 오봉리 능선은 8. 17 16:00부터 전개된 아군의 일제반격에도 불구하고 쉽사리 탈환되지 않다가, 8. 18 한밤중에야 비로소 점령 완료되었다.

아군은 반격의 고삐를 늦추지 않고 8. 19 새벽까지 낙동강 돌출부내의 잔적을 소탕함으로써 작전을 마무리지었다.

⑧ 8. 19 오후 미 제1해병임시여단은 미 제24사단으로부터 배속이 해제됨과 동시에, 마산 동북쪽의 창원으로 이동하여 재차 제8군 예비가 되었다.

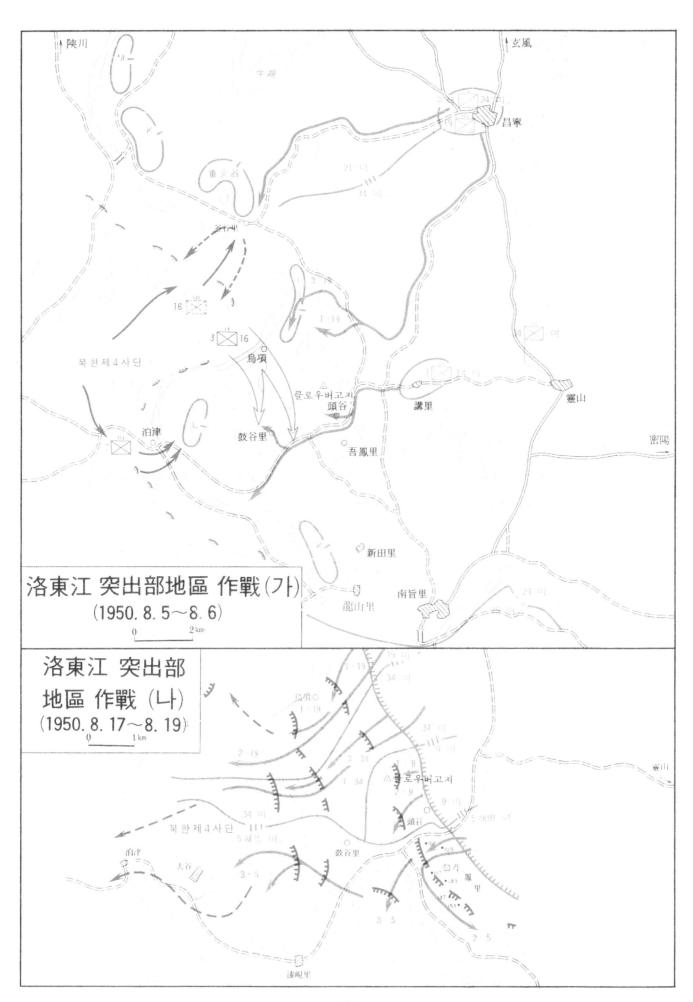

洛東江 突出部地區 作戰 (가)
(1950. 8. 5～8. 6)

洛東江 突出部
地區 作戰 (나)
(1950. 8. 17～8. 19)

3. 9월의 공방전

(1) 피아 투입부대

① 아군

미 제2사단

       미 제9 연대: 영산지구

       미 제23연대: 창녕지구

       미 제38연대: 현풍지구

배속부대

       미 제5해병연대: 9. 2 영산 투입

8월 공방전에서 혁혁한 전공을 세운 미 제24사단은 8. 24 미 제2사단과 교대한 후, 경산에 집결하여 재편성을 마치고 제8군 예비가 되었다.

② 적군

영산방면: 북한군 제9사단

       북한군 제16기갑여단 예하 2개 전차대대

창녕방면: 북한군 제2사단

적은 8월 공세 당시와 마찬가지로 밀양을 탈취함으로써 대구를 고립시키고, 부산으로의 통로를 개방한다는 계획하에 재차 영산 및 창녕지구로 공격해 왔다.

(2) 전투경과

① 영산지구: 워커 장군이 적정 파악을 위하여 전투정찰대를 낙동강 서안에 침투시키도록 명령함에 따라, 미 제2사단 9연대는 연대 예비대인 I중대에 H중대의 경기관총 1개반을 증강하여 만주작전 특수임무부대를 편성하고 8. 31 밤 박진 나루로 도하할 예정이었다.

그러나 북한군 제9사단은 8. 31 22:00를 기하여 미 제9연대 정면의 G, F, B, C, A중대 지역에서 일제히 도하 공격을 개시하였다.

적 주력 제1연대는 강리 방면으로부터, 제2연대는 남지읍을 거쳐 남쪽으로부터 영산으로 침공하여 9. 1 밤 영산을 점령하였다.

9. 2 워커 중장은 급기야 미 제5해병연대를 영산에 급파, 9. 3부터 공·지 제병과를 망라한 연합 반격작전을 전개하여 9. 5 적을 클로우버고지～오봉리 능선까지 격퇴시켰다.

9. 6 미 제5해병연대는 인천상륙작전에 대비하기 위하여 부산으로 이동하고, 그 후 9. 15까지 소강상태를 유지했던 영산지구에서는 9. 16부터 아군의 대반격이 시작되었다.

② 창녕지구: 8. 31 21:00 북한군 제2사단 예하 제4, 6, 17연대는 미 제23연대 예하 C 및 B중대 정면으로 도하, 일제공격을 개시하였다. 적 주력은 9. 2 본초리～모산리선까지 진출하여 창녕을 위협하였다.

그러나 9. 3 이후 9. 8까지 적은 미 제23연대의 결사적인 방어망을 뚫지 못하고 공격력의 한계점에 도달하여 9. 9부터는 오히려 방어태세로 전환하였다.

9. 9 이후의 교착상태는 9. 16부터 전개된 아군의 대반격으로 깨지고 적은 궤주하였다.

③ 현풍지구: 8월 초순에 이미 고령 방면으로부터 현풍 서쪽의 낙동강 굴곡부로 도하한 북한군 제10사단은 현풍 서남쪽 409고지 일대에 교두보를 구축하였으나 더 이상의 진출이 좌절된 바 있다.

그 후 8월 내내 별다른 성과를 거두지 못한 적은 8. 31 밤부터 개시된 9월공세의 작전계획에 따라, 대구를 남쪽으로부터 위협할 목적하에 최후의 발악적인 공세를 취하여 왔다.

409고지 일대의 교두보를 벗어난 적은 9. 3 현풍을 점령하고 계속 동진하려 했으나 미 제38연대의 선방과 한국 경찰대 및 영 제27여단 정찰대의 신속한 증원으로 저지되었다.

9. 8 이후 전투력이 급격히 저하된 적은 교두보를 고수하기에 급급하던 중, 9. 16부터 전개된 아군의 대반격에 의해 산산이 붕괴되고 말았다.

4. 분석

아군은 낙동강 돌출부 지구에 대한 적의 8, 9월공세를 꿋꿋하게 격퇴하였다. 이로써 밀양, 삼랑진 방면으로 돌파하여 대구 남방을 차단하고 부산으로의 직통로를 개방하려 했던 적의 기도는 완전히 수포로 돌아가고 말았다.

이 전투기간중 기동예비대를 적시에 투입하여 과감한 역습을 전개, 돌파된 지역을 효과적으로 봉쇄한 아군의 능동적 방어태세는 방어전투사상 교훈적인 전례로 높이 평가될 만하였다.

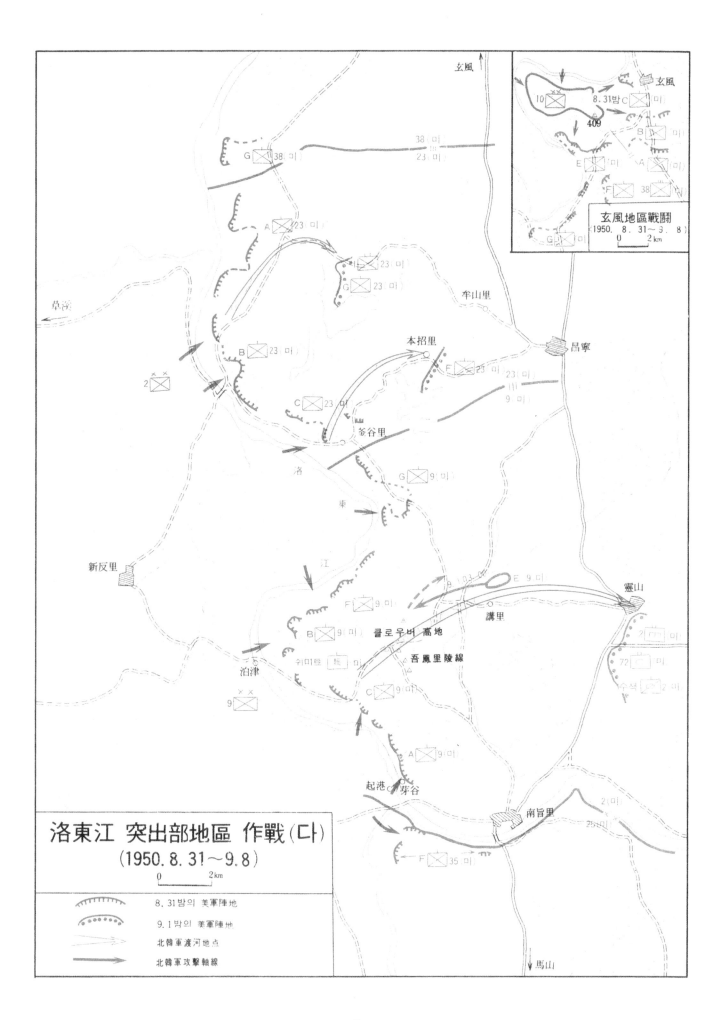

洛東江 突出部地區 作戰 (다)
(1950. 8. 31〜9. 8)

0 ___ 2km

8.31밤의 美軍陣地
9.1밤의 美軍陣地
北韓軍渡河地点
北韓軍攻擊軸線

玄風地區戰鬪
(1950. 8. 31〜3. 8)
0 ___ 2km

§5. 대구방어전투

1. 피아 투입부대

(1) 아군
국군 제1사단: 제11, 제12, 제15연대
국군 제6사단: 제2, 제7, 제19연대
미 제1기병사단: 제5, 제7, 제8기병연대
배속 및 증원: 국군 제10, 제17, 기갑연대 및 민부대
　　　　　미 제2사단 23연대, 미 제25사단 27연대,
　　　　　영 제27여단

(2) 적군
북한군 제1, 제3, 제8, 제10, 제13, 제15사단
북한군 제105전차사단

2. 8월의 공방전

(1) 미군전선

① 현풍지구 전투: 고령 일대의 북한군 제10사단 29연대는 8. 3부터 현풍 대안에서 낙동강을 도하하려 했으나, 국군 제17연대에 의해 8. 7까지 저지되었다. 그러나 적은 제17연대가 미 제24사단으로부터 배속 해제되어 대구로 이동한 후 새로 배치된 미 제23연대 1대대를 물리치고 8. 11 도하에 성공한 다음 409고지를 점령하였다.

그 후 적은 이 지역을 교대로 방어한 미 제2사단 38연대 등에 의해 저지되어 409고지 일대의 교두보를 벗어나지 못하였다.

한편 적 제10사단 주력 제25 및 제27연대는 8. 12 03:00 현풍 서북쪽 용포로 도하하려 하였으나 격퇴되었고, 이어서 8. 14 재도하를 실시하여 위천동까지 진출하였으나 미 제7기병연대, 제77포병대대에 의하여 전투력의 50%에 달하는 섬멸적인 타격을 입고 격퇴되었다.

② 금무봉 전투: 성주 방면의 적 제3사단 7연대는 8. 9 03:00 왜관 남쪽 미 제5기병연대 정면에서 도하하여 금무봉(△268, 일명 삼각고지)을 점령하였다. 이 고지는 경부철도의 주요 감제고지였다.

미 제1기병사단은 사단예비인 제7기병연대 1대대와 제61포병대대로 8. 10 반격을 취하여 16:00경 동 고지를 탈환하였고, 소탕전은 제5기병연대가 실시하였다. 적 제3사단은 이 전투에서 700명 이상이 사상되어 사단

병력이 2,500명 이하로 감소됨으로써 대구전선으로부터 탈락되고 말았다.

③ 작오산 전투: 적 제3사단 예하 1개 연대 규모의 부대는 적 제105전차사단의 지원 하에 8. 14 국군 제1사단 15연대 정면에서 기습적으로 도하한 뒤, 8. 15에는 한·미군 전투지경선을 뚫고 남하하여 왜관 동북쪽 작오산(△303)을 점령했다. 작오산은 왜관 일대의 철도, 국도 등에 대한 가장 중요한 감제고지였다.

미 제5기병연대 1, 2대대는 8. 16부터 반격을 개시하여 8. 17 16:00경 이 고지를 탈환하였다.

당시 고지 일각에서는 미군 26명이 묶인 채 집단학살당한 참상이 발견되었는데, 맥아더사령부의 8. 20 비난성명에도 불구하고 아군포로에 대한 공산군의 잔학행위는 전쟁 전기간을 통하여 끊임없이 자행되었다.

④ 왜관폭격: 대구 일원에 대한 적의 압력이 가중되어 가고 있던 8. 16(11:58~12:24), 미 극동공군의 B-29폭격기 98대(12개 비행대대)는 왜관 서북방의 낙동강 서쪽 제방과 평행한 5.6×12㎞ 지역에 960톤의 폭탄을 투하하는 융단폭격(carpet bombing)을 실시하였다.

그러나 적의 피해상황은 8. 17까지 불명하였으며, 후에 적 포로의 진술에 의하면 적의 주력은 폭격 이전에 이미 낙동강을 도하하였다고 한다. 결과적으로 집결상황이 확인되지 않는 한 적의 전술부대에 대한 대규모 폭격은 별다른 성과가 없다는 결론에 도달하여 8. 19로 예정된 낙동강 동부의 제2차 폭격은 취소되었다.

(2) 국군전선

① 전선 재정비: 국군과 미군의 전투지경선은 왜관 북쪽 3㎞ 지점에서 대구 북쪽 16㎞ 지점을 연결하고 있었는데, 특히 국군이 8. 1을 기점으로 점령 중이었던 X선 일대는 정면이 광대하여 종심진지 편성이나 인접 부대간의 횡적 연락이 곤란하였고, 낙동강의 수심도 얕아서 적의 도하와 침투가 용이하였다.

적 제15사단 45연대는 8. 7 선산 동남쪽 국군 제1사단 11연대 정면에서 도하하여 유학산 방면으로 남하하였고, 적 제13사단은 8. 5 상주 동남쪽 낙동리의 국군 제12연대 정면에서 도하한 후 다부동 방면으로 남하하였으며, 적 제1사단은 국군 제2군단 제6사단 정면인 상주와 함창 사이로 도하 후 군위를 지나 다부동 방면으로 남하하였다.

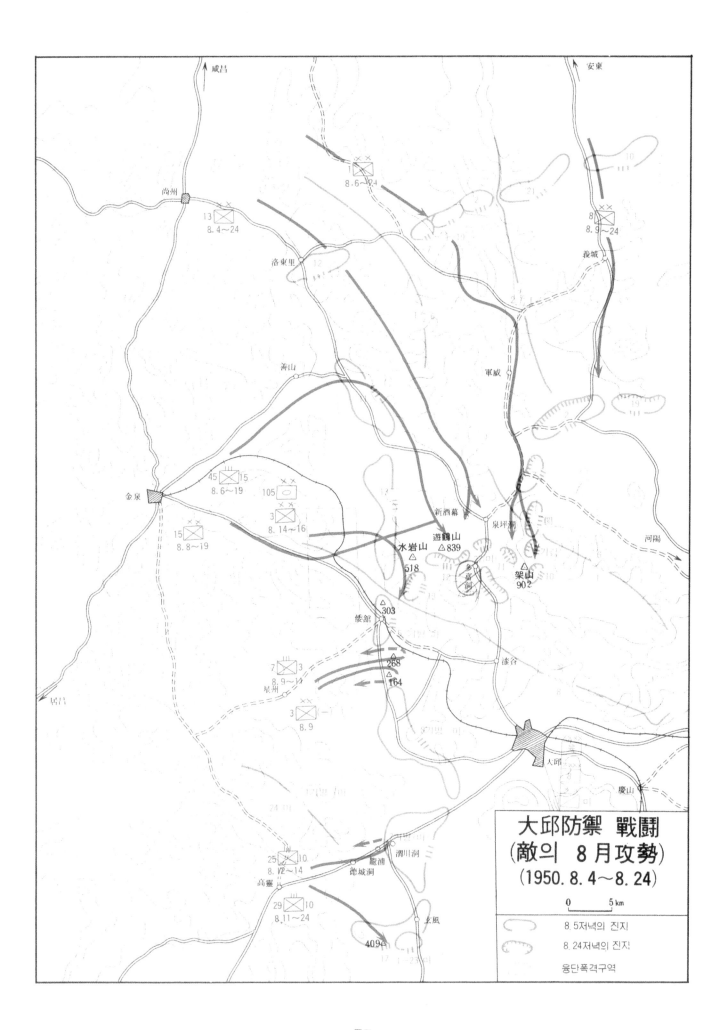

大邱防禦 戰鬪
(敵의 8月攻勢)
(1950. 8. 4～8. 24)

0   5 km

8. 5저녁의 진지

8. 24저녁의 진지

융단폭격구역

이리하여 국군 제1, 제6사단은 지연전으로 적에게 최대한의 출혈을 강요하면서 철수, 8.12까지 다부동~군위 남쪽 일대의 Y선에서 전선을 재정비하였다.

② 다부동·신주막 전투(Bowling Alley 전투) : 적 제13사단은 8. 14 신주막 동남쪽의 국군 제11연대를, 8. 17에는 유학산(△839)의 국군 제12연대를 공격하였으나, 1,500명 이상 사상자를 내고 격퇴되었다.

8. 17 워커 중장은 경산의 미 제27연대로 국군 제11 및 제12연대 간격을 메웠다. 이어서 한·미군은 이튿날부터 신주막 방면으로 반격을 전개하여 적 제13사단과 교체된 제15사단을 유학산에서 구축하였으며, 8. 21 밤에는 영천 방면으로 이동한 적 제15사단에 이어 재차 투입된 제13사단과 구회장(Bowling Alley : 신주막 서남 1.5㎞ 지점)에서 7회의 공방전 끝에 섬멸적 타격을 입혔다.

8. 22 국군 제11연대 2대대에는 적 제13사단 포병연대장 정봉욱(鄭鳳旭) 중좌가 귀순하는 극적인 사건이 있었다.

한편 8. 21 밤 적 제1사단은 국군 제1 및 제6사단 사이로 침투, 대구 북쪽으로 우회하였으나, 이 간격을 봉쇄하기 위하여 미리 증원된 국군 제8사단 10연대와 미 제2사단 23연대는 가산(△902) 일대에서 적을 저지하고 8. 24까지 Y선을 확보함으로써 전선을 안정시켰다. 이로써 대구 북방의 위기는 일단 한숨을 돌리게 되었다.

3. 9월의 공방전

(1) 전투전의 개황

국군의 담당 정면을 축소시키기 위한 계획에 따라 국군 제1사단은 8. 30 왜관~다부동 지역을 미 제1기병사단에게 인계하고 우측으로 이동, 국군 제6사단 방어지역의 일부였던 팔공산 북방에 배치되었다.

한편 적 제1, 3, 13사단은 9. 2 18:00를 기하여 대구 북방에 대한 최종공세를 취할 계획이었다.

(2) 전투경과

① 수암산 전투 : 8월 말 적 제1군단의 공세가 낙동강 돌출부 및 마산지구에서 치열해지자 제8군은 9. 1 이 압력을 줄이기 위해 미 제1기병사단에게 다부동 북쪽으로 반격할 것을 명하였다. 그러나 사단의 수정계획에 따라 미 제7기병연대가 9. 2 수암산(△518)을 공격하였다.

이 공격은 9. 4까지 계속 실패했으며, 오히려 적 제3

사단의 우회돌파로 미 제7 및 5기병연대가 차단될 위기에 빠지자 급기야는 9. 5 야음을 틈타 철수, 제5기병연대는 9. 7까지 후방의 새 진지를 점령하였고, 제7기병연대는 대구 동촌에서 사단예비가 되었다.

9. 8~14 사이에 제5기병연대는 174, 203, 188 고지 일대에서 적 제3사단과 필사의 혈투를 전개하여 돌파 저지에 성공하였다.

② 가산성지 전투 : 9. 2 적 제13사단은 다부동 북쪽 448고지를 점령한 후 미 제8기병연대를 돌파하여 401고지로 육박했으며, 9. 3 적 제1사단 일부는 대구 북쪽 16㎞지점의 요충인 가산(△902)을 탈취했다.

미 제8기병연대는 예하 E중대와 미 제8야전 공병대대 D중대를 투입, 9. 4부터 가산 탈환전을 폈으나 가산 연봉의 일부인 755고지 전투 끝에 9. 5 격퇴되었고, 오히려 9. 6에는 다부동~대구 도로의 중요 감제고지인 570고지마저 점령당하였다.

이러한 위기에 처하여 육군본부와 제8군사령부는 9. 5 부산으로 이동하기에 이르렀다.

③ 팔공산 전투 : 9. 10 적 제1사단 2연대는 1,200명의 병력으로 가교에서 국군 제1사단 후방의 팔공산(△1,192) 지역으로 공세를 전향했는데, 즉각적인 역습으로 800여 명의 사상자를 내고 패주했다. 국군 제1사단은 서북쪽으로 계속 추격하여 9. 14 제11연대가 755고지를, 9. 15 제15연대가 가산을 탈환하였다.

④ 314고지 및 도덕산 전투 : 9. 11 미 제8기병연대 3대대가 570고지를 탈환하고자 공격할 동안 적 제1사단 일부는 우회 침투하여 대구를 굽어볼 수 있는 북방 12㎞ 지점의 314고지를 점령하였다. 미 제1기병사단은 즉시 예비대인 제7기병연대 3대대를 투입, 9. 12 동 고지를 탈환하였다.

같은 무렵 대구 국군 중앙훈련소 제5교육대의 신병 1개 대대로 급편된 부대도 314고지 동남쪽의 도덕산(△660)에서 적의 돌파를 저지하여 대구 방어의 일익을 담당하였다.

4. 분석

대구 일원에 대한 최후발악적 적의 8, 9월공세는 국군 제1사단과 미 제1기병사단을 주축으로 한 유엔군의 연합작전으로 격퇴되었는데, 특히 8월공세 당시 3개 사단 이상의 적 주력을 저지한 국군 제1사단 장병들의 임전무퇴정신은 한국전쟁 전반을 통해 가장 빛나는 방어전의 한 전례를 낳았다.

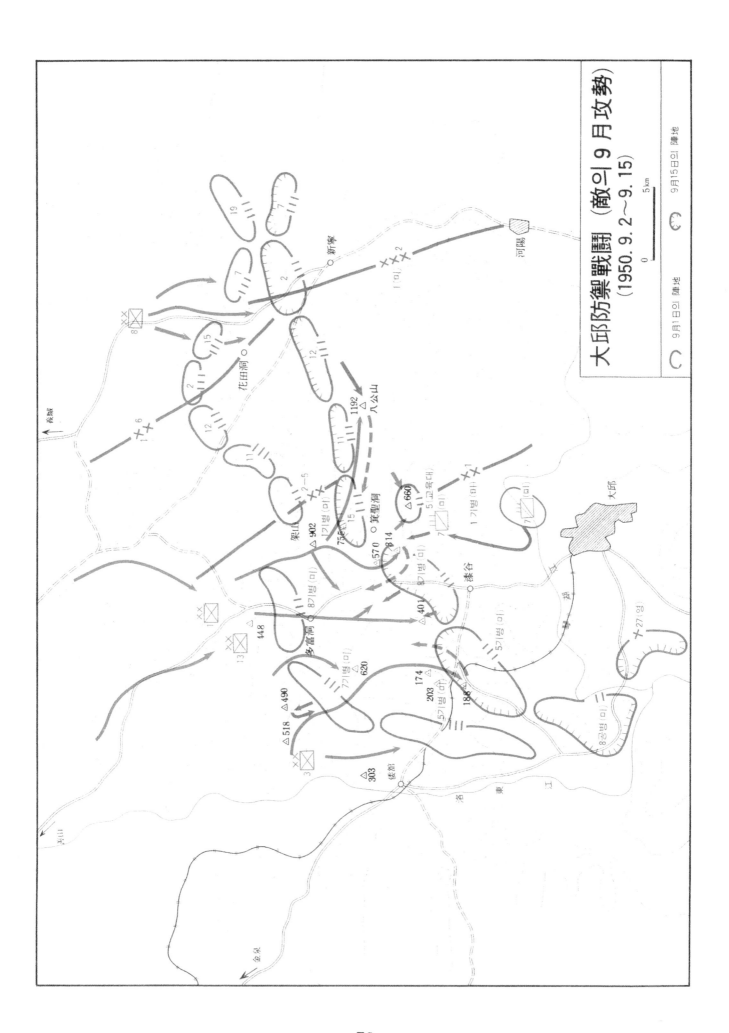

大邱防禦戰鬪 (敵의 9月攻勢)
(1950. 9. 2∼9. 15)

0 ─────── 5km

◯ 9月1日의 陣地   ◖ 9月15日의 陣地

79

§6. 영천섬멸전

1. 피아 투입부대

(1) 아군
국군 제2군단

        제8사단: 제10, 제16, 제21연대

        제7사단: 제3연대1대대, 제5및 제8연대

        배속 및 증원: 제1사단 11연대

                    제6사단 19연대

(2) 적군
북한군 제2군단

        제15사단: 제45, 제50, 제56및 포병연대

        배속 및 증원: 제73독립연대, 제103연대, 제

                8사단 일부

2. 전략적 고려

영천은 대구 동쪽 34km, 포항 서남쪽 40km, 경주 서북쪽 28km 지점에 위치한 육로 및 철도 교통의 요지이며, 낙동강 방어선 전체로 볼 때는 국군 담당정면의 전략적 축에 해당되는 요충지이다.

만일 영천이 돌파된다면 다음과 같은 사태가 야기될 것이다.

① 국군 제1군단과 제2군단은 분리될 것이다.

② 포항~안강~대구로 연결되는 아군의 유일한 횡적 병참선이 차단될 것이다.

③ 적이 영천으로부터 대구 방면으로 진출할 경우 왜관~다부동 일대의 한·미군 방어선 후방이 차단되어 낙동강 방어선 전체가 궤란 될 것이다.

④ 적이 영천으로부터 경주 방면으로 진출한다면 부산에 이르는 동해안 통로가 개방되어 부산 교두보가 위협받을 것이다.

3. 전투경과

9. 2 북한군 제2군단 제4공격집단인 제8, 제15사단은 국군 제6, 제8사단 정면에 대하여 9월공세를 개시하였다.

적 제8사단은 신령~하양 축선에서 국군 제6사단을 공격하였으며, 8. 20경 다부동 북방 유학산으로부터 전진해 온 적 제15사단은 보현산~입암리선에서 국군 제8사단을 압박하여 9. 4에는 영천 북쪽 12km 지역까지 진출하였다.

국군 제8사단은 정면 18km의 영천 전선을 서쪽으로부터 제21연대, 제3연대 1대대, 제16 및 제5연대의 순으로 방어하고 있었다.

(1) 적의 공세(9. 4~9. 9)

9. 5 01:00 적 제15사단은 서쪽으로부터 제45, 제56, 제50연대의 순으로 부대를 배치, 야습을 개시하였다. 아군 전선은 수시간만에 중앙이 단포동까지 깊숙이 돌파되어 좌우익이 분리되었으며, 육본은 10:30 국군 제8사단을 제1군단에서 제2군단으로 배속 변경시켰다.

9. 6 03:00 영천이 최초로 적의 수중에 떨어졌으며, 이어서 적은 주력부대를 경주 방면으로 남진시켰다. 그러나 당시 아군은 적이 영천을 점령한 후 대구 방면으로 진출할 경우를 더욱 우려하고 있었다.

이리하여 적은 9. 9까지 큰 낚시바늘 모양의 영천돌출부를 점령하였으나 더 이상의 진출에는 실패하였다.

9. 9까지 국군 각 연대의 전투개황은 다음과 같다.

① 제21연대: 선천동~대천동 북방에서 적 제45연대를 저지, 돌파구의 견부를 고수함으로써 돌파구 확대를 결정적으로 막았으며, 적 제45연대가 영천으로 남하한 후 적 제73독립연대, 제103연대의 공격도 효과적으로 저지하여 남쪽으로 진출한 적 주력의 후방병참선을 내내 위협하였다.

② 제19연대: 9. 6 국군 제2군단 배속과 동시에 영천 북쪽 176 및 181고지 일대를 점령 방어하던 도중 9. 7 적의 후방 병참지원부대를 섬멸하였고, 9. 8에는 영천 제2차 탈환의 공훈을 세웠다.

③ 제16연대: 9. 6 영천 서남쪽 신흥동에서 재편성 후 영천 북쪽 156고지 일대에서 적을 저지하다가, 9. 8 방어지역을 제19연대에게 인계하고 영천 동남쪽 작산동으로 이동, 반격준비를 갖추었다.

④ 제3연대 1대대: 9. 6 신흥동에서 재편성 후 제9공병대대에 뒤이어 영천읍내로 돌입, 제 1차 영천 탈환 작전의 일익을 담당하였고, 9. 10에는 경주로 이동하여 본대와 합류하였다.

⑤ 제11연대: 9. 6 정오 영천으로 증원되어 9. 7 영천 동남쪽 완산동 일대의 적을 격퇴하고 진지를 구축하였다. 동 연대는 9. 8 새벽 적의 영천 재공격으로 포위되자 작산동 남쪽 105고지로 철수, 재편성을 마친 뒤 9. 9 오후부터 반격태세로 들어갔다.

永川殲滅戰(敵軍의 攻擊)
(1950. 9. 4. 24 : 00～9. 9. 14 : 30)

⑥ 제8연대: 군단 예비였던 이 연대는 9. 5 밤 언하동~단포동선에서 영천 외곽을 방어하다가 영천 서남쪽 오수동까지 철수하여 재편성하였다.

9. 8 적 제50연대는 경주로 남하 도중 임포동에서 국군 제5연대에게 저지되자 서남쪽의 채락산(△498)으로 머리를 돌려 아군을 양분하려 하였는데, 이때 국군 제8연대는 급거 대창동으로 이동하여 이를 격퇴하고, 9. 9에는 유상동 근방 303고지를 확보하여 반격태세로 들어갔다.

⑦ 제10연대: 적의 8월 공세 때에는 왜관~다부동 지구로, 8. 30부터는 포항지구로 동분서주하던 동 연대는 9. 8 제8사단으로 복귀명령을 받고 경주를 경유 영천으로 이동하였다. 9. 9에는 아화리에 도착하자마자 제5연대 좌측방에서 임포동 방면으로 북상하면서 반격으로 돌입하였다.

⑧ 제5연대: 9. 4 국군 제8사단 우일선 방어진지 도착과 동시에 기습당한 동 연대는 전선 우익에 고립되었다가 대대별로 포위망을 뚫고 철수하여 9. 7 아화리에서 재편성하였고, 안강으로부터 급거 증원된 제26연대 일부와 함께 9. 8 아침부터 임포동 일대에서 적 제50연대의 진출을 저지 격퇴하였다.

9. 9에는 제17, 제18 포병대대의 지원하에 임포동 남쪽에서 적 제15사단 포병연대를 기습, 야포 10문, 차량 60대를 파괴하거나 포획하는 대전과를 올리고 반격의 디딤돌을 마련하였다.

(2) 아군의 섬멸전(9. 10~9. 13)
국군 제8사단 중앙을 돌파하고 입암~영천~경주를 잇는 선을 따라 남하하던 적 제15사단은 9. 9 공격력의 한계에 도달하였고, 국군 제2군단은 이날 오후 투입 부대들을 재배치 정비한 후 9. 10 새벽부터 총반격을 전개하여 섬멸전을 달성했다.

국군의 각 연대별 작전경과는 다음과 같다.

① 제21연대: 9. 10 새벽 반격을 개시하여 251, 278고지 등을 탈환하고, 9. 12 자천동~매곡동 선까지 진격하였다.

② 제10연대: 9. 10 아화리에서 신흥동으로 이동했다가 9. 12 12:00 제21연대와 제19연대 사이로 투입되어 적의 퇴로를 차단 공격하였고, 9. 12 인구동 남쪽까지 추격하였다.

③ 제19연대: 9. 10 반격을 개시하여 운천동~양항

동 선으로 적을 추격하던 도중, 9. 12 10:00 의명 영천으로 철수하여 군단예비로 대기하였다. 그 후 영천지구의 위기가 가라앉자 제6사단으로 원대복귀하였다.

④ 제16연대: 반격 개시 하루만인 9. 11 오후 단포동~대의동 사이의 적 방어진을 돌파하고 9. 12 상리동 서북쪽 4㎞ 지점까지 추격하였으며, 9. 13 의명 영천으로 복귀하였다.

⑤ 제11연대: 9. 10 작산동과 유상동 사이에서 반격을 개시, 대의동 동남 3㎞ 지점의 185고지를 공격하던 중 의명 금호로 이동하였고, 그 후 제1사단으로 복귀하였다.

⑥ 제8연대: 9. 10 유하동 남쪽 304고지를 탈환하고 좌인접 국군 제8사단과의 전투지경선을 따라 북상, 9. 12에는 인구동 동남쪽 6㎞ 지점까지 진출함으로써 9. 4 당시의 방어선을 회복하였다.

⑦ 제5연대: 아군 반격전의 중추인 동 연대는 9. 10 오전 임포동을 탈환, 5일간이나 차단되었던 영천~경주 도로를 개통시켰으며, 9. 11 내포동의 적 방어진을 돌파하고 일로 북상, 254고지를 거쳐 9. 12에는 9. 4 당시의 방어지대에 도달하였다.

이상의 국군 각 연대는 9. 13까지 소탕전과 전선 정비를 완료하고 곧이어 낙동강 선에서의 총반격전에 대비하였다.

4. 분석

9. 5~13의 9일간에 벌어진 영천섬멸전은 한국전쟁에 있어서 하나의 결정적인 전환점이었다. 최후의 보루인 낙동강 방어선의 사활이 걸린 이 전투에서 국군 제2군단은 병력수 15,000 : 12,000의 우세라고는 하지만 지원화력에 있어서 1:2라는 열세를 강인한 정신력으로 극복하고, 적 사상 3,800명, 포로 309명, 전차 5대, 장갑차 2대, 차량 85대, 화포 14문, 소화기 2,327정을 노획하는 섬멸적 전과를 거두었으며, 이로써 북한군 제15사단은 재기불능이 되고 말았다.

영천섬멸전에서 국군의 승인은 적시 적절한 증원부대의 투입과 원활한 협조체계, 돌파구 확대 저지와 적의 병참선 차단, 영천 고수에 의해 노출된 적 측면 강타, 임전무퇴의 정신력 등으로 분석될 수 있으며 기간중 미 공군의 근접지원 작전도 매우 효과적이었다.

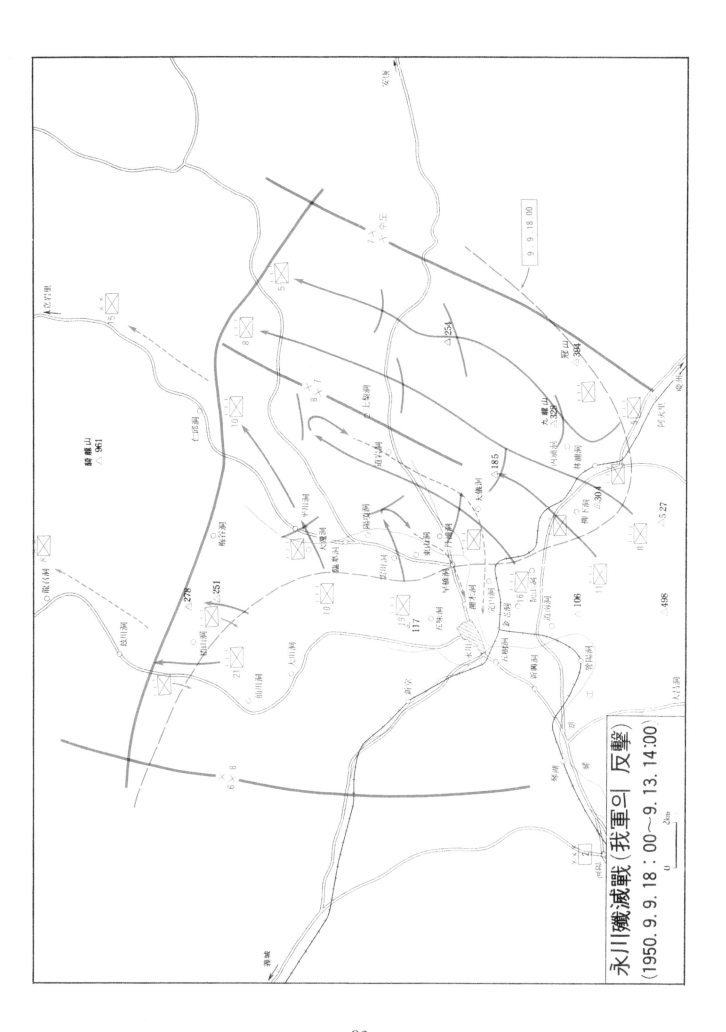

永川殲滅戰（我軍의 反擊）
(1950. 9. 9. 18：00～9. 13. 14：00)

§7. 동해안지구작전

1. 개황

낙동강 방어선 동단에 위치한 동해안지구는 태백산맥의 꼬리에 해당되는 종격실의 산악지형으로서, 공자에게 유리한 반면 방자에게는 불리한 지형적 특성을 지니고 있다.

8월 초순 북한군 제12사단은 도평, 입암을 거쳐 기계 서북쪽으로 진출하였고, 북한군 제766부대도 향로봉(△930)과 비학산(△768)을 타고 기계 동북쪽으로 침투하였으며, 동해안의 북한군 제5사단은 영덕 남쪽 장사동 일대의 국군 제3사단에 압력을 가하고 있었다.

이에 따라 동해안지구에서는 기계~안강 및 포항지구의 8월 공방전과 경주 및 포항지구의 9월 공방전이 벌어졌다.

2. 피아 투입부대

(1) 아군
국군 제1군단

    제3 사단: 제22. 제23, 제26연대

    수도사단: 제1, 제18, 기갑연대

    포항지구전투사령부: 제17 및 제25연대, 제1

          및 제2대유격대대, 해군육전대

    배속 및 증원: 제7사단 3연대, 제8사단

          10연대, 민부대

미군 특수임무부대

    브레들리 부대: 8. 10~8. 20

    잭슨 부대: 8. 27~9. 7

    처치 부대: 9. 7~9. 15

(2) 적군
북한군 제2군단

    제5사단: 제10, 제11, 제12연대

    제12사단: 제30, 제31, 제32연대

    독립 제766부대

3. 8월의 공방전

(1) 기계~안강지구

① 8. 10 북한군 제12사단 및 제766부대가 기계를 점령하고 계속 남하하자 육본은 포항지구전투사령부를 급편하고, 예하부대들로 하여금 8. 13까지 기계 남쪽 445고지 일대에 방어진을 구축토록 하였다.

② 8. 14 국군 제1군단은 제1및 제26연대의 증강을 받아 기계 남쪽의 방어진에서 적의 진출을 저지 고착시키는 한편, 의성 동쪽에 있던 수도사단 예하 제18 및 기갑연대를 도평~의암 통로를 따라 적의 후방으로 진출시킴으로써 기계에 침입한 적 주력을 포위 섬멸코자 하였다.

③ 8. 17까지 국군의 포위작전은 계획대로 진행되어 8. 18 13:00 기계를 탈환하였으며, 적은 1,245구의 시체를 남기는 섬멸적 타격을 입고 비학산으로 궤주하였다.

④ 국군은 8. 19부터 추격전을 전개하여 8. 23까지 비학산 일대의 적을 압박하였으나, 적의 발악적인 저항으로 더 이상의 진출은 불가능하였다.

(2) 포항지구

① 동해안의 북한군 제5사단은 8. 5 영덕을, 8. 9 구를 점령하였으며, 8. 10에는 적의 일부 부대가 포항 북쪽의 홍해를 차단함으로써 국군 제3사단은 장사동을 중심으로 남북 11km, 동서 1~2km의 교두보 안에 고립되었다.

② 8. 11 04:00 포항시내로 침입한 적은 학도병과 경찰대의 완강한 저항에도 불구하고 12:30 포항을 점령하였으나, 아군의 함포와 공중폭격으로 큰 피해를 입고 철수하였다.

③ 한편 8. 10 오후 미8군은 연일비행장의 위기를 타개하기 위하여 미 제2사단 9연대 3대대를 주축으로 하고, 전차중대, 야포 1개 포대, 4.2″ 박격포소대, 공병소대 등으로 편성된 브레들리 특수임무부대(미 제2사단 부사단장 브레들리 준장)를 연일비행장으로 급파, 8. 11 오후 도착시켰다.

그러나 미 극동공군은 8. 13 연일비행장을 포기하고 항공기들을 일본으로 철수시키는 단견을 보였다.

④ 8. 10 이후 장사동 일대에서 고립방어를 수행중이던 국군 제3사단은 8. 15 해상철수 명령을 받고, 8. 16 야간 기만공격으로 적을 따돌리는 사이에 병력 9,000명, 경찰 1,200명, 공무원 및 피난민 1,000여 명 등을 LST 4척에 분승시켰으며, 8. 17 07:00 무사히 덕성리 해안으로 철수하였다. 제3사단은 이날 10:30 구룡포에 상륙, 재편성에 들어갔다.

⑤ 8. 15 육본은 육본예비로 있던 민부대에게 영천·경주를 거쳐 포항을 탈환하도록 명령, 8. 18 포항을 탈환했다. 이어서 8. 19 22:00 민부대와 교대한 국군 제3사단은 적을 추격하여 홍해 근방까지 북상하였다.

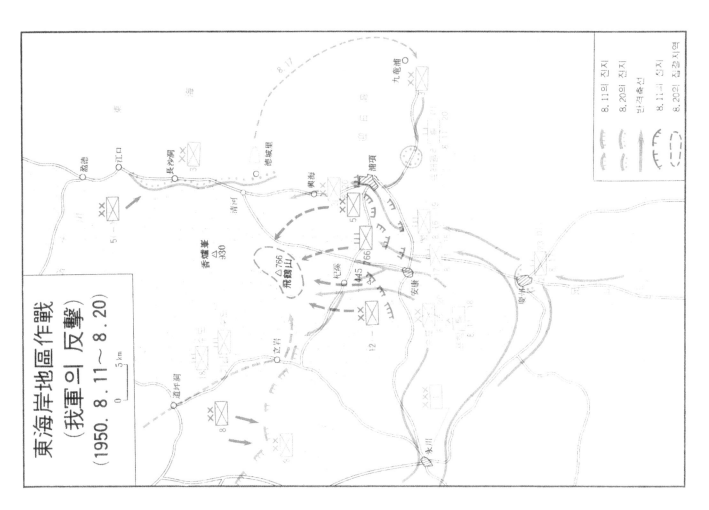

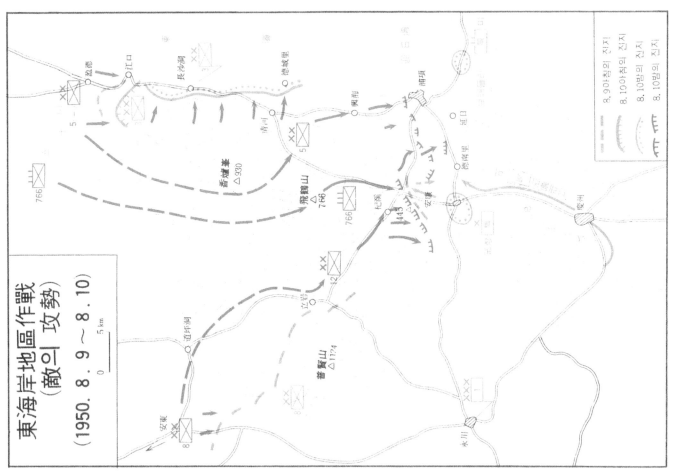

⑥ 동해안의 위기가 일단 가라앉자 8. 20 포항지구
사령부와 브레들리 특수임무부대가 해체되었다. 8월
공방전 기간중 전과는 적 사상 3,800명, 포로 181명,
각종 포 50여 문, 소화기 1,000여 종 등이었다.

4. 9월의 공방전

(1) 기계～안강～경주지구

① 8월 공세에서 실패하고 비학산으로 패주했던 북
한군 제12사단은 제766부대의 패잔병을 흡수하여 재편
성을 마친 뒤 8. 25부터 반격으로 전환하였으며, 그 결
과 국군 수도사단은 8. 27 재차 기계 남쪽 구련봉(△
445일대)으로 물러섰다.

② 적의 재공세로 말미암아 동해안지역에 위기가 닥
치자 8. 27 미 8군은 부사령관 콜터(John B. Coulter)
소장을 지휘관으로 하여 미 제24사단 21연대, 미 제9
연대 3대대, 미 제73중전차대대(-C중대)로 편성된 잭
슨 특수임무부대를 경주로 급파하였다. 잭슨 특수임무
부대는 국군 제1군단과 함께 기계～포항 일대의 북한군
제12및 제5사단을 격퇴, 영천 북방～월포리(포항 북쪽
19km) 선을 회복할 임무를 띠고 있었다.

③ 8월 말부터 압력을 가중시켜 온 적은 9. 1 밤 드
디어 본격적인 9월 공세를 개시하였으며, 이에 따라 구
련봉 일대의 국군 제17 및 제18연대는 9. 3 안강으로
철수하였고, 9. 4에는 다시 안강 이남으로 물러섬으로
써 경주가 위기에 빠지게 되었다.

④ 그러나 경주를 고수하기 위한 국군 수도사단의 혈
투로 적의 진출은 더 이상 여의치 않았으며, 특히 9. 6
～13 사이에 국군 제17연대는 7차에 걸친 쟁탈전 끝에
안강～경주 도로의 주요 감제고지인 곤계봉(△293)을
끝까지 확보함으로써 적의 돌파 첨단을 분쇄하고 반격
의 실마리를 잡았다. 곤계봉 전투는 실로 경주공방전의
열쇠였다.

⑤ 한편 미제8군도 동부전선의 위기가 고조되자 9.
6 미 제24사단 주력을 경주에 투입하였으며, 9. 7.
12:30 잭슨(Jackson) 특수임무부대를 처치 특수임무부
대(미 제24사단장 처치 소장)로 개편하여 지휘권을 이
양케 하였다.

⑥ 9. 13 국군 수도사단은 제18및 제17연대(9. 15
기갑연대와 교대)를 주축으로 하고 제1, 제3 연대를 추
가로 투입받아 전선을 정비한 후, 이튿날부터 반격전을
전개하여 적을 북으로 격퇴하기 시작하였다.

(2) 포항지구

① 적의 8월 공세를 물리치고 흥해근방까지 추격했던 국
군 제3사단은 잠시동안 소강상태 후 8. 27 새벽부터 전개
된 적의 역습에 부딪쳐 자방동～두호리선까지 철수했다.

② 국군은 제26연대 등을 효자동에서 재편성하는 한
편 9. 1 반격을 전개하여 일시 전선을 회복하였으나 9.
2 03:00 적의 전면대공세로 전선 전체가 무너지게 되
었을 뿐만 아니라, 좌측 수도사단이 조기에 돌파되어
경주 지방까지 물러서자 제3사단도 9. 5 부득이 형산강
남안으로 철수하기에 이르렀다.

철수 후 진지배치는 좌로부터 제10 및 제23연대, 제
26연대 3대대(연대주력은 효자동에서 재편성중이던 8.
28부터 경주로 이동) 순이었고, 철수엄호부대였던 제22
연대는 제23연대 후방에서 재편성에 들어갔다.

③ 9. 5부터 영천이 위기에 빠지자 국군 제10연대는
9. 6 저녁 서둘러 원대인 제8사단으로 복귀하고, 아직
부대교체가 안된 틈을 타서 적의 일부 병력이 홍계동 방
면으로 침투하였다.

④ 9. 7 국군 제3사단은 좌로부터 제23, 제22, 제26연
대 3대대의 순으로 전선을 재정비하였다.

④ 홍계동을 통하여 아군 후방에 침투한 약 1개 연대
규모의 북한군은 9. 8 운제산(△482)을 점령하고 후방
을 교란하였으며, 연일비행장을 크게 위협하였다.

⑤ 9. 9 처치 소장은 이 위협을 제거하기 위해 부사
단장 데이비드슨 준장 휘하에 미 제19연대(-3대대),
미 제9연대 3대대, 미 제13야포대대, 미 제15야포대대
C포대, 미 제3야전공병대대 A중대, 미 제9연대 전차
중대 및 고사자동화기 2개포대 등으로 데이비드슨 특수
임무부대를 편성, 연일비행장으로 투입하였다.

경주로부터 남으로 우회, 9. 10 연일비행장에 도착
한 이 부대는 이튿날 운제산을 공격, 9. 12 정오경 이
를 탈환한 뒤 9. 13 경주로 복귀해 해체됐다. 9.15에
는 처치특수임무부대도 해체돼 동부전선은 국군이 전담
하게 되었으며, 그로부터 총반격으로 돌입했다.

5. 분석

아군은 동해안지구에 대한 적의 공세를 격퇴함으로써
동해안 가도를 따라 부산으로 남진하려던 적의 기도를
분쇄하였다. 이 전투는 대구방어전과 더불어 낙동강전
선에서의 한·미군 연합작전의 대표적 전례이며, 작전
기간중 해·공군의 지원도 눈부신 바 있었다.

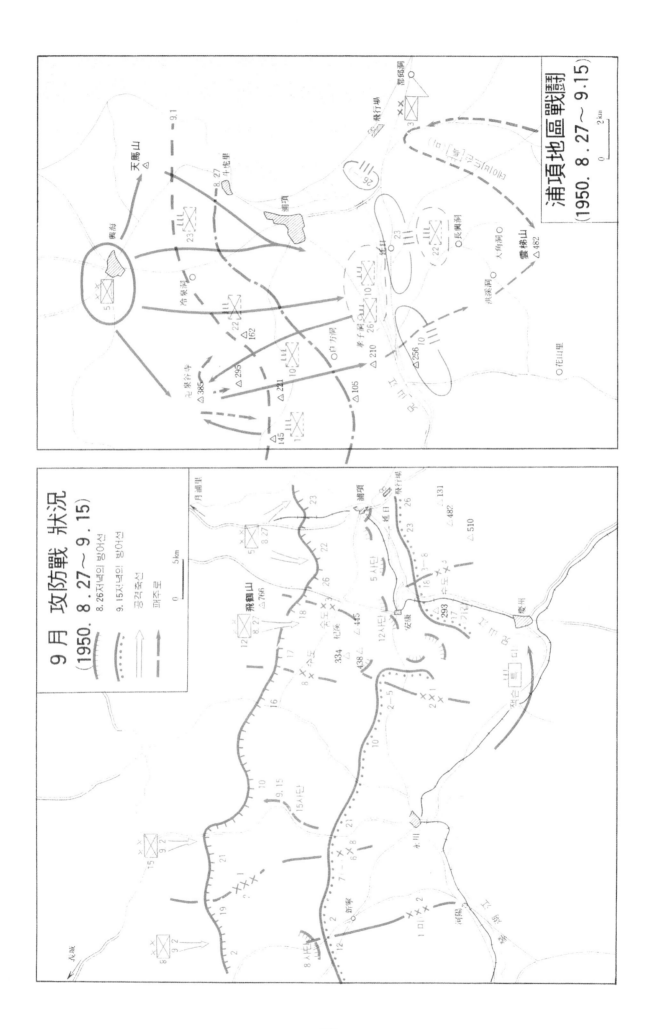

浦項地區戰鬪
(1950. 8. 27～9. 15)

9月 攻防戰 狀況
(1950. 8. 27～9. 15)

8.26저녁의 방어선
9.15저녁의 방어선
공격축선
패주로

제5장 반격

§1. 인천상륙작전

1. 작전계획의 수립

맥아더 원수는 1950. 6. 29 한강 방어선을 시찰했을 무렵, 미 지상군을 투입하여 적 주력을 수원 근방에서 고착시키는 한편, 미 제1기병사단을 인천에 상륙시켜 병참선을 차단, 공격한다는 계획을 구상했다. 그 개념은 태평양전쟁시 'By Pass 전술'과 같은 착상에서 비롯된 것이다.

이리하여 7. 22를 상륙예정일로 하는 '블루하트(Bluehearts) 작전계획'이 세워졌으나, 적의 남진을 저지하기 위하여 미 제1기병사단의 전용이 불가피해지자 7. 10 이 계획은 유산되고 말았다. 그러나 맥아더사령부의 상륙작전 기획업무 전담부서인 합동전략기획단(JSPOG; Joint Strategic Plans and Operations Group)에서는 그 후에도 연구를 계속해 '계획 100-B (인천)', '계획 100-C (군산)', '계획 100-D (주문진)'의 3개 안을 마련했으며, 그 중 인천상륙과 동시에 낙동강선에서도 반격을 취한다는 '계획 100-B'가 채택되어 9. 15를 상륙예정일로 하는 '크로마이트(Chromite) 작전계획'이 수립되었다.

2. 작전지역의 특징

경인지구는 서울 이남으로 침입한 적의 젖줄을 쥐고 있는 전략적 측면이었으나, 상륙예정지로서의 인천은 다음과 같은 허다한 난점을 안고 있었다.

(1) 상륙에 적합한 날짜가 한정되어 있었다. 9월중에서 상륙에 적합할 만큼 만조시의 수면이 높은 날은 15~18일의 3일 뿐이었고, 만일 이 시기를 놓치면 10. 11까지 기다려야 되었다.

또한 적합한 상륙일이라 하더라도 상륙시간 역시 제한되었다. 인천은 간만의 차가 평균 7m, 최고 10.8m (상륙일은 10.3m)로서 6km 이상의 개펄이 드러나는 간조시에는 아예 상륙이 불가능하였고, 하루 2회의 만조시에도 해안 사용이 가능한 시간은 상륙용 단정의 접안 가능 수심 7.6m를 고려할 때 약 3시간 정도씩 뿐이었다. 9. 15의 만조시각은 06:59, 17:19 2회였다.

(2) 인천 외항은 상륙 및 화력지원을 위한 대규모 함대 정박에 협소하였고, 하루 11,000톤 내외의 하역능력은 대부대 병참지원에 미흡하였다.

또한 항구에 이르는 접근로(비어수로)가 협소하고굴곡이 심할뿐더러 3~5kont의 해류가 흐르기 때문에 함정의 기동에 제한이 많았다.

(3) 상륙해안은 대부분 4~5m 해벽을 이루고 있어서 사다리나 쇠갈고리를 필요로 했으며, 상륙 후에는 시가지 건물을 방벽으로 삼는 적과 교전해야 하는 난점이 있었다. 더구나 인천항 울타리격인 월미도를 먼저 제압하지 않고서는 본토상륙이 매우 어려웠다. 따라서 작전은 오전만조시 월미도 상륙, 오후만조시 본토상륙 등 2단계로 계획될 수밖에 없었다.

이상의 난점들은 결국 인천이 최악의 상륙조건을 갖추고 있음을 의미하는 것으로서 JCS와 해군의 반대는 만만치 않았다. 그러나 맥아더는 JCS가 제안한 군산은 적을 결정적으로 차단 포위할 수 있는 측면이 아니라고 일축하는 한편, 해군 및 해병대가 건의한 오산 서쪽 남양만 포승면 일대는 내륙으로의 진출로 불량과 서울 탈환의 난점을 이유로 거부하면서, 인천의 여러 가지 난점이야말로 오히려 성공의 열쇠임을 강조하였다.

3. 크로마이트 계획의 내용

(1) 항공지원계획

9. 8 편성된 미 제10군단 전술항공대는 목표지역인 DUMPMUD, WET지역에 대한 항공작전을 D-3부터 지휘 통제하며, 목표 외곽 점선지역내의 통신 및 수송로 차단을 담당한다. 기타 지역에 대해서는 미 극동공군과 해군 및 해병항공대가 협조하여 D-10부터 D-3까지 전장차단과 제공권 장악 임무를 수행하며, 필요시 목표지역에 대한 근접지원도 실시한다.

(2) 해상지원계획

인천 앞바다를 3개의 화력지원 구역으로 나누고 순양함과 구축함은 H-45~H-2에, 로켓함은 H-15~H-2에 공격준비포격을 가한다. 아울러 상륙작전 중간이나 상륙 후에도 요청에 따라 지원 및 차단포격을 실시한다.

(3) 지상군의 상륙계획

① 상륙해안을 Red Beach, Green Beach, Blue Beach로 삼분하고, 병참물자 하역지역은 Yellow Beach로 명명한다.

② 미 제5해병연대 3대대는 9. 15 오전만조시인 06:30 Green Beach에 상륙하고, 오후만조시인 17:30에는 미 제1해병연대가 Blue Beach에, 미 제5해병연대 주력은 Red Beach에 상륙해 교두보를 확보한다.

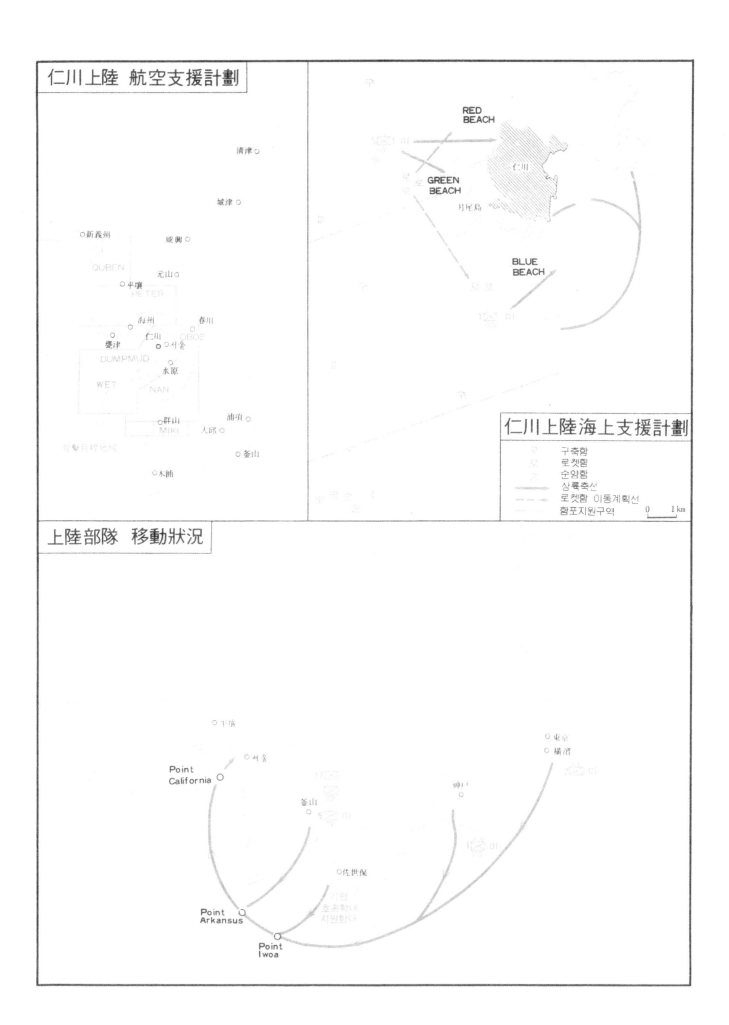

仁川上陸 航空支援計劃

仁川上陸海上支援計劃

上陸部隊 移動狀況

③ 국군 해병대는 의명 Red Beach에 상륙, 인천시가 소탕작전을 실시한다.

④ 교부보가 확보되면 미 제1해병사단은 김포→서울로 진격한다.

⑤ 후속 상륙한 국군 제17연대와 미 제7사단 주력은 서울 남측방으로 진격하고, 일부는 수원 방면으로 남진하여 서울 이남의 적의 퇴로를 차단한다.

4. 피아 투입부대

(1) 아군

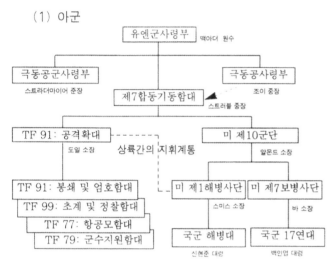

주 : 1) 상륙작전은 형식상 맥아더로부터 죠이에게 연결되어 있었으나 실병 총지휘는 스트러블이 담당했으며, 상륙시에는 스트러블의 부사령관인 도일이 미 제1해병사단으로부터 주축을 이룬 제1상륙단을 지휘하였고, 교두보확보 후 상륙군의 지휘는 스미스는 총지휘권이 스트러블로부터 알몬드로 이양될 계획이었다.
　　2) 상륙부대 규모는 지상군 75,000명, 함선 261척.

(2) 적군

　　서울위수 제18사단
　　인천경비여단
　　제31여단 예하 1개 대대

5. 작전 경과

(1) 상륙군의 출항

미 제7사단은 요꼬하마(橫濱)에서, 미 제1해병사단은 고오베(神戶)에서, 수송선단·화력지원함대·지휘함 등은 사세보(佐世保)에서, 국군 제17연대·국군 해병대 및 미 제5해병연대 등은 부산에서 각각 승선하였으며, 지원수송단은 대부분 9. 10 이전에, 상륙부대들은 9. 11~13 사이에 출항하여(국군 제17연대는 9. 15 04:00 출항) 9. 14에는 집결지인 영종도 근해에 집결하였다.

(2) 제1단계 상륙

면적 0.6km²의 월미도는 인천까지 약 600m의 제방으로 연결되어 있었다. 05:00부터의 공격준비사격에 이어 미 제5해병연대 3대대는 전차 9대와 함께 06:33 Green Beach에 상륙, 07:50에는 월미도를 장악하고 소탕전에 들어갔다. 전과는 적 사살 108명, 포로 106명, 피해는 부상 17명뿐이었다.

(3) 제2단계 상륙

미 제5해병연대(-)는 17:33 Red Beach에 상륙, 22분 후 묘지고지를 점령하고 20:00에는 관측고지를 점령함으로써 교두보 확보에 성공하였으며, 미 제1해병연대도 17:32 Blue Beach에 상륙, 9. 16 01:30까지 D-day 최종목표인 교두보 확보에 성공하였다.

한편 국군 해병대는 9. 15 20:00 Red Beach로 상륙한 후 인천시가 소탕전과 경비에 임하였다.

상륙군은 9. 16 밤까지 교두보한계선(BHL)에 진출했고, D+3에는 병력 25,606명, 차량 4,507대, 병참물자 14,166톤이 양륙되어 내륙으로의 진격을 위한 확고한 발판을 구축했다.

(4) 내륙으로의 진격

9. 18 미 제5해병연대는 김포비행장을 탈환 후 국군 해병대와 합세해 행주나루로 향했으며, 이날 미 제1해병연대도 소사를 통과, 이튿날에는 영등포 근방까지 진격했다.

한편 9. 18~19 인천에 상륙한 국군 제17연대와 미 제7사단 32연대는 영등포 남쪽으로, 미 제31연대는 수원방면으로 신속하게 진격하여 각각 서울 수복과 적 퇴로 차단작전에 돌입하였다.

6. 분석

허다한 악조건을 오히려 기습 달성의 수단으로 이용한 인천상륙작전의 성공으로 아군은 적의 주병참선과 퇴로를 차단하여 적을 궤멸의 구렁텅이로 몰아넣었으며, 순식간에 전쟁의 주도권을 장악했다. 아울러 이 작전은 아군의 인적·물적·시간적 손실을 극소화하는 효과도 가져왔다.

만일 낙동강선에서 단순한 정면반격만을 취했을 경우 적은 최소한 낙동강선, 금강선, 천안~장호원선, 한강선, 38선 등 5개 지연진지를 구축해 한달 이상을 버틸 수 있었을 것이며, 그동안 아군의 예상손실은 병력 10여 만명, 화포 2천여 문 외에 우익인사 및 양민학살 약 200만명 정도로 추산된다.

적이 불과 10일 만에 38선까지 궤주하면서도 10만명이 넘는 대학살을 자행한 사실로 미루어 보아 이러한 추산은 충분히 뒷받침되고 있다.

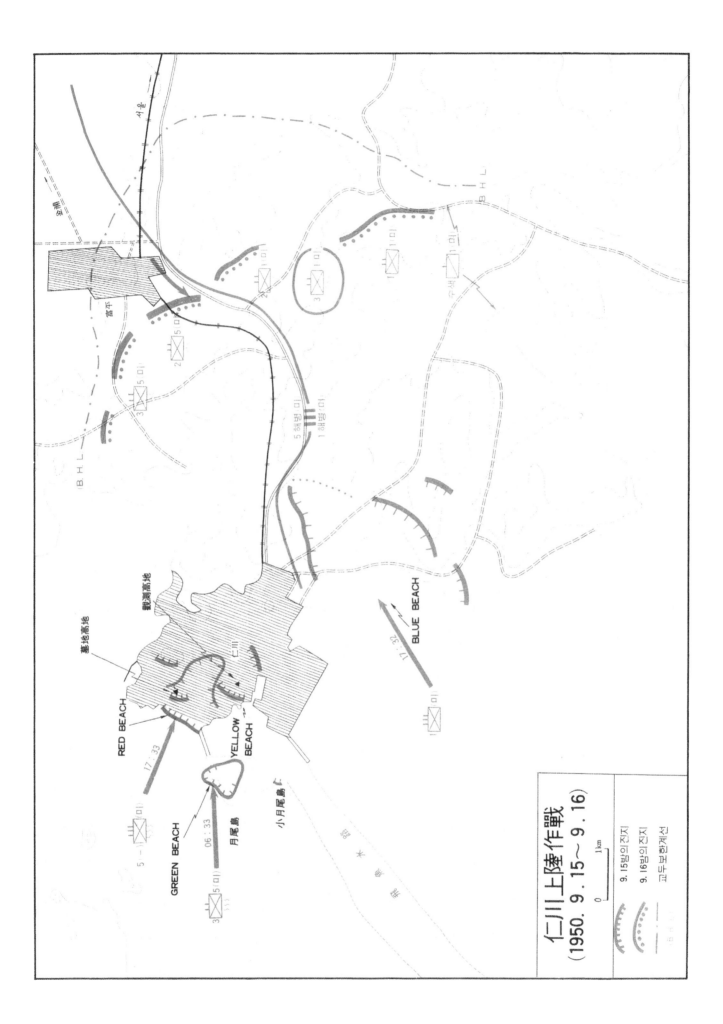

仁川上陸作戰
(1950. 9. 15 ~ 9. 16)

BLUE BEACH

RED BEACH

YELLOW BEACH

GREEN BEACH

墓地高地

觀測高地

月尾島

小月尾島

17:33

06:33

17:33

仁川

金浦

富平

서울

B H L

B H L

0   1km

9.15밤의진지
9.16밤의진지
교두보한계선

§2. 서울탈환작전

1. 피아 투입부대

(1) 아군

　　미 제10군단

　　미 제1해병사단: 미 제1, 5, 7해병연대

　　미 제7사단: 미 제31, 32연대

　　국군 제17연대

　　국군 해병대

(2) 적군

　　북한군 서울지구 방위사령부

　　북한군 제25여단

　　북한군 제9사단 87연대

　　북한군 제18사단 일부

2. 서울 외곽으로의 접근전

(1) 행주 도하

9. 19 20:00 미 제1해병사단 수색중대는 행주 대안에서 수영도강반의 선도에 따라 은밀도하를 기도했으나 125고지(행주산성)로부터의 적 포화에 의해 좌절되었다. 그러나 국군 제2해병대대와 미 제5해병연대는 이튿날 06:45부터 주간 강습도하를 감행, 09:45에 행주산성을 탈환하였으며, 9. 21에는 수색을 지나 서울 서방측 104고지 일대에 육박하였다.

(2) 영등포지구 전투

9. 19 밤 영등포 서북 118고지 일대에 도달한 미 제1해병연대는 9. 20 새벽부터 전개된 적의 역습을 격퇴하고, 9. 21 아침에는 영등포 탈환전을 개시하여 9. 22까지 적군을 완전히 몰아냈다.

9. 23 미 제1해병연대 일부는 한강 인도교에 도달하였으며, 주력은 9. 24 서강으로 도하하였다.

(3) 서울 남측방 전투

한·미 해병대가 서울 외곽으로 접근할 동안 미 제7사단은 서울 남측방에 대한 엄호와 견제임무를 띠고 있었다.

9. 21 미 제7사단 32연대 2대대는 시흥동쪽 111고지를, 1대대는 안양 동북쪽 300고지를 점령하였으며, 9. 23에는 1대대가 과천을 지나 중요 감제고지인 290고지를 탈취하였고, 2대대도 한강 남안 일대를 소탕하였다.

한편 미 제7사단 31연대는 9. 21 밤 수원 방면으로 남진하였다.

3. 서울 서측방 돌파전

적의 서울 서측방 방어선은 안산(△296)을 기점으로 연희고지(△66)와 88고지 및 북(N), 중(C), 남(S) 3개의 105고지로 형성되어 있었으며, 서울 탈환의 관건이 되는 지역이었다.

아군 돌격부대의 중앙에 위치한 국군 제1해병대대는 9. 21 저녁에 점령한 104고지를 발판으로 9. 22 07:00부터 중앙의 105고지를 향해 공격을 개시하였고, 그와 동시에 우익의 미 제5해병연대 1대대는 와우산(△105S)으로, 좌익의 3대대는 안산으로 진격하였다.

그러나 국군 해병대는 연희고지에서 적의 발악적인 저항에 부딪쳐 고전을 면치 못하였으며, 9. 23 오후에는 재편성을 위해 미 제5해병연대 2대대와 임무를 교대하였다.

미 해병대 역시 고전을 거듭하다가 9. 24 항공기와 포병의 압도적인 화력지원하에 최후의 공격을 재개하여 오후에 드디어 연희고지를 점령하였으며, 이튿날까지 일대의 고지군 전체를 장악하였다.

이 전투에서 적의 전사자는 1,750명에 달하였고, 아군도 국군 300여 명, 미군 200여 명의 사상자를 냈다.

4. 서울 동측방으로의 우회 포위전

9. 25 06:00 국군 제17연대와 미 제32연대는 서빙고 방면으로 도하하여 미 제32연대 2대대는 남산으로, 1대대와 3대대는 왕십리 방면으로 진출하였고, 국군 제17연대는 9. 26 오후까지 서울 동쪽의 348 및 292고지를 탈취한 후 망우리 일대를 점령하여 적의 탈주로를 차단하였다.

5. 서울 수복

9. 25 오후 마포 일대에서부터 막이 오른 서울 시가전은 밤이 깃들어 가면서 점차 시가 중심부로 조여들어가기 시작했다.

적은 이날 밤 실질적으로 서울을 포기하고 주력부대를 의정부 방면으로 퇴각시켰으나, 후위부대는 밤새도록 역습과 발악적인 저항을 시도하였다. 그러나 9. 26을 고비로 적의 저항은 기가 꺾였고, 9. 27 06:10 국군 해병대가 중앙청에 태극기를 게양한 후에는 최후의 소탕전이 전개되었다.

9. 28 수도 서울은 90일만에 수복되었고, 이튿날 정오 국회의사당에서는 감격스러운 수도 탈환식이 거행되었다.

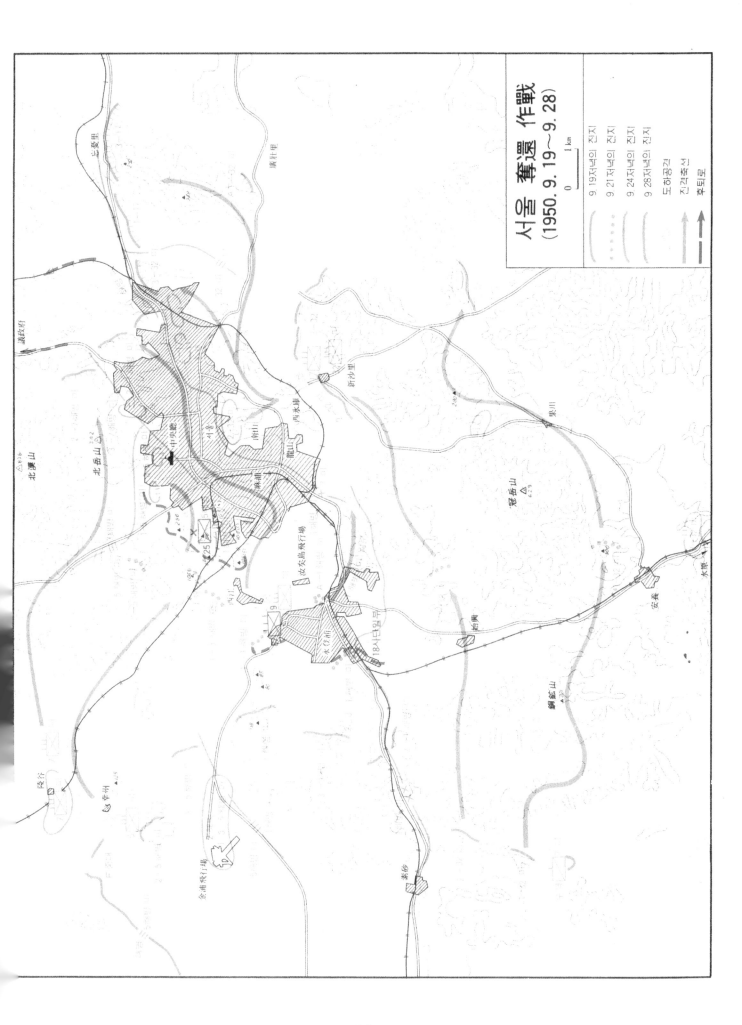

서울 奪還 作戰
(1950. 9. 19~9. 28)

0 _____ 1 km

9. 19저녁의 진지
9. 21저녁의 진지
9. 24저녁의 진지
9. 28저녁의 진지
도하공격
진격축선
후퇴로

§3. 낙동강선에서의 총반격

1. 피아 투입부대(9월 중순 현재)

(1) 아군

```
          ┌ 포항: 제3사단
          │ 기계·안강: 수도사단
  국 군   ┤ 영천: 제8사단
          │ 신녕: 제6사단
          └ 육본예비: 제7사단

          ┌ 낙동강 상류: 미 제1군단(9. 13편성)
          │              미 제1기병사단, 미 제24사
          │              단, 국군 제1사단, 영 제27여단
  유엔군  ┤ 낙동강 중·하류: 미 제9군단(9. 23 편성)
          │              미 제2사단, 미 제25사단
          └ 국군 약 73,000명, 유엔군 약 74,000명
```

(2) 적군

왜관 남쪽: 북한군 제1군단 예하 6개 사단
왜관 동쪽: 북한군 제2군단 예하 7개 사단
　　　　　　　약 75,000명

2. 아군의 총반격계획

(1) 총반격은 9. 16. 09:00를 기하여 개시한다.

(2) 주공인 미 제1군단은 대구~김천~대전~수원의 경부축선을 따라 신속한 진격으로 경인지구의 미 제10군단과 연결함으로써, 경부축선 서쪽의 적을 차단, 고립시킨다.

(3) 국군은 경부축선 동쪽의 중동부 및 동부전선을 담당한다.

(4) 미 제9군단은 호남 일대의 적을 분쇄한다.

3. 작전 경과

9. 16 09:00 폭우를 무릅쓰고 전 전선에 걸친 아군의 총반격이 개시되었다. 그러나 9. 19 까지도 적의 저항이 완강하여 맥아더 스스로 군산상륙(10. 15예정)을 준비시킬 정도로 전황이 부진하였다.

9. 20 인천상륙작전의 효과로 인하여 적의 기세가 현저히 꺾이기 시작했고, 9. 21~22 아군은 적의 전선을 거의 토막내다시피하였다.

9. 23은 북한군 암흑의 날이었다. 이날 눈사태처럼 전 전선을 돌파한 아군은 맹렬한 추격과 전과확대를 전개, 적을 패망의 나락으로 몰아넣기 시작하였다.

9. 30 38선에 도달하기까지 아군 각 부대의 진격상황은 다음과 같다(지명 다음의 괄호 안 숫자는 탈환일자임).

(1) 국군 전선

① 국군 제3사단: 적 제5사단을 추격하여 홍해(22)~영덕(25)~울진(27)~삼척(29)~강릉(30)을 탈환한 후 최선두로 38선에 도달하였다.

② 국군 수도사단: 적 제12사단을 추격하여 기계(21)~도평(23)~청송(25)~영월(27)~평창(28)을 거친 후 9. 30 38선 일대에 도달하였다.

③ 국군 제8사단: 적 제15사단을 추격하여 의성(24)~안동(26)~단양(28)~제천(30)을 탈환하였다.

④ 국군 제6사단: 적 제8사단을 추격하여 함창(25)~문경(27)~충주(28)~원주(30)을 탈환하였다.

(2) 유엔군 전선

① 국군 제1사단: 9. 18 다부동지구에서 아군 최초의 돌파구를 마련했으며, 그 후 미 제1군단 예비로서 보은~조치원~안성~수원선을 따라 후방의 잔적을 소탕하면서 북상, 10. 11 고랑포에 도달하였다.

② 미 제1기병사단: 총반격의 주공부대이며 선봉은 예하 미 제7기병연대 1대대와 3대대로 주축을 이룬 777특수임무부대가 맡았다. 최선두의 린취(Lynch)부대(3대대)는 9. 22 08:00 다부동 서쪽을 출발하여 낙동리~상주~보은~청송~천안~오산을 돌파, 9. 26 22:26 미 제7사단 31연대와 오산 북방 약 6km지점에서 합류하였다.

린취부대는 9. 26 하루 동안에 보은으로부터 약 160km 이상을 진격한 셈이다.

③ 미 제24사단: 금천(25)~영동(26)~옥천(27)을 거쳐 대전(28)을 탈환함으로써 2개월 전의 패배를 설욕하였다.

④ 미 제2사단: 9. 18 예하 미 제38연대가 아군 최초로 낙동강을 도하하였으며, 합천(24)~거창(26)~전주(28)~논산(29)를 거쳐 강경(30)을 탈환하였다.

⑤ 미 제25사단: 진주(25)를 탈환한 후 미 제35연대는 함양~남원~전주~이리를 경유 강경(29)에 도달하였고, 미 제24연대는 하동~구례~남원~정읍~김제를 거쳐 군산(30)을 탈환하였다.

4. 분석

신속한 추격 및 전과확대로 아군은 불과 보름 동안에 모든 실지를 회복하고 전쟁의 주도권을 장악하였다. 그 결과 6개 사단 이상의 적이 남한내에 고립되어 포로만도 23,000명이 넘었으며, 나머지는 지리산, 태백산 등지로 입산하거나 뿔뿔이 분산되어 북으로 도주하였다.

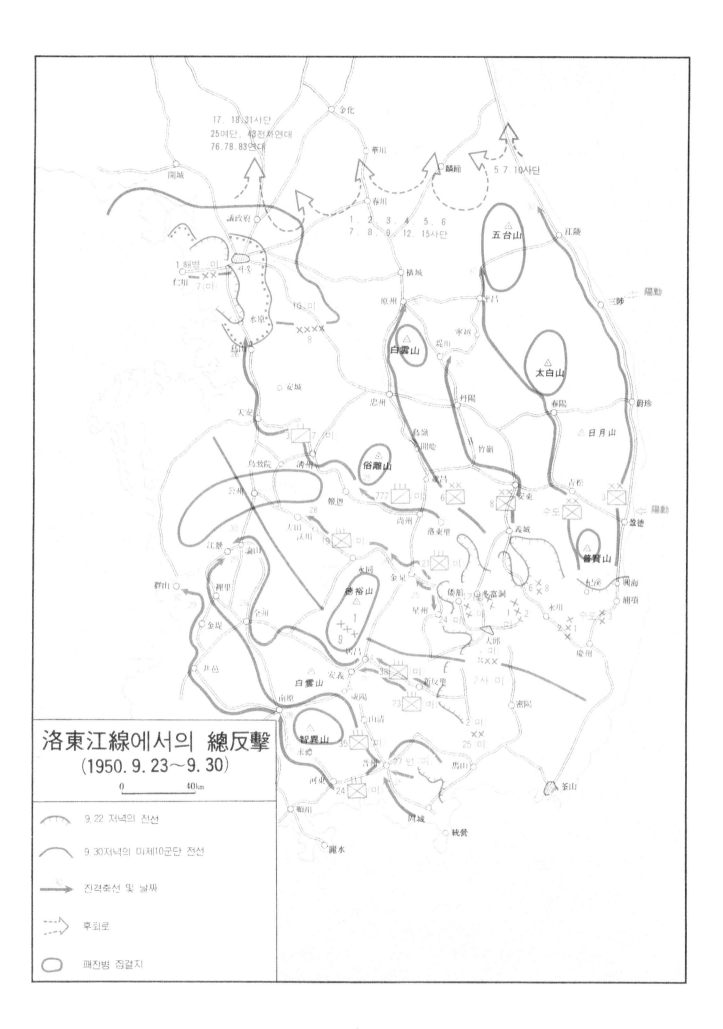

洛東江線에서의 總反擊
(1950. 9. 23~9. 30)

0   40km

‧‧‧‧‧   9. 22 저녁의 전선

‧‧‧‧‧   9. 30저녁의 미제10군단 전선

→   진격축선 및 날짜

--→   후퇴로

◯   패잔병 집결지

제6장 북진

§1. 38선 돌파

1. 배경

38선 돌파에 대한 한·미간의 견해는 상당한 차이가 있었다. 한국은 북진통일을 주장하는 반면에 미국은 소련과 중공과의 전면대결 가능성을 우려하여 38선 이북으로의 진격을 주저하였다.

그러나 1950. 8월 후반부터 낙동강선이 안정되는 한편 인천상륙작전이 구체화되면서 미국의 태도는 변하기 시작하였다.

1950. 9. 1 미 국가안보회의는 정책건의서의 작성을 개시하면서 소련에 대하여 한반도에서의 유리한 입장을 확보하고 국가이익을 신장할 수 있는 기회가 올 경우 미국은 그러한 기회를 이용해야 한다는 점에 견해가 일치되었다.

이에 따라 북진방침이 수립되고 재침의 근원을 제거하기 위하여 38선 돌파 이후의 작전목표를 북한군 격멸에 두었다.

9. 11 트루만 대통령은 국가안보회의의 정책건의안을 재가하였으며, 인천상륙작전이 개시되던 9. 15 맥아더에게는 북한점령계획을 준비하되 별도 승인 후에 계획을 수행하라는 예비훈령을 하달하였다.

9. 27 미 합참본부는 드디어 맥아더에게 정식훈령을 하달하였다. 그러나 중국과 소련의 개입 및 전면전쟁의 회피를 전제로 한 조건부 북진명령이었다.

2. 맥아더의 북진계획

(1) 기본가정 및 작전지침

맥아더의 북한점령계획은 9월 말 현재로 북한군은 완전히 격멸되어 북한전역이 사실상 힘의 공백지대화 하였으며, 특히 중공과 소련의 군사적 개입이 없을 것이라는 것을 전제로 하였다.

이러한 전제하에 맥아더는 라이트(Edwin K. Wright) 준장이 이끄는 유엔군 총사령부 예하 통합전략기획작전단(JSPOG)에 상륙포위작전계획을 수립하도록 지시했다.

JSPOG의 상륙작전계획에 의하면 미 제8군이 주공으로서 동부 또는 서부로 북진하는 동안 미 제10군단은 주공의 반대편 해안에 상륙한다는 것이며, 상륙지점으로서는 주공방향의 선정에 따라 진남포, 원산, 또는 그 밖의 필요한 지점을 고려하였다.

이러한 맥아더의 북진계획은 9. 29 트루만 대통령의 재가를 얻어 참모본부에 의하여 정식으로 승인되었다.

(2) 북진계획

맥아더의 북진계획은 '작전명령 제2호'로서 10. 2 유엔군사령부의 모든 예하부대에 공식 하달되었으며, 그 내용은 다음과 같다.

① 주공인 미 제8군은 개성 →사리원→평양으로 이어지는 서부축선으로 10월 중순 공격을 개시한다.

② 상륙부대인 미 제10군단은 주공의 공격개시 후 1주일내에 동해안의 원산에 상륙하여 교두보를 확보한 후 원산~평양축선을 따라 서부로 진출하여 미 제8군과 연결, 적의 퇴로를 차단 및 포위한다.

③ 미 제8군과 제10군단의 연결 후 정주~군우리~영원~함흥~흥남을 잇는 선까지 북상하되, 이선 이북으로의 작전은 한국이 전담한다.

(3) 미 제8군과 제10군단의 지휘권 분할 및 원산상륙기동

① 지형에 있어서 동서간의 횡적 교통이 빈약하여 작전권의 단일화가 곤란함.

② 병참에 있어서 부산과 인천항의 한정적 보급기능에만 의존할 수 없음.

③ 적 퇴로 및 병참선 차단에 의한 속전속결이 요구됨.

④ 맥아더 자신의 상륙작전에 대한 호감.

(4) 맥아더 북진계획의 수행 과정에서 나타난 문제점

① 미 제8군과 제10군단간의 상호지원 및 협조의 곤란.

② 제10군단의 원산상륙을 위한 승선작업으로 인한 부산, 인천항 하역작업의 전면중단 및 이에 따른 미 제8군에 대한 보급지원의 곤란.

③ 국군 제1군단의 원산 선점으로 인한 미 제10군단 원산상륙의 군사적 의미 상실(행정적 상륙에 불과).

④ 맥아더의 작전계획 변경: 동서 전선 연결계획의 백지화로 인한 간격(약 50마일) 형성(이 간격으로 대규모의 중공군이 침투했음).

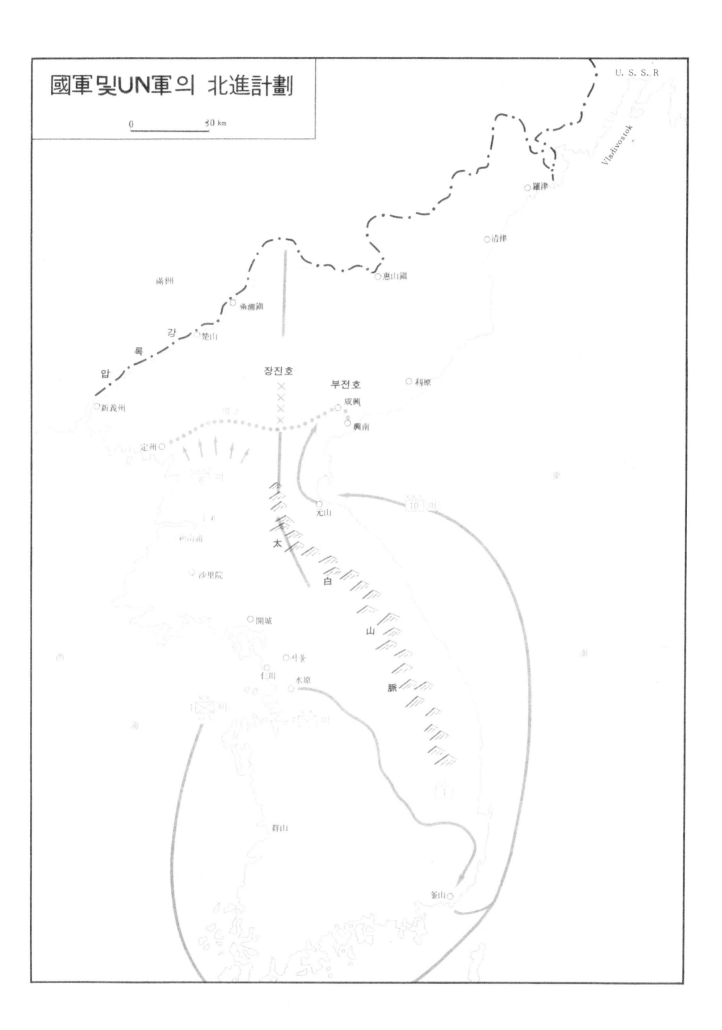

國軍및UN軍의 北進計劃

0   30 km

U.S.S.R

Vladivostok

羅津

淸津

惠山鎭

滿洲

滿浦鎭

압　록　강

楚山

장진호

부전호

利原

新義州

咸興

興南

定州

元山

太

沙里院

白

開城

山

서울

仁川

脈

水原

群山

釜山

§2. 중동부전선의 38선 돌파

1. 국군의 38선 돌파

(1) 국군 제1군단(제3, 수도사단)
동부전선을 담당하여 9. 29 삼척을 출발, 예하 제3사단을 선두로 강릉 공격을 개시하였다.

군단 선봉인 제3사단은 10. 1 정오 주력부대의 38선 돌파를 개시했으며, 10. 2에는 제3사단과 수도사단의 지휘소가 양양에 설치되었다.

(2) 국군 제2군단(제6, 7사단)
중부전선에서 제6사단을 선두로 38선 돌파를 개시하였다. 제6사단은 춘천 북방에서 돌파하여 북한 제9사단 예하 2개 연대를 격파한 후 10. 8 화천을 점령했으며, 제8사단은 10. 7 돌파를 개시, 10. 11 철원 점령후 평강으로 진출하여 제6사단 제7연대와 합류했다.

한편 제7사단은 10. 9~10 이틀에 걸쳐 38선을 돌파한 후 10. 13 평강으로 진출하였다. 이로써 국군 전부대는 미 제1군단에 속한 국군 제1사단을 제외하고는 10. 11 현재로 38선을 돌파하여 사선대형으로 북진하였다.

2. 38선 돌파 후 국군의 진격

(1) 제3사단(제22, 23, 26연대)
1950. 10. 8까지 간성(10. 3), 통천(10. 6), 송전(10. 7), 패천(10. 8)을 차례로 점령, 패천에서 예하 제26연대를 좌측으로 분진시켜 안변을 공격하는 한편 주력인 제22, 23연대는 제23연대를 선두로 쌍음으로 진격하였다.

(2) 수도사단(제1, 18, 기갑연대)
10. 4 간성으로 진출, 예하 제18연대를 독립전투단으로 편성하여 대암산~가칠봉~금강산으로 이어지는 태백산맥의 좌측 내륙으로 분진시켰다. 이에 따라 중부전선을 담당하게 된 제18연대는 진부령을 넘어 원통~인제~양구~말휘리~화천~회양으로 진격하였다.

한편 주력인 기갑연대와 제1연대는 기갑연대를 선두로 10. 6 통천에 도달한 후 방향을 좌측으로 전환하여 10. 7 화천을 점령함과 동시에 기갑연대의 1개 대대를 차출하여 도납리~안변 방향으로 진격시켰다. 화천에서 제18연대와 합류한 주력부대(기갑연대의 1개 대대 제외)는 제18연대를 선두로 회양으로 진출, 10. 8 밤 철령을 넘어 10. 9 신고산에 도달함으로써 적의 퇴로인 경원선을 차단함과 동시에 개전이래 최대의 전과를 거두었다(따발총 3,000정, 전차 6대, 야포 4문, 82㎜ 박격포 10문, 120㎜ 박격포 1문, 중기관총 30정, 경기관총 500정, 의약품 1개 화차분 등).

이로써 국군 제1군단은 10. 9 아침 쌍음~안변~신고산을 잇는 선까지 진출하여 원산 공격준비를 완료하였다.

3. 원산 점령

(1) 국군의 공격부대 및 공격방향
국군 제1군단은 예하 제3사단과 수도사단의 협동작전으로 원산을 공격했다. 제3사단의 제22, 23연대는 쌍음~원산방향과 안변~원산방향으로 공격했으며, 수도사단의 3개연대(제1, 18, 기갑연대)는 신고산~원산방향으로 공격하고 기갑연대 1대대는 안변~원산으로 공격하였다.

(2) 북한군의 방어부대 및 방어정면
제5, 12, 15사단의 패잔병, 원산경비여단 및 신편 제42사단은 원산시 외곽에 견고한 방어선을 구축하고 있었으며, 제24기계화포병여단과 제945해군육전연대는 동해안 방면에, 그리고 기타 해군본부 소속부대는 원산시 남쪽 남대천 제방 일대에 투입되어 방어태세를 갖추었다.

(3) 작전 경과
10. 10 새벽 국군 제3사단과 수도사단의 협동공격이 개시되었다.

제3사단은 적의 완강한 저항으로 최초에는 고전하였으나 미 제77기동함대 함재기들의 공중사격에 의해 적의 참호, 포진지, 전차 등을 파괴한 이후 남대천을 건너 원산시내로 진입했다.

한편 수도사단은 경원선을 따라 올라오다가 적이 동해안 방향으로 주의를 집중하고 있을 때 적의 측면을 강타하였다.

10. 10 오전 10:00 동시에 시내로 진입한 두 사단은 10. 15까지 동북방의 송전반도로부터 영흥~고원~마전리~안변을 잇는 반경 30~50㎞의 발굽형 외선을 형성하게 되었다.

원산을 점령한 국군 제1군단은 예하 제3사단으로 하여금 원산 일대를 경비하면서 미 제10군단의 원산상륙을 엄호하게 하는 한편, 수도사단을 동해안을 따라 북상시켜 10. 17에는 함흥과 그 외항인 흥남을 점령했다.

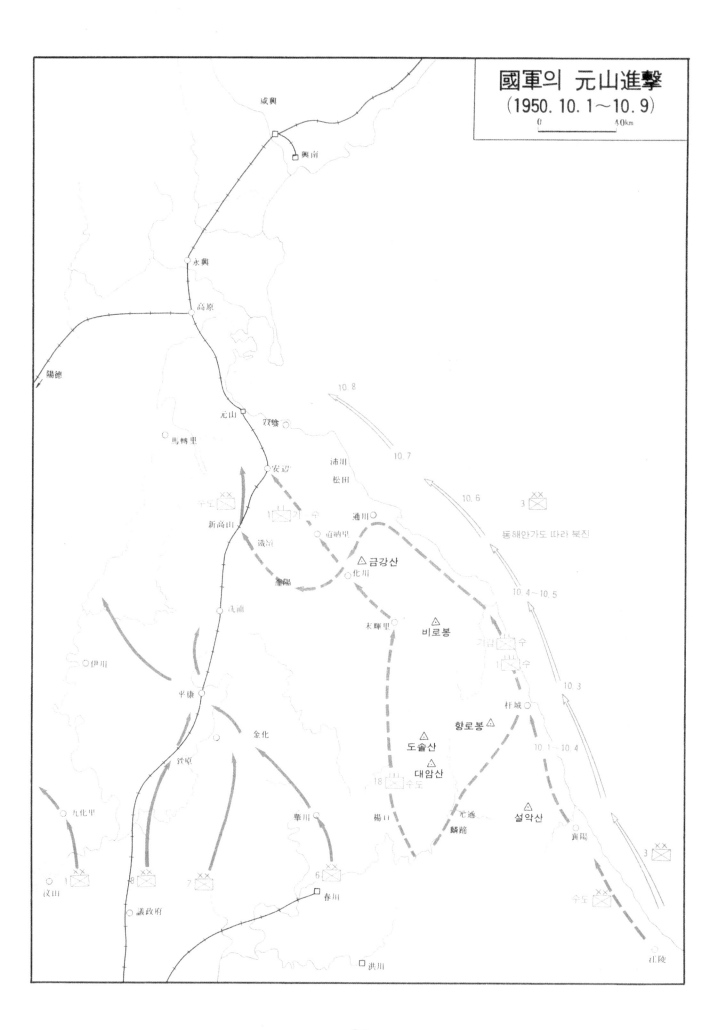

國軍의 元山進擊
(1950. 10. 1~10. 9)

4. 원산점령의 군사적 의의

(1) 적 퇴로 차단

경원선 철도와 경원도로(금천∼이천∼마전리 경유)의 출구이며 남북교통의 관문인 원산을 점령함으로써 동서 전선의 상호지원과 협조 및 적 퇴로의 차단이 가능해졌다.

(2) 평양 양면공격

평원선 철도와 평원도로(양덕∼성천 경유)의 관문인 원산을 점령함으로써 적의 동서 횡적 연결을 차단함과 동시에 저항력을 분할시키며, 평양에 대한 양면공격이 가능해졌다.

(3) 북한상공 제공권

동해안 굴지의 양항(良港)인 원산과 주변의 영흥만을 확보함으로써 아군의 해상보급수송을 원활히 하면서 동북방으로 신속한 전과확대가 용이해졌으며, 특히 원산비행장을 이용하여 북한상공에서의 제공권 획득이 가능해졌다.

(4) 소련의 지원 차단

소련 블라디보스톡과 평양을 이어주는 중개지인 원산을 점령함으로써 북한군에 대한 소련의 지원을 차단함과 동시에, 적으로 하여금 불편한 내륙병참선에 의존하게 하였다.

§3. 서부전선의 38선 돌파와 평양으로의 진격

1. 미 제8군의 작전계획

유엔군사령부 '작전명령 제2호'에 의한 북진계획에 따라 미 제8군은 예하 제1군단과 제9군단에 대하여 10. 3에 준비명령, 10. 5에 정식명령을 하달했으며, 공격방향은 개성→사리원→평양을 잇는 선으로 하였다.

미 제8군의 작전계획에 의하면 제1군단은 현 군단지역을 뒤따라 올라가는 제9군단에 인계한 후 38선을 돌파하여, 예하 제1기병사단을 주공으로 평양을 향해 진격하는 한편, 제24사단과 배속된 국군 제1사단을 군단의 좌우측에 배치 또는 예비대로 운용하는 것이다.

한편 제9군단은 최초 한국경찰과 협조하여 후방지역에 분산고립된 잔적을 소탕하고 미 제8군 주병참선인 경부선을 경계하다가, 제1군단을 뒤따라 북상하면서 점령지역을 인수하는 것이다.

2. 적 상황

(1) 방어부대 및 배치

① 제43사단: 예성강 서쪽 황해도 지역

② 제19, 27사단: 개성북쪽 금천∼남천점 일대

③ 제17기갑사단의 일부병력: 개성 동쪽

④ 이밖에 후방 각지의 훈련소에 6개 사단 약 6만명을 보유하고 있었다.

(2) 3중방어선 구축

① 제1선: 남침 이전 38선 일대에 준비한 콘크리트 구축물, 개인호, 포상, 철조망 등으로 된 약 500야드 종심의 방어선

② 제2선: 제1선 북쪽 약 3∼5㎞ 지점의 주요 지형지물을 연결한 방어선

③ 제3선: 후방지역에 산재되어 있는 주요 지형지물을 중심으로 편성된 방어거점들

3. 미 제1군단의 작전계획

미 제8군의 작전명령에 따라 미 제1군단은 중앙의 제1기병사단을 주공, 제24사단과 국군 제1사단을 좌우에서 주공을 엄호하게 하여 평양을 향해 진격하고자 다음과 같은 계획을 수립하였다.

(1) 미 제1기병사단

제5기병연대를 선두로 임진강을 도하 10. 8 개성 일대에 진출하여 군단집결지를 확보한 다음, 군단의 주공으로서 개성 정면에서 38선을 돌파한 후 금천→한포리→사리원→평양을 잇는 축선으로 진격한다.

(2) 국군 제1사단

10. 10 고랑포 일대에서 집결 완료한 후 군단 우측방을 담당하여 시변리∼수안∼평양을 잇는 축선으로 진격한다.

(3) 미 제24사단

최초 군단 예비로 서울에 집결, 그후 군단의 좌익을 담당하여 개성→백천→해주→재령→사리원 방향으로 진격한다.

(4) 영 제27여단

최초 군단 예비로 김포에 집결, 후방병참선을 경계하다가 미 제1기병사단에 배속되어 주공을 담당한다.

(5) 제1기병사단의 작전개념

군단 주공인 제1기병사단은 10. 7 오후 늦게 전방 수색조를 38선 이북으로 침투시킨 후 10. 8 밤에 주력 부대의 38선 돌파를 개시했으며, 사단공격명령은 10. 9 09:00에 정식으로 하달되었다.

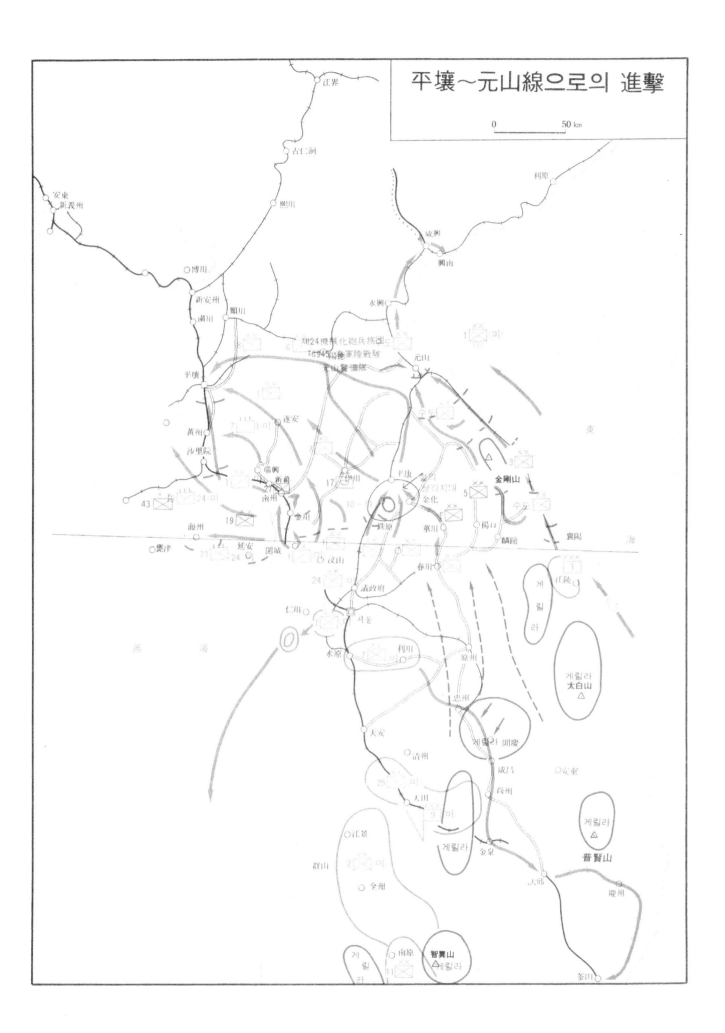

平壤~元山線으로의 進擊

4. 금천지구 전투

(1) 작전계획

미 제1기병사단은 예하 2개 연대로써 적 주력을 포위하고 나머지 1개 연대로 적 퇴로를 차단한다는 작전개념에 따라 제8기병연대는 중앙에 위치하여 개성~금천 사이의 주도로를 따라 정면공격하고, 제5기병연대는 사단 우익부대로 기동하다가 서북방으로 방향을 전환하여 금천을 북쪽으로 포위공격하며, 제7기병연대는 최초 예성강 하류를 건너 백천을 지난 다음 북상하여 한포리에서 적 주력의 퇴로를 차단케 하였다.

(2) 전투 경과

① 제8기병연대: 개성~금천~남천점으로 이어지는 경의국도를 따라 정면공격을 시도하였으나 적의 완강한 저항으로 진출이 부진했고, 특히 10. 12에는 개성~금천의 중간지점에서 적의 전차, 자주포, 고사포 등으로 편성된 최대의 강점에 부딪쳐 진격이 사실상 정지된 상태였다.

② 제5기병연대: 개성동북방 15마일 지점에서 한때 난관에 봉착했으나 이를 극복하고 10. 12 오후 구회리(북우근방)에 이르러, 마침 이곳을 지나고 있던 국군 제1사단과 잠시 합류했다가 진로를 다시 서북방으로 전환해 10. 13 저녁 금천 동북측면으로 다가섰다.

③ 영 제27여단: 10. 11 임진강을 건너 미 제5기병연대를 뒤따르다 미 제1기병사단장의 명령에 따라 방향을 서북쪽으로 전환하여 금천을 포위하려 했다.

그러나 산간도로밖에 없어 기동이 어려웠고 그마저 얼마 안가 막혀버려 금천포위전에는 참가할 수 없었다.

④ 제7기병연대: 10. 9 오후 예성강을 도하했으며, 10. 10에는 적의 완강한 저항을 극복하고 백천을 점령하였고 10. 12 아침에는 한포리로 진출하여 적의 퇴로를 차단하였다. 이에 따라 약 1,000명 이상의 적 병력이 금천 일대에 갇히게 되었다.

금천 남쪽의 주도로에서 제8기병연대의 전진을 저지시키고 있던 적이 퇴로가 차단된 것을 알고 북으로 도주하기 시작하자, 제7기병연대는 한포리에서 매복하였다가 이를 기습하여 큰 전과를 올렸다.

⑤ 제5기병연대의 금천 점령: 10. 14 날이 새기전에 제5기병연대는 신속히 금천시를 에워쌌다.

제2대대는 동쪽으로부터 시내로 진입하여 적을 소탕한 후 서북방향의 한포리로 올라가 이날 오후 제7기병연대와 합류했고, 제3대대는 금천을 지나 남으로 6km를 더 내려가 이날 오후 제8기병연대와 연결했으며, 제

1대대는 금천 시내에 주둔하였다.

아군은 금천을 점령함으로써 서부전선에서 북진의 돌파구를 크게 터놓은 결과가 되었다.

5. 사리원으로의 진격

(1) 상황

금천을 점령한 미 제1군단은 10. 15에 중앙의 제1기병사단을 주공, 좌우의 제24사단과 국군 제1사단을 조공으로 하여 평양으로의 진격을 재개하였다.

특히 미 제1군단장이 제1기병사단과 제24사단중 먼저 사리원을 점령하는 부대에게 평양 공격의 주공을 맡길 것을 선언함에 따라 예하 각 부대는 평양공격의 우선권을 놓고 사리원을 향하여 치열한 경쟁을 전개하였다.

(2) 경과

① 제1기병사단: 10. 15 아침 제7기병연대를 선두로 한포리로부터 남천점을 향해 공격을 개시, 이날 저녁 남천점을 점령했다. 10. 16 남천점으로 들어가는 통로는 영 제27여단, 제5기병연대, 제24사단 예하의 제13연대 등 각 부대 차량으로 혼잡을 이루었다.

영 제27여단은 서흥리에서 제7기병연대를 제치고 사리원을 향해 진격했으며, 제5기병연대는 제24사단 예하의 제19연대와 더불어 남천점에서 방향을 서쪽으로 전환하여 제5기병연대는 서흥리 방향으로, 제19연대는 재령을 거쳐 사리원 방향으로 우회하였다.

10. 17 영 제27여단은 아군의 포격으로 잿더미가 된 사리원을 점령하였으며, 제7기병연대도 서흥리에서 동북방향으로 우회하여 10. 17 16:00경에는 이미 황주를 5km 앞둔 지점에 다가서고 있었다. 때마침 경비행기를 타고 상공에서 상황을 살피던 제1기병사단장은 적 패잔병이 사리원을 빠져나와 북으로 도주중인 것을 보고 제7기병연대로 하여금 1개 대대를 남쪽으로 돌려 이를 협격하도록 명령하였다. 이에 따라 제7기병연대는 제2대대를 황주로 북상케 하는 한편, 제1대대를 남하시켜 영국군과 더불어 적 패잔병들을 남북으로부터 협격하여 1,700여 명의 포로를 획득하는 전과를 올렸다.

② 제24사단: 군단 좌익인 제24사단은 제19연대로 하여금 사리원 방향으로 진출케 하는 한편, 제21연대는 백천과 연안을 지나 해주로 공격케 했다. 제19연대는 앞에서 기술한 바와 같이 남천점에서 서쪽으로 우회하여 사리원 남쪽으로 접근했으나 영 제27여단보다 한발 늦어 명령에 따라 방향을 되돌려 서쪽으로 우회하게 되었다.

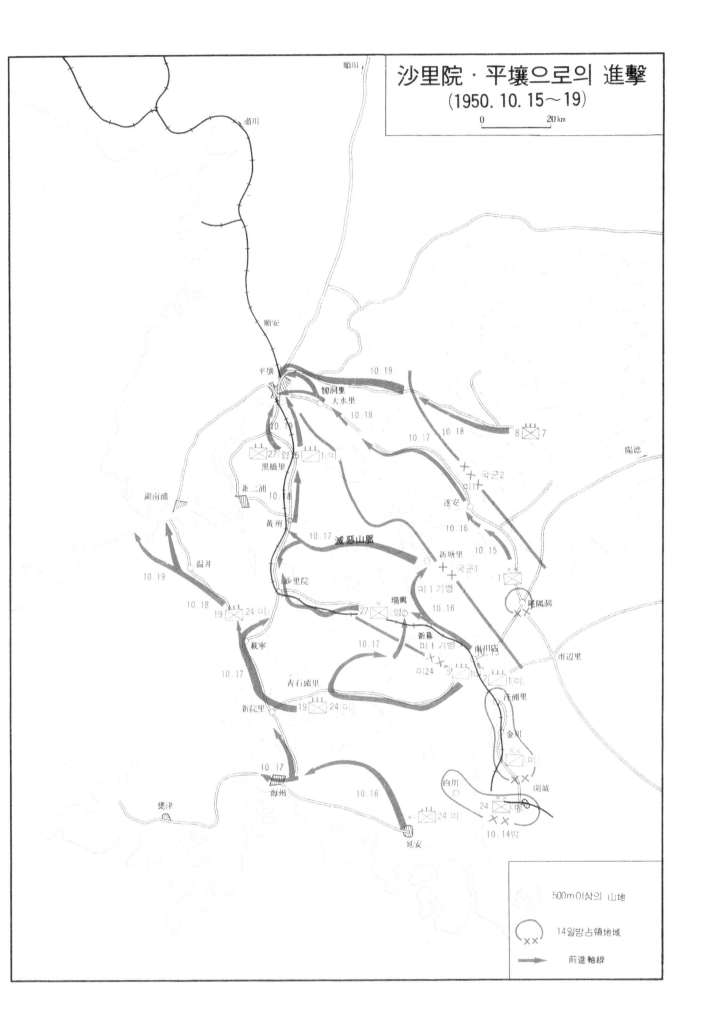

沙里院・平壤으로의 進擊
(1950. 10. 15~19)

6. 평양 입성

(1) 상황

① 아군: 미 제1기병사단은 배속된 영 제27여단이 사리원을 선점함에 따라 평양 공격의 주공을 맡게 되었으며, 동쪽에서 북상중에 있는 군단 우익인 국군 제1사단과 더불어 평양을 향한 또 하나의 경주가 벌어지게 되었다.

② 적군: 주력을 철수시키고 후퇴중인 패잔병과 대병력으로 평양을 사수하고자 대동강의 남북강안 일대에 방어진지를 구축하고, 시내에는 견고한 요새진지를 준비, 아군의 공격에 대비함과 동시에 출혈을 강요하고자 하였다.

(2) 경과

① 국군 제1사단: 10. 11 고랑포에서 38선을 돌파한 후 시변리를 거쳐 10. 14 밤에는 신계로 돌입했으며, 미우동 일대에서는 전차와 포병의 지원을 받아 제법 완강하게 버티고 나오는 연대규모의 북한군을 아군기의 항공폭격과 전차포 사격으로 무찌른 다음 10. 16 수안으로 진출하였다.

수안에서 평양까지의 거리는 불과 65km, 국군 제1사단은 평양선착의 영예를 건 경쟁에서 마침내 미 제1기병사단을 제치고 한발 앞서기 시작하였다.

"만난을 무릅쓰고 평양만은 반드시 우리손으로 찾으라"는 이승만 대통령의 간곡한 당부에 따라 국군은 중서부의 험한 산길을 하루 평균 약 25km의 속도록 진격했으며, 이것은 경의국도를 따라 올라가는 미 제1기병사단의 하루 평균 약 18km의 진격속도를 훨씬 능가하는 것이었다.

10. 17 국군 제1사단은 평양 동남방 38km 지점인 율리~상원 일대로 진출했으며, 10. 19 오전 사단 선봉인 제15연대는 율리에서 주력과 떨어져 더욱 깊숙이 북상하여 대동강 상류에서 도하한 후 모란봉을 동북쪽으로부터 공격하여 14:00경에 이르기까지 평양시내의 주요 건물에 태극기를 게양하였다.

한편 상원일대의 국군 제11연대와 제12연대도 10. 19 배속된 미 전차중대를 앞세워 동평양으로 돌입하여 미림비행장을 비롯한 주요 시설물을 차례로 점령하였다.

② 미 제1기병사단: 국군 제1사단의 가장 유력한 경쟁부대로서 예하 제7기병연대를 선두로 평양 남방 40km 지점의 황주를 점령한 후 10. 18에는 흑교리로 진출하였으며, 10. 19 예하 제5기병연대가 국군보다 한발 뒤늦게 평양에 입성하였다.

③ 국군 제7사단: 중동부전선을 훑어 올라온 국군 제2군단 예하의 제6, 7, 8사단도 원산~양덕~성천~강동을 잇는 평원선에 이르러 방향을 서쪽으로 전환한 후 평양을 동북방향으로부터 공격할 기세였다.

그러나 평원선을 따라 성천에서 강동으로 다가서고 있던 국군 제6사단과 제8사단은 육군본부의 새로운 명령에 따라 방향을 북쪽으로 돌려 국경을 향해 진격했으며, 제7사단 8연대는 대동강을 건너 평양시로 들어가 맨 북쪽에 있는 김일성 대학과 방송국을 점령한 다음 서북쪽 외곽으로 밀고 나아갔다.

④ 적의 저항: 북한군은 이 무렵, 앞으로의 작전을 위하여 주력을 청천강 이북으로 빼낸 다음 평양에서는 다만 아군의 진출을 늦추기 위한 지연전을 꾀하려는 것 같았다. 북한군 제17, 32사단이 평양을 방어하기 위해 투입되었는데 그 병력은 모두 합하여 8,000명을 넘지 못할 것으로 판단되었다.

국군 제1사단이 서부의 미군을 뒤로 제치고 맨 먼저 평양 동남방 외곽에 나타나기 시작하자, 적은 다른 어느 곳보다도 국군 정면에 많은 대인지뢰와 대전차지뢰를 매설하고 완강한 저항을 꾀하고 나왔으니, 그것은 국군 제1사단이 대동강 상류를 건너 적의 퇴로를 단숨에 차단할 수 있는 가장 위협적인 위치에 와있기 때문이었다.

또한 적은 평양 시내의 곳곳에 모래주머니와 철조망 등으로 장애물을 설치하는 한편 도로에 수많은 지뢰를 매설하고 고지대에는 견고한 참호진지를 구축하여 조직적인 저항을 기도하였다.

그러나 적 병력의 절반 이상은 강제로 끌려나온 이른바 의용군 또는 고령자들이어서 전의는 보잘 것 없었으며, 국군이 진입하자 대부분 집단투항하거나 도주하고 말았으며, 거리에는 적이 버리고 간 소총과 시동이 걸린채 내팽개친 트럭들이 즐비하였다.

⑤ 미 제8군의 인디언 헤드(Indian Head) 특공작전: 10. 20 평양 시내의 적은 완전히 소탕되었다.

그러나 평양에 먼저 입성한 국군은 마지막 단계에서 상당한 분량의 귀중한 정치 및 군사관계 정보자료를 미군에게 고스란히 넘겨주고 말았다.

즉, 미 제8군은 평양 점령이 가까워오자 인디언 헤드 특공대를 편성하여 미 제1기병사단의 선두부대와 함께 평양으로 들여보내, 10. 20에는 국군의 안내로 다량의 북한 정치 및 군사관련 자료를 입수하여 유엔군사령부로 넘겼다.

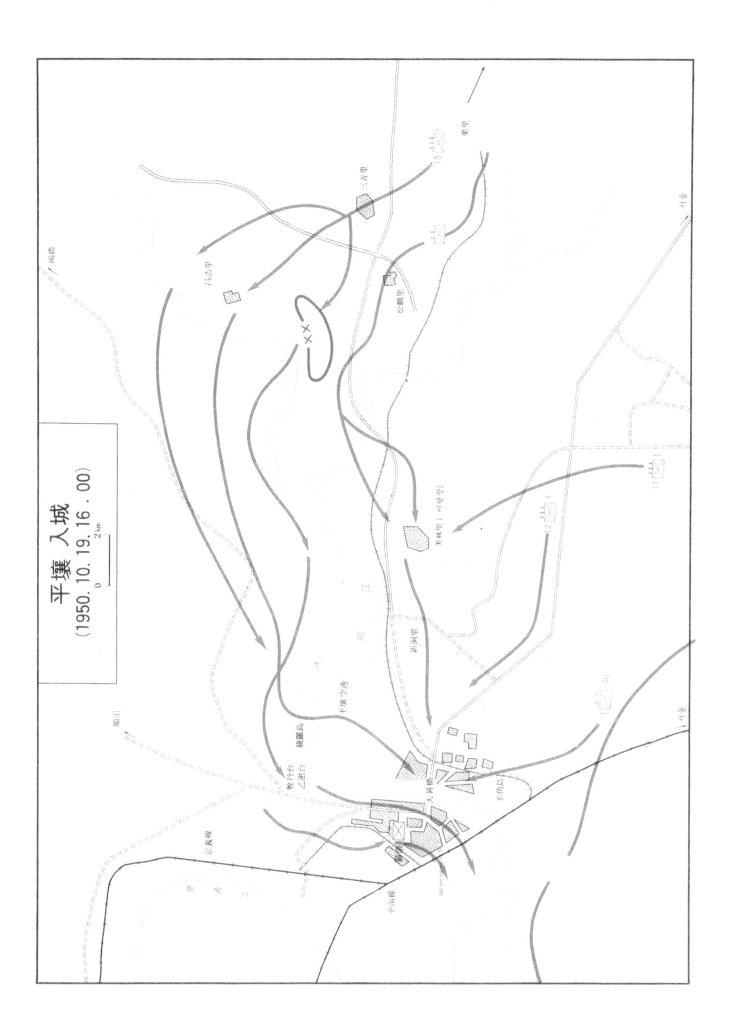

平壤 入城
(1950. 10. 19. 16 . 00)

§4. 압록강으로의 진격

1. 숙천·순천지구 공수작전

(1) 상황

유엔군의 평양입성이 눈앞에 다가오자 맥아더는 미 제8군과 제10군단이 한반도의 허리부분에서 연결하여 적의 주력을 포착 섬멸한다는 구상하에 평양 북쪽 약 48 km 지점의 숙천과 순천 일대에 기습적인 수직포위를 감행, 되도록 많은 수의 적 주력과 요인을 사로잡는 동시에 아군 포로들을 구출하기로 결심하여 당시 유엔군 총사령부의 예비대로 김포에 주둔하고 있던 미 제187공수연대에 출동명령을 하달하였다.

(2) 경과

미 제187공수연대는 10. 20 심야의 정적을 깨뜨리고 02:30에 기상하여 폭우를 무릅쓰고 출동하였다.

대원들은 비행장으로 나가 기상이 호전되기를 기다렸다. 정오가 좀 못되어 날씨가 개기 시작하자 공수대원들은 일본에 기지를 둔 미 제314 및 21수송비행대의 C-119 수송기, C-47 수송기 등 113대에 분승하였는데 수송기마다 만재(滿載)였다.

표준형인 C-119기는 1열에 23명씩 2열로 46명이 탑승하게 되어 있으며, 15개의 단식 투하장치와 4개의 투하문이 있다.

연대장이 탑승한 첫 수송기는 정오에 이륙하였고, 모든 비행기는 한강 하구 상공에서 집결후 서해안을 따라 북상을 시작하였는데, 약 2,800명의 병력이 탑승하고 있었다.

수송기가 낙하지점에 접근했을 때 선두의 전투기는 로켓포를 발사하고 지상을 맹렬히 폭격하였으며, 주공부대(제1, 3대대)는 경의선상에 있는 숙천지구에 낙하하기 시작하였다. 이때 적의 대공사격은 없었고, 낙하지역에서 간혹 저격사격이 있었을 뿐이었다.

① 제1대대: 낙하 제1진으로서 14:00 정각 동남방 일대에 연대장 보웬(Frank S. Bowen) 대령과 연대본부 및 본부중대, 그리고 공병, 의무 등의 지원부대와 더불어 대대병력 약 1,470명이 낙하하였으며, 이어서 약 74톤에 달하는 연대 편제장비가 투하되었다.

제1대대 병력은 곧 숙천 동쪽의 97고지를 점령하여 연대지휘소를 설치한 후, 이어서 북쪽의 104고지를 점령하여 적 퇴로를 차단하였다.

목표탈취가 끝난 17:00에 이르기까지 대대의 병력 손실은 전혀 없었고, 적 사살 5명, 포로 42명의 전과를 올렸다.

② 제3대대: 제1대대에 이어 숙천 남쪽 약 3km 지점에 투하하여 이곳을 지나는 도로와 철도를 차단하였다.

③ 제2대대: 순천 일대에 무저항리에 낙하하여 어둠이 깔릴 무렵까지 목표탈취를 완료하였다. 2개 중대는 순천 외곽의 남쪽과 서쪽으로 진출하여 근방의 도로를 차단하였으며, 동시에 다른 1개 중대는 곧장 순천 시내로 돌입하여 마침 중부전선에 올라온 국군 제6사단과 합류하였다.

성공적으로 목표지점에 낙하한 제187공수연대의 주력은 평양으로부터 북상중인 우군 지상부대와 손잡기 위하여 제3대대를 앞세워 남하하다가 숙천 남쪽 약 13km 지점의 영유~어파리 일대에서 적 패잔부대(북한군 제293연대 병력 약 2,500명)와 부딪혀 10. 21~22 이틀 동안 치열한 격전을 벌였다.

아군은 한때 고전을 면치 못했으나, 때마침 북상중이던 미 제1군단의 선봉인 영 제27여단에 의해 구출되었으며, 북한군 제239연대는 대타격을 입어 사실상 소멸되었다.

영유~어파리 일대에서의 전투가 진행되고 있을 때, 제2대대는 순천에 그대로 남아있었으며, 국군 제6사단 병력들이 순천 시내의 잔적을 소탕하였다.

(3) 결과 및 의의

맥아더 원수의 예상과는 달리 적의 수뇌부와 주력은 공수작전 개시에 앞서 이미 10. 12에 평양을 버리고 북으로 도주했으며, 미군 및 국군포로들도 작전개시 이전에 북으로 끌려가 구출되지 못하였다.

그러나 미 제187공수연대는 첫날 낙하에서 46명, 적과의 교전에서 65명의 사상자를 낸 반면, 3,818명의 적 포로를 사로잡는 큰 전과를 거둔 후 숙천 일대를 영 제27여단에게 넘겨주고 10. 23 평양으로 내려왔다.

숙천·순천지구 공수작전은 전투상황에서 많은 수량의 중장비가 투하되고, 또한 그것이 C-119기에 의해서 이루어진 전사상 최초의 예이다.

낙하 첫날(10. 20)과 그 이튿날 사이에 숙천·순천 일대에 투하한 병력과 장비의 규모는 다음과 같다.

① 병력: 4,000명

② 장비 및 보급품: 105mm 곡사포 12문, 90mm 대공포 4문, 1/4톤 트레일러 39량, 지프차 39대, 3/4톤 트럭 4대, 기타 탄약·연료·전투식량·음료수를 비롯한 보급품 약 584톤 등 모두 600톤

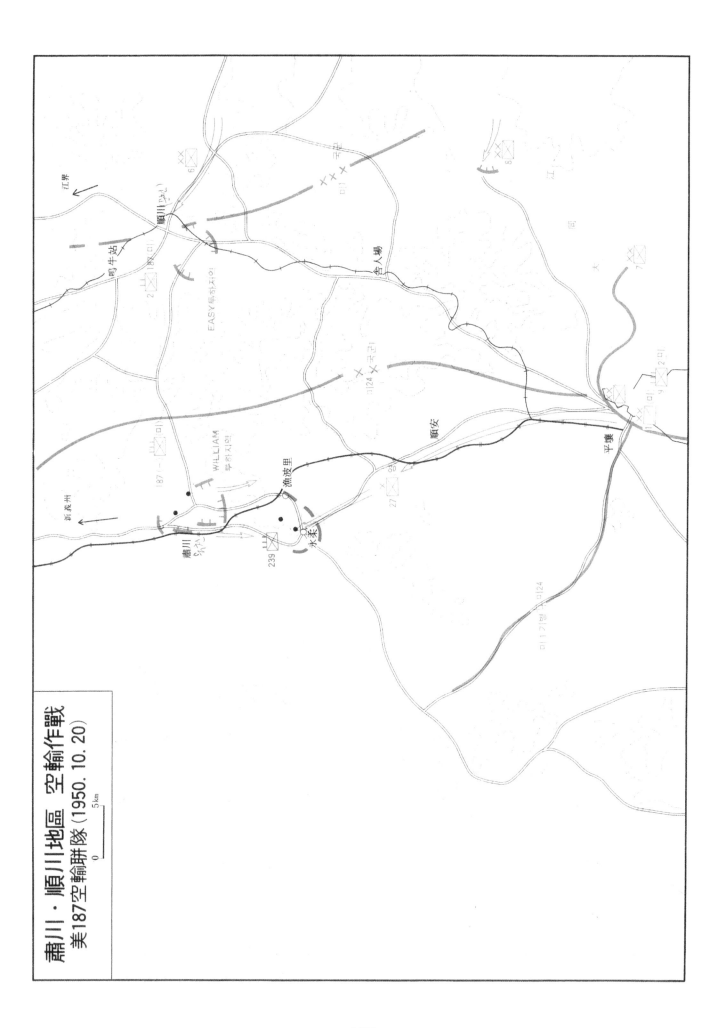

肅川・順川地區 空輸作戰
美187空輸聯隊 (1950. 10. 20)

0　　　5 km

2. 미 제10군단의 원산 상륙

(1) 상륙준비 및 계획

유엔군총사령부의 '작전명령 제2호'가 하달되기 하루 전인 10. 1 맥아더 원수는 미 제10군단장 알몬드(Edward M. Almond) 소장과 미 제7함대사령관 스트러블(Arthur D. Struble) 제독에게 원산 상륙작전을 위한 준비명령을 하달하였다.

이에 따라 스트러블 제독은 제7연합기동함대를 편성, 청진 이남의 모든 해안을 봉쇄하였다.

한편 미 제10군단은 제8군 휘하의 제1군단에게 10. 2부터 경인지구를 인계하기 시작하여 10. 7 정오에 완전히 완료한 후 유엔군총사령부의 예비가 되었다.

10. 4에 하달된 미 제10군단의 작전명령에 의하면 미 제1해병사단은 인천에서, 미 제7사단은 부산에서 각각 승선한 다음 해병대가 D일 원산에 기습상륙하여 교두보를 확보한 후, 제7사단이 상륙하여 서쪽으로 나아가 서부의 제8군과 연결할 계획이었다(맥아더는 상륙일, 즉 D일을 처음엔 10. 15로 했다가, 그 후 10. 20으로 연기했음).

(2) 상륙작전계획의 문제점

10. 6 정오를 기하여 인천항의 모든 하역작업이 중단되고 미 제1해병사단의 승선이 개시되었다.

그러나 다음과 같은 문제점을 노출시켰다.

① 인천항의 천연조건은 항만이 좁고 간석지가 넓어서 상륙정을 한번에 7척밖에 댈 수 없었고, 그나마 만조때에만 가능하였다.

② 인천항의 항만시설과 하역장비가 부족하여 상륙작전을 위한 전투적재를 신속히 할 수 없었다. 따라서 승선작업에만 10일이 소요되었다.

③ 미 제7사단이 철도와 차량편으로 부산으로 이동하는 중에 적 유격대의 기습공격으로 두차례나 큰 규모의 접전을 치러야 했다.

④ 원산~홍남 수역에 설치된 수많은 기뢰와 적의 방해포격으로 상륙이 지연되었다.

10. 19 원산 수역에 도달한 미 제1해병사단은 일주일 동안을 바다위에서 하품이 저절로 나오는 시간 보내기 항해를 계속하게 되어 해병들 사이에 '요요(yoyo) 작전'이란 유행어가 퍼지게 되었으며, 결국 미 제1해병사단은 10. 26에야 상륙을 개시하여 10. 28에 완료하였다.

(3) 의의

국군 제1군단이 10. 10에 이미 제3사단을 선두로 하여 원산을 점령한 뒤이기 때문에 미 제10군단의 원산 상륙의 전술적 의의는 상실되었으며, 단지 '행정적 상륙'에 불과하였다.

한편 10. 27에야 항해를 개시한 미 제7사단은 원래의 계획을 수정하여 국군이 이미 휩쓸고 지나간 이원으로 올라가 10. 29 그곳에 상륙한 후, 맥아더의 새로운 명령(10. 17일자)에 따라 혜산진을 향해 북상하였다.

3. 웨이크(Wake)섬 회담과 유엔군의 북진한계선

유엔군이 38선을 넘어서자 중공은 한국전에 개입할 의사를 공식적으로 표명하였다.

그러나 미국은 10월 초의 유리한 전세에 자극되어, 미 합참은 '9. 27 훈령'을 수정하여 10. 9 또 하나의 훈령을 맥아더에게 보내 앞으로 중공군이 개입해 올 경우 "귀하의 판단에 따라 주어진 임무를 성공적으로 수행할 수 있는 기회와 여건이 존재하는 한 전투를 계속할 수 있다"고 하였다.

이에 따라 맥아더는 중공군이 개입해 오더라도 자신의 판단에 따라 전투를 계속할 수 있게 되었으며, 조기종전을 낙관시하는 경향이 증대되었다.

미 행정부와 군수뇌부가 모두 중공군 개입의 가능성을 경시하면서 조기종전을 낙관하고 있었다는 사실은 10. 15 웨이크섬에서 열린 트루만 대통령과 맥아더 원수의 회담에서 더욱 뚜렷해졌다.

이 회담에서 트루만 대통령은 맥아더의 호언장담에 크게 만족을 표시하였으며, 맥아더는 웨이크섬 회담 이후 유엔군의 북진한계선을 아예 없애버렸는데, 북진한계선의 변경과정은 다음과 같다.

① 유엔군총사령부 '작전명령 제2호(10. 2)'에 의한 북진한계선: 정주(서해안)~군우리~영원~함흥~홍남(동해안)

② 유엔군총사령부 '작전명령 제4호(10. 17)'에 의한 북진한계선(맥아더선): 서천(서해안)~고인동~평원~풍산~성진(동해안)

③ 10. 24 북진한계선 철폐

이에 따라 한·만국경 이남의 모든 작전제한선이 철폐되고, 국군과 유엔군의 모든 지상부대가 국경을 향하여 진격하게 되었다.

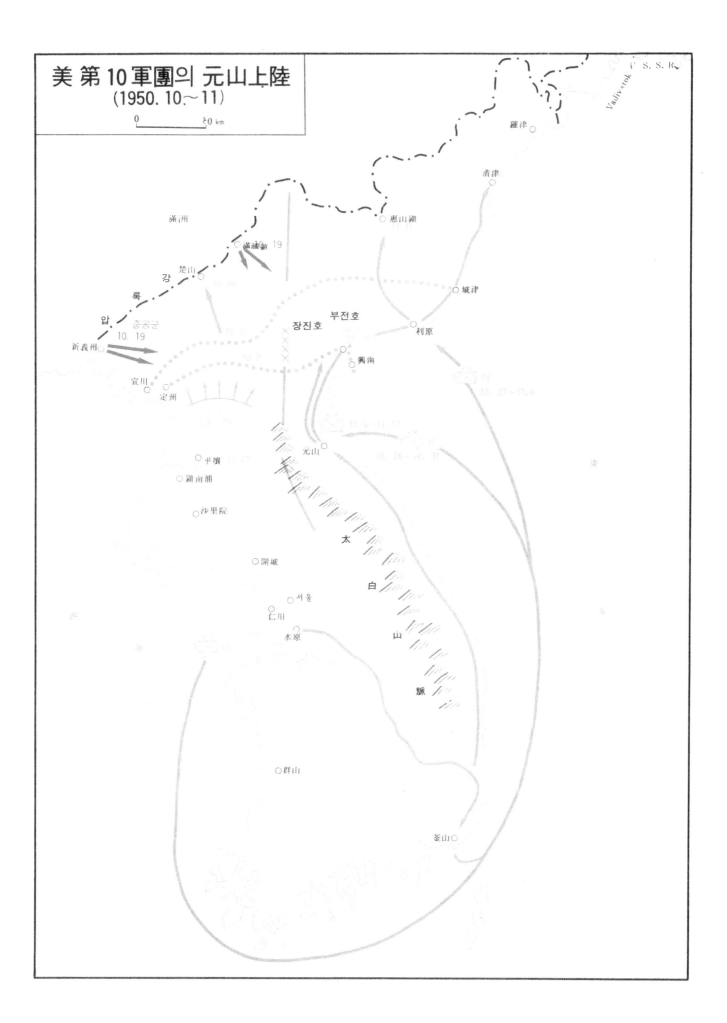

美 第10軍團의 元山上陸
(1950.10~11)

4. 압록강을 향한 총진격

(1) 경과

① 미 제1군단의 진격: 평양을 점령한 10. 20 미 제1군단장 밀번(Frank W. Milburn) 소장은 '맥아더선'으로의 북진을 명령, 이에 따라 주공을 맡게 된 미 제24사단은 영 제27여단을 선두로 진격하고, 그 동쪽에는 국군 제1사단이 미 전차대를 앞세워 나란히 진격하였다.

한편 미 제1기병사단과 국군 제7사단은 미 제8군의 예비로 평양에 주둔하였다.

영 제27여단은 10. 21 정오 대동강을 건너 국도를 따라 북진, 10. 22 아침 영유에서 북한 제239연대를 섬멸한 다음, 숙천을 지나 10. 23 국군 제1사단의 선두 전차대보다 몇 시간 늦게 신안주로 진출하여, 10. 24 그곳에서 청천강을 도하하는 한편, 여단의 주력과 차량들은 안주의 교량에서 국군을 따라 도하하였다.

한편 국군 제1사단은 10. 23 군우리에서 청천강을 따라 안주로 진출했으며, 안주의 파괴된 교량을 복구하여 10. 23~24 이틀동안 청천강을 도하, 배속된 미 D 전차중대를 선두로 운산으로 돌입하였다.

② 국군 제2군단의 진격: 미 제1군단이 서부에서 압록강을 향해 진격하고 있을 때, 미 제8군의 우익을 담당한 국군 제2군단은 청천강 상류의 험산준령을 넘어 마지막 공세에 더욱 박차를 가하였다.

한편 김일성 일파는 패잔병을 이끌고 북부 산악지대의 거점인 강계~만포진 일대로 들어가 최후의 저항을 시도하였다.

국군 제6사단은 군우리와 구장동을 거쳐 10. 23 밤 희천으로 돌입했으며, 다시 방향을 서쪽으로 돌려 북진과 온정으로 진출한 후 압록강변의 초산으로 들어갈 태세를 갖추었다.

한편 미 제8군 최우측부대인 국군 제8사단은 10. 23 밤 덕천으로 돌입한 다음 그대로 북상하여 10. 25부터는 구장동을 공격하였다.

③ 국군 제1군단의 진격: 미 제10군단의 원산 상륙이 입박한 가운데 서천과 풍산을 향해 북진중이었으며, 대체로 서부전선의 진출과 균형을 이루었다.

(2) 결과 및 분석

맥아더 원수는 유엔군의 선두부대가 청천강을 넘어서자 10. 24 드디어 유엔군의 북진한계선을 없애고 전 부대에게 국경으로의 진격을 명령하였다.

그러나 북진해 올라갈수록 지형은 험해지고 정면은 넓어져서 서부전선과 동부전선 사이에는 약 50마일의 넓은 공간이 형성되어 중공군의 침투로를 제공하는 결과를 초래하였다. 특히 각 부대간의 경쟁적인 북진은 인접부대와의 통신연락과 지원 및 협조를 곤란하게 했을 뿐만 아니라, 병력을 극도로 분산시키게 되어 적이 아군의 후방으로 침투하는 경우 아군 부대들이 곳곳에서 고립된 상태하에 각개격파될 가능성이 컸다.

5. 국군의 초산 돌입

(1) 상황

서부전선의 주공인 미 제24사단은 영 제27여단을 선두로 경의국도를 따라 북진중에 있었다. 영 제27여단은 10. 25 박천부근에서 청천강의 지류인 대령강을 도하한 후 10. 29에는 호주대대를 선두로 정주를 공격하여 10. 30 아침에 정주시로 돌입하였다.

미 제24사단은 정주를 점령한 후 11. 1 정오부터는 선두부대를 교체하여 제21연대 1대대(스미스 부대)를 선봉으로 하여 정거동으로 돌입하였다. 그러나 제21연대는 정거동에서 약 27㎞ 떨어져 있는 신의주로 진출하려는 순간에 사단장으로부터 진격 정지명령을 받았다.

한편 미 제24사단에 배속되어 사단 우측정면을 담당한 제5연대전투단은 10. 28 박천 북쪽에서 분진, 10. 29 태천으로 돌입하고, 11. 1 정오 그 선두부대가 구성을 지나 북쪽으로 약 16㎞ 진출한 순간에 아군 연락기가 투하한 통신통(通信筒)을 통하여 역시 진격 정지명령을 받았다.

이날 오후부터 서부전선의 유엔군의 북진은 일제히 정지되었으며, 23:00에는 다시 청천강선으로 철수하라는 명령이 하달되었다.

이러한 순간에도 국군 제2군단 예하 제6사단은 초산으로, 제8사단은 만포진으로 각각 진격하고 있었다.

(2) 국군 제6사단의 초산 입성

국군 제6사단은 북진과 온정까지 진출했다가 다시 우측 제7연대가 고장을 거쳐 초산으로, 좌측 제2연대가 벽동으로 각각 진출하는 한편 제19연대는 예비가 되었다.

사단 선봉인 제7연대는 다시 제1대대를 선두로 제2대대와 제3대대를 뒤따르게 하여 초산을 향해 진격하였으며, 10. 26 제7연대의 선두 수색소대는 적의 기관총 사격을 무릅쓰고 초산을 통과, 곧장 압록강에 도달하여 14:15에 태극기를 꽂았다.

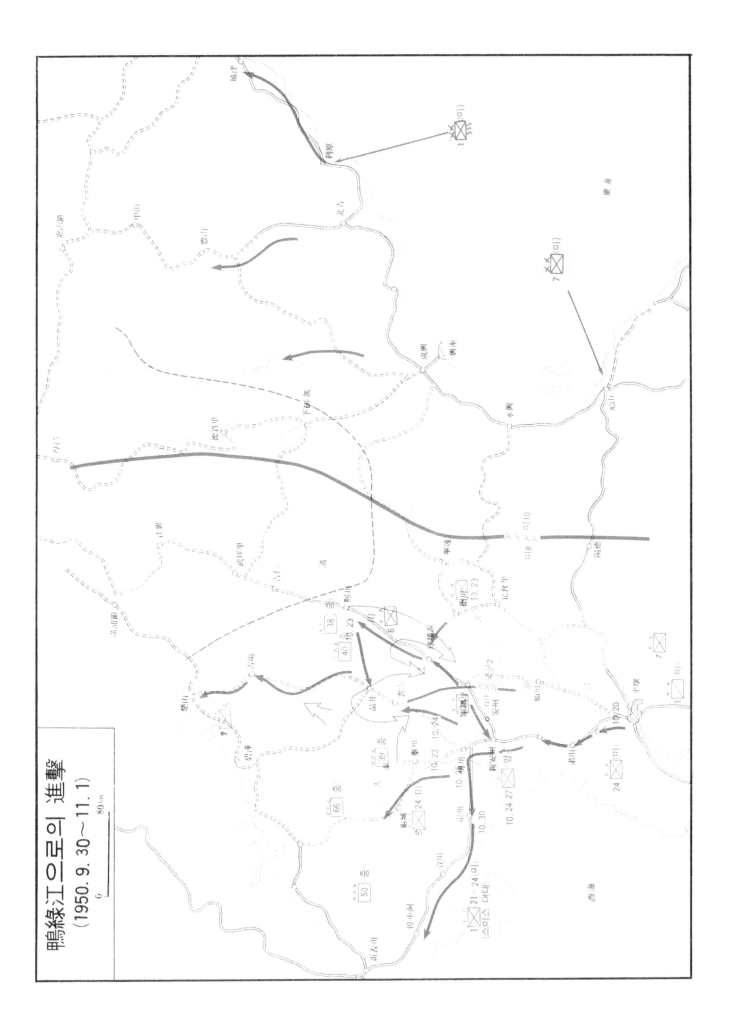

鴨綠江으로의 進擊
(1950. 9. 30∼11. 1)

제7장 중공군 개입

§1. 중공군 개입의 배경

1. 유엔군의 판단

1950. 10월 말 국군 및 유엔군은 승리를 확신하며 맹렬한 속도로 국경선을 향하여 진출, 국군 제2군단이 미 제8군과 함께 압록강 방면으로, 국군 제1군단은 미 제10군단과 함께 두만강으로 각각 접근하고 있었다.

서부지역에서는 10. 26 국군 제6사단이 초산으로 돌입함으로써 압록강에 도달한 최선봉부대가 되었으며, 10. 30 정주와 구성이 점령되었다.

동부지역의 미 제10군단 역시 4개의 축선으로 동해안의 항구와 주요 통신축선을 점령하면서 진격중이었다.

한편 중공군 개입 가능성은 이미 아군의 38선 돌파와 동시에 수차에 걸쳐 시사되었으나, 워싱턴 당국은 이를 외면하고 있었다.

미국은 중공이 8년간의 항일전쟁과 4년간의 내전을 치루었으며, 1949. 10월에야 비로소 대만과 금문도를 제외한 전 영토를 장악하는 등 장기간 전쟁을 수행하여 왔기 때문에 다른 나라에 대한 적극적인 군사 간섭이 불가능할 것으로 본 것이다.

개전 초 미국은 제7함대로 대만해협을 차단하여 중공의 대만 침공과 국부군의 본토 반격을 동시에 견제하면서 대만의 중립화안을 유엔에 상정하였다.

이러한 조치는 대만의 군사적 행동만 견제당하고, 중공의 군사적 행동은 오히려 확실하게 자유를 보장시켜주는 결과로 나타나, 광동성지역의 중공 제3, 제4야전군은 1950. 6월 하순부터 만주로 북상을 개시할 수 있었다.

이를 탐지한 대만정부는 1950. 7. 3 3개 보병사단 (33,000명)의 파한을 제의하였으나 거절되었다.

아군이 중공군의 개입을 확인하기 까지의 과정은 다음과 같다.

(1) 1950. 9. 8 대만정부는 임표 휘하의 중공 제4야전군이 한국전쟁에 개입할 것이라고 통보하였으나, 유엔군 수뇌는 이를 불신하였다.

(2) 1950. 9월 말 대만정부는 일일보고서에 8월 14일자로, 중공군 25만명을 북한군 지원을 위해 파견한다는 중공 고위층의 결정설을 수록하였다.

(3) 1950. 10. 15 웨이크섬 회담의 결과 미국은 중공군의 개입은 1, 2개월 이내에는 가능성이 희박하다고 결론지었으며, 만일 개입한다해도 5~6만명이 국경을 넘어올 것이며, 이 병력마저도 평양까지 도달하기 전에 공군력으로 궤멸시킬 수 있을 것으로 보았다. 그러나 이때 이미 15만명 이상의 중공군이 북한에 잠입하고 있었다.

(4) 1950. 10월 하순 국군이 최초로 중공군 포로를 획득하였으나, 미군은 신빙성을 인정하기를 주저하였다.

(5) 1950. 11. 3 중공 공산당은 만주에 중공군 50만명과 만주지방근무대 36만명, 계 86만명의 병력이 존재한다고 발표하였다.

(6) 1950. 11. 6 맥아더 원수는 특별성명을 통하여 중공군의 개입을 공식발표하였으나, 그 규모와 능력에 대한 오판이 아주 심하였다.

유엔군 수뇌부가 중공군 개입에 대하여 판단 착오를 범하게 된 요인은 두 가지로 요약될 수 있다.

첫째, 중공군의 기만술책이다.

중공군은 고도의 행군 군기를 유지하여 야간(19:00~03:00)에만 산간도로를 따라 1일 평균 약 30km을 행군, 이동하였으며, 05:00까지는 모든 대공대책을 완료하고 숙영활동만 전개함으로써 유엔군의 주간 항공정찰에 포착되지 않았다.

또한 직접적인 개입 인상을 회피하기 위하여 부대명칭을 의용군으로 변경하였고, 단위대 호칭 역시 변경하였다.

둘째, 유엔군 자체내의 실책이다.

수차에 걸친 중공당국의 개입 시사를 외교적인 위협으로만 간주하였고, 제2차대전 이후 새로운 전술방식으로 부각된 항공능력을 과신하였던 것이다.

여하한 전술적인 기동도 항공기의 정찰, 특히 항공사진의 분석 등으로 모든 것이 노출될 수밖에 없다고 믿었고, 일단 분석된 자료만 있으면 항공폭격으로 차단 가능하다고 여긴 것이다. 게다가 민간인들이 제공하는 각종 정보를 믿지 않았기 때문에 눈이 멀고 귀가 막힌 꼴이 되었다.

또한 원시적인 중공군의 능력으로서 감히 국경선을 넘어 세계최강으로 불리는 기계화된 미군에 대적하지 못할 것으로 자만하였다.

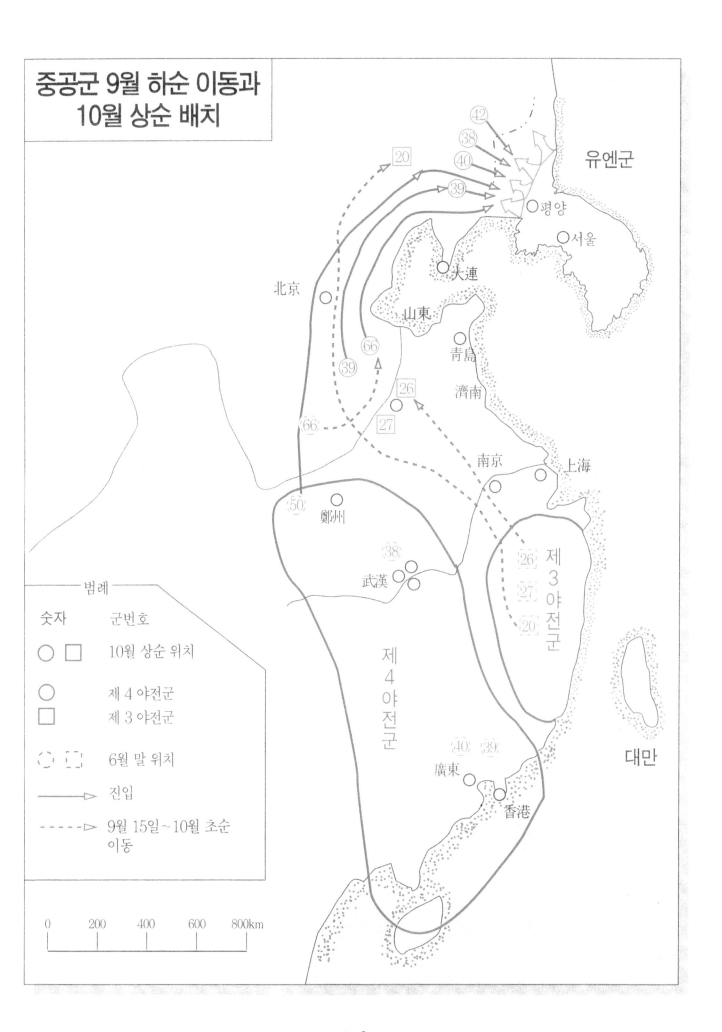

중공군 9월 하순 이동과
10월 상순 배치

유엔군

20

42
38
40
39

평양
서울

北京

大連

山東

靑島

濟南

66

39

66

26

27

南京
上海

50
鄭州

38

武漢

26
27
20

제
3
야
전
군

제
4
야
전
군

대만

40 39
廣東
香港

범례

숫자   군번호

○ □   10월 상순 위치

○   제 4 야전군

□   제 3 야전군

○ □   6월 말 위치

———▷   진입

------▷   9월 15일~10월 초순
           이동

0   200   400   600   800km

113

2. 중공군의 개입 결정

(1) 개입 동기

1949. 10. 1 공산주의 국가로 출범한 중공은, 첫째, 한반도 북쪽에 북한집단이라는 정치적 실체를 존손케 하여 한반도가 중공을 반대하는 세력 아래 통일되는 것을 막음으로써 동북공업지대의 전원(수풍발전소)을 확보하면서, 한걸음 더 나아가 국방상의 안전을 기하는 동시에 이것이 달성된 연후에는 동양에서 정치적 주도권을 장악할 수 있고, 이를 바탕으로 전 동남아의 공산활동을 직접, 간접으로 지원하여 영향력을 확대함으로써 중공을 세계의 중심국가로 도약시킬 발판을 구축할 수 있게 하고, 둘째, 중공의 이익에 상반되는 미·일간의 강력한 반공군사동맹 형성을 경계, 일본의 재군비와 미·일의 제휴를 견제하기 위해서는 반드시 한반도내에 군사상 이점을 가져야 하며, 셋째, 북한를 지원함으로써 그 후원국인 소련의 환심을 사서 소련으로 부터의 군사 및 경제원조를 증대시키는 동시에, 대만사태에 대한 미국의 개입을 억제하며, 넷째, 중공정권 수립의 구호로 내세운 민생발전이나 대만 해방 등이 구호로 그칠 수밖에 없는 모순을 호도(糊塗)하고, 국민군 출신 등 불평분자를 정리하는 한편, 신생 정부로서의 명예를 대내외적으로 과시하려는 의도하에 한국전쟁 개입의 호기를 노리게 되었다.

중공은 북한의 불법남침 개시에 앞서 이미 1950. 4월부터 부대를 만주와 산동방면으로 조정 배치하였다.

이러한 부대 재배치는 한국전쟁 발발과 동시에 추가적으로 실시되어 7월 중순에 이르기까지 만주에 제4야전군의 18만명, 산동에 제3, 4야전군의 혼성병력 6만명이 이동배치되었다.

1950. 8. 20에 이르자 중공은 한국전쟁에 대하여 외교적으로 개입을 시작하였다. 8월 말 미국이 중공의 영토권을 반드시 존중하겠다는 공약을 내걸었으나, 중공은 이를 일종의 침략적 가면으로 간주하였고, 9. 15 인천 상륙작전이 감행되자 남부중국의 부대를 끌어올려 18만명의 만주주둔 제4야전군을 32만명으로 강화하고, 기타 부대를 산동에 집결시켜 예비대로 대기시켰다.

이어 유엔군의 38선 돌파를 억제하기 위한 외교적 위협을 계속하던 중, 9. 29 유엔에서 중공을 한국문제 토의에 처음으로 참석시키기로 결정하자, 중공은 이를 유엔군이 북진을 감행하는 동안 그들의 손을 묶어두려는 술책으로 간주, 북한지역으로 중공군을 잠입시켰다.

중공은 한국전쟁에 개입할 경우, 천(天, 동계는 미 공군과 기갑부대의 활동을 제한), 지(地, 미군은 산악전에 약하며, 북한지역은 산악지형), 물(物, 天과 地의 영향으로 보급선은 48~80km가 유효한데 미군의 보급선은 과도하게 신장), 시(時, 중공군이 개입하면 미군의 진출은 지체되고, 반면 북한군은 시간적 여유를 획득)의 군사적 이점을 장악하게 되어, 승산이 있다고 판단하였다.

(2) 중공군의 침입 경로

유엔군이 38선을 넘자 중공 제4야전군은 1950. 10. 19 압록강 도하를 시작하였다. 도하지점은 압록강 중류 이하 지역(평안북도내)를 선택하였다.

중공군의 침입경로는 아래와 같다.

① 심양~안동~신의주~평양: 철도망과 관계가 깊다.

② 관전~청성진~삭주: 바로 이용할 철도는 없으나 북한에 들어가면 남진에 이용할 수 있는 정주방면으로 통하는 철도가 있다.

③ 통화~집안~만포진~개천~안주: 철도망과 관계가 깊다.

④ 임강~중강진: 도로를 이용, 장진호를 거쳐 흥남 방향으로 향할 수 있어 북한지역을 중간부분에서 남북으로 차단할 수 있는 이점이 있다.

이 가운데 ①, ②침입로가 가장 중요하고 편리하여 중공군의 주력은 바로 이 두 개의 축선으로 침입해 왔다.

이들은 입북 후에는 양호한 교통망의 이용을 회피하고 북한지역의 복잡한 산악지대와 혹독한 기후를 이용하여 부대를 온정, 운산 일대에 잠입시켜 유엔군의 약점을 노리고 있었다.

(3) 전법

상대진지로 도달할 땐 악천후나 통행이 어려운 지형을 택하고, 공격시엔 소수부대로써 상대의 화력과 주의력을 유인하고 주력부대로 하여금 상대의 일익(一翼)이나 양익(兩翼)을 공격한다. 이때에 적을 포위하게 되는 것이며, 반드시 적의 작전선부터 차단한다. 제일선부대는 휴대하는 소화기외에 가능한한 많은 수류탄을 휴대한다.

방어진지 구축은 은폐되고 동굴이 있는 지역을 선택하고, 불가능할 때는 배사면에 공사를 실시하고 산꼭대기나 노출된 지점 등에는 가공사(假工事)를 실시하여 상대의 화력을 흡수시킨다.

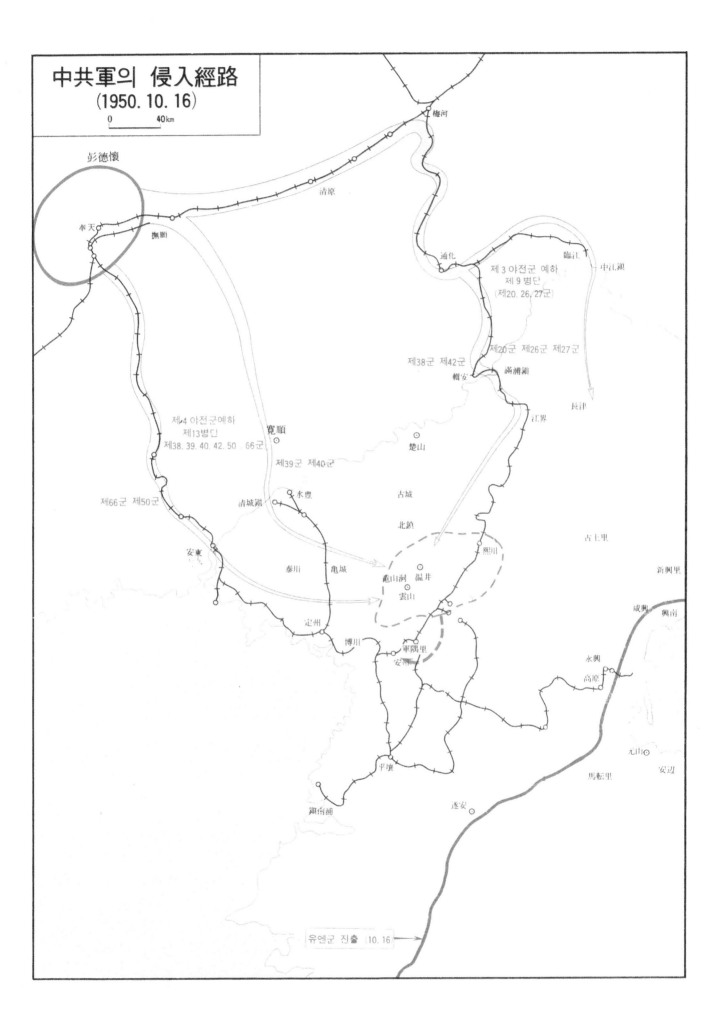

中共軍의 侵入經路
(1950. 10. 16)

0 ⎯⎯ 40km

彭德懷

梅河

清原

奉天

撫順

通化

臨江

中江鎮

제 3 야전군 예하
제 9 병단
(제20. 26. 27군)

제38군 제42군

제20군 제26군 제27군

輯安

滿浦鎭

比津

江界

제4 아전군예하
제13병단
제38. 39. 40. 42. 50 . 66군

寬順

楚山

제39군 제40군

古城

제66군 제50군

水豊

青城鎭

北鎭

古土里

新興里

安東

熙川

成興

興南

泰川

龜城

龜山洞 温井
雲山

定州

永興

高原

博川

軍隅里

安州

元山○

馬転里

安辺

平壤

逐安

鎭南浦

유엔군 진출 10. 16 →

115

§2. 전진과 후퇴

1. 중공군의 초기공세

10. 24 유엔군의 원산 상륙계획은 '요요(YoYo) 작전'으로 그쳐버렸지만, 추수감사절 이전에 전쟁을 종결시키겠다는 의도 아래 한만국경선으로의 전진에 박차를 가했다.

서부에서는 미 제8군이 국군 제2군단과 미 제1군단을 통합지휘하여, 박천~희천~영덕~영원선에서 공격하고, 동부에서는 미 제10군단이 국군 제1군단과 함께 해상이동을 병행하면서, 해안축선을 따라 전진하였다.

적은 제2전선의 유격활동을 적극화하여 아군의 후방을 교란하면서, 서부쪽에서는 청천강 이북지역을 강력한 반격지점으로 선정하고, 동부에서는 전반적으로 전략적 수세를 견지하였다.

중공군 제13병단과 북한군 제1군단은 청천강선으로 병력을 집중하여 미 제8군의 돌출부인 온정리 지역부터 공세를 전개하였다.

(1) 초산~온정리 전투
① 상황

국군 제6사단은 10. 26 14:15 제7연대가 압록강변에 도달함으로써 국경 도달 최선봉사단의 영예를 안았다(제7연대가 점령한 초산은 당시 뒤쫓기던 북한 지도부의 임시소재지인 만포진 서북방 94km지점으로, 앞으로 계속 진격할 예정이던 유엔군의 진격로상 요지였다).

국군 제6사단 제2연대는 온정리 부근, 제19연대는 희천 부근에 위치하였으며, 사령부는 희천에 주둔하고 있었다.

중공군의 작전기도는 우선 철도망을 고려, 주요 보급선으로 이용 가능한 전략적 주요 거점인 희천을 중심으로 운산~정주를 연결하는 선을 확보하려는 것이었다.

중공군은 제39군의 주력부대가 국경선 근처의 국군 제7연대 정면에 위치하고, 제40군이 온정과 희천방향으로 포병과 박격포의 화력을 이용하여 10. 26 잠행 남침하고 있었다. 중공군은 이러한 부대운용으로 제40군으로 하여금 국군 제6사단의 정면을 압박하면서 우회하여 국군 제7연대의 후방을 차단하고, 제39군은 제40군의 우회에 맞추어서 임무를 바꾸어 국군 제7연대의 정면을 견제함으로써 아군의 간격을 통한 침투를 획책하였던 것이다.

② 작전 경과

10. 26 국군 제2연대는 적에게 완전포위되었으며, 제7연대는 사단과의 연결을 위해 1개 대대만을 전방에 배치시키면서 남하를 기도하였으나, 이미 적에게 퇴로를 차단당한 후일 뿐만 아니라 신속한 부대이동에 필요한 연료와 탄약마저 없어 기동이 정지된 채(10. 26 제7연대는 군수품의 공수지원 요청) 10. 28까지 넘겼다.

한편 제2연대는 제7연대의 후방을 지원하면서 사단의 좌익을 지탱하기 위해 온정리에서 포진하려 하였으나, 이미 중공군 제40군에 의해 차단 포위당한 뒤라 부득이 온정리에서 후퇴하여 10. 28 태평으로 이동하였다.

제7연대의 남하를 엄호하기 위한 제19연대의 북상기도마저 불가능하여 이제 제7연대는 완전 고립상태에 빠졌다. 10. 29 22:30 제7연대장은 부대별 탈출이 불가능한 것으로 판단, 각개 분산행동에 의한 탈출을 결심하기에 이르렀다.

중공 제40군은 10. 26 온정리를 점령한 뒤 10. 29~30 제7연대 위치를 통과, 계속 남하하여 제19연대의 방어선도 돌파한 다음, 곧바로 청천강으로 남진, 희천에서 중공 제38군과 합류하고, 제39군과는 개천에서 합류함으로써 이제는 국군 제2군단 전체를 압박하였다.

국군 제6사단의 전선이 붕괴됨과 동시에 국군 제8사단사령부 마저도 혼란에 빠졌으나, 결국 이 방면으로 미 제1기병사단이 증원되어 정세의 안정을 되찾았다.

그러나 이러한 안정은 중공군이 진격방향을 국군 제7사단 정면으로 전환시킨 것에 더 큰 요인이 작용되었다. 즉, 중공군은 11. 5까지 계속적으로 서부지역(유엔군의 취약지구)인 우익쪽으로 맹공을 가했고, 원리를 지나 국군 제2군단사령부가 위치한 군우리를 위협함으로써 미 제2사단이 미 제1기병사단 우익으로 진출하지 않을 수 없게 만들었으며, 11. 7에 이르러 공세를 멈춤으로써 유엔군은 안정을 유지할 수 있었던 것이다.

③ 결과

정세의 안정은 이뤘으나 아군의 손실은 매우 커서 이로 말미암아 전 전선이 평균 30마일 뒤로 물러섰으며, 심지의 원산의 미 제3사단 일부 마저도 증원차 기동하게 되었다.

따라서 유엔군 전선에는 간격이 노출되어, 이후 중공군의 공세작전은 항상 이 간격을 노렸으며, 중부지역의 산악형세가 이같은 중공군의 주공방향 설정에 보탬을 주었다.

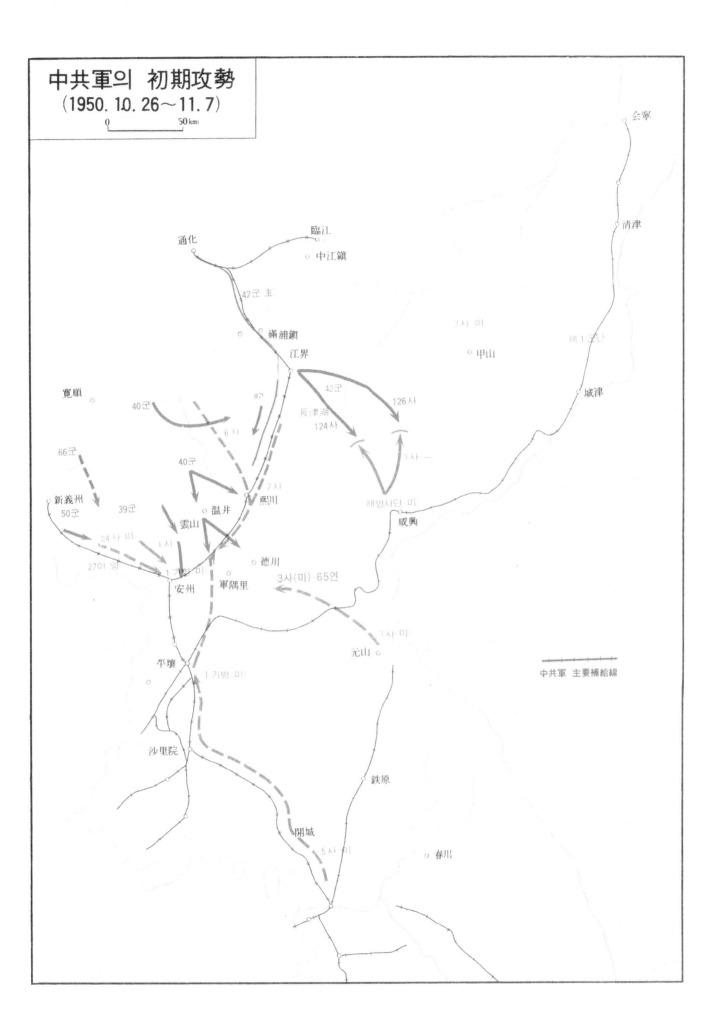

中共軍의 初期攻勢
(1950. 10. 26〜11. 7)

0　　　　50km

(2) 운산 전투

① 상황

미 제1군단의 우익부대인 국군 제1사단은 청천강을 건너 영변~운산으로 적을 추격한 다음 수풍댐으로 진격키로 되어 있었다. 이들은 초산에 이미 진격한 국군 제6사단과 보조를 맞추면서 미 제24사단과 함께 국경으로의 진출을 꾀하였다.

이들 여러 부대는 인접부대와 협동되고 연결된 상황 하에서 국경선으로 진출하지 못하고 하나의 곡선을 이루면서 경쟁적인 진출을 서둘렀다. 따라서 어느 한 부대가 차단되거나 적과 조우하면 바로 포위상태에 빠져들어갔으며, 인접부대가 즉각적인 협조작전을 펼 수 없음은 물론, 증원차 북상하는 부대 역시 적에게 쉽게 포위당하는 결과를 초래하였다.

② 작전 경과

10. 25 국군 제1사단은 운산에서 중공군과 조우하였는데, 당시 중공 제39군은 주력이 아직 운산방면으로 집결되지 못한 실정이었다. 따라서 중공 제39군은 2개 연대를 조금 넘는 규모로써 일단 국군 제1사단의 진격을 저지코자 운산 북쪽의 남산하동과 서쪽의 남면천 하구로 진출하여 국군 제1사단의 서쪽으로 연결을 차단하면서 마치 서남방면으로 우회포위하려는 기세를 보였다.

그 결과 국군 제1사단은 전진을 멈추고 수세적인 상태로 들어가, 제15연대를 우익, 제12연대를 좌익, 제11연대를 남쪽 입석하동 부근에 배치하였다. 제11연대는 중공군의 차단행동을 저지코자 하였으나 오히려 화흡동 부근으로 축출되었다.

10. 28 사단 정면이 일시 소강상태를 이루어, 각 연대는 진지강화 및 수색활동을 전개하였고, 중공군 역시 간간히 박격포 및 직사포 사격을 가하면서 주력부대의 전개를 완료시키려고 하였다.

이날 18:00경 아군은 2명의 중공군 포로를 획득하였는데, 이들은 앞서 10. 25에 최초로 잡은 중공군 포로와 똑같이 현재 북부전선에 중공 정규군이 있다고 진술하였다.

그러나 유엔군은 이 정보를 신빙하지 않았을 뿐만아니라, 당시 국군 제1사단의 우측 인접부대인 국군 제2군단이 중공군의 포위공격으로 위기에 직면하고 있었음에도 불구하고 지원차 북상한 미 제1기병사단으로 하여금 국군 제1사단을 추월공격케 하였다.

이로써 잠행 남침한 중공 정규군과 미군이 10. 30 마침내 정면충돌하게 되었다.

국군 제1사단의 진출방향은 온정을 거쳐 초산으로 바뀌었고, 미 제1기병사단이 삭주부근을 공격하게 되었다.

11. 1 중공군의 전면적인 공세가 개시되었다. 남면천 방향으로 중공 제115사단이 국군 제12연대와 임무교대한 미 제8기병연대를 압박하였고, 중공 제116사단은 운산 북쪽에서, 중공 제117사단은 국군 제15연대의 우측으로 대거 우회포위하여 입석~영변을 연하는 도로를 제외한 모든 후방연락선을 차단하였다.

중공군의 공격을 맞아 미 제1기병사단은 보전포협동전투로써 돌파를 당하지는 않았으나, 야간전투 때마다 근접전투능력이 미약하여 많은 손실을 감수해야 했다.

11. 1 20:00 안주에서 열린 유엔군작전회의에서는 미 제1기병사단의 좌우 인접부대의 공격이 좌절된 이상 이 사단만이 지역을 고수하는 것은 무의미하다고 판단하며, 청천강 남안의 방어선으로 철수시키기로 결정하였다. 아울러 미 제8군 좌익의 미 제24사단과 영 제27여단도 보조를 맞추어 평균 50마일 후방으로 물러서기로 하였다.

③ 결과

중공군은 처음으로 미군과 접촉한 후 '운산전투 평가'라는 팜플렛을 배포하여 예비 부대에 대미군 작전일반상황을 주지시켰다. 그 내용을 간추리면 다음과 같다.

㉮ 미군의 보·전·포 협동전투 수행능력은 우수하며, 특히 항공기의 위력이나 수송력은 경이적이다.

㉯ 미군의 보병은 비교적 약하며, 죽음을 두려워하고 공방에 용기가 없다.

㉰ 미군은 야간전투와 근접전투에 약하다(항공기, 전차, 포에 대한 의존도가 높다).

㉱ 미군은 격파당하면 무질서하고, 후방을 차단하면 속수무책인 부대이다.

㉲ 앞으로의 전투원칙을 정한다.

㉠ 조공부대로 신속히 적을 우회한다.

㉡ 주력으로 적의 후방을 차단한다.

㉢ 야간, 산악전투를 위주로 한다.

㉣ 소부대간의 연락을 긴밀히 유지한다.

이상의 원칙은 차후작전에 항상 준수되었으며, 한반도의 지형상 특징에 알맞는 전술방법으로 평가되었다.

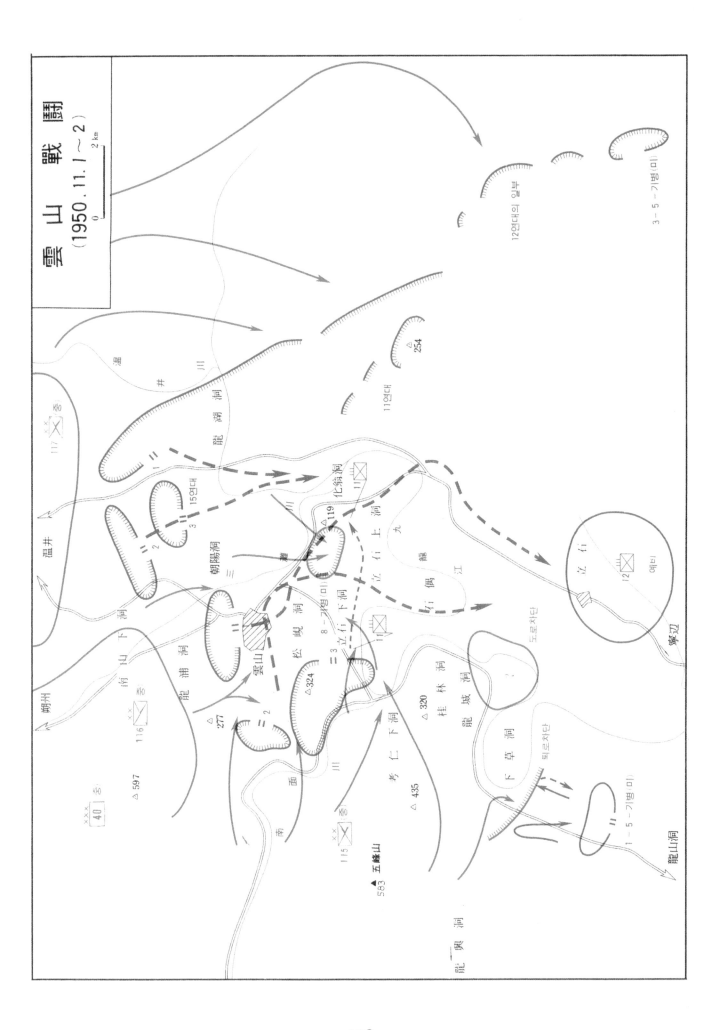

雲山戰鬪
(1950. 11. 1~2)

0   2 km

龍山洞

五峰山
583

115 ×××

龍興洞

朔州

116 ×××

△ 597

40 ×××

117 ×××

温井下洞

温井

南山下洞

龍浦洞

雲山

△ 277

△ 324

松峴洞

朝陽洞

考仁下洞

立石下洞

△ 435

立石上洞

龍城洞

桂林洞

△ 320

下草洞

化翁洞

△ 119

龍偶江

8-기병(미)

254

11연대

12연대의 일부

3-5-기병(미)

1-5-기병(미)

12 ××× 예비

도로차단

퇴로차단

寧辺

15연대

温井川

龍湖洞

119

(3) 청천강 교두보

① 상황

중공군의 개입이라는 예기치 않았던 전국을 맞은 서부전선은 국군 제2군단 예하 제6사단이 초산에서 철수하여 온정리에, 제8사단이 회천간을 담당하고 있었다. 그 후 중공군이 서부의 양호한 기동지대로 미 제1군단을 흡수시키면서 온정리 지역을 돌파하려 들자 회천의 제8사단마저도 온정리로 집중하게 되었고, 그대신 회천의 공백지대를 메우기 위하여 군단예비로 있던 제7사단이 개천~회천간의 도로경계에 충당되었다.

② 전투 경과

11. 2 국군 제7사단은 개천지역을 고수하기 위하여 비호산을 점령하였다.

개천은 서부전선의 전반상황(중공군 병력이 전선을 돌파하여 서남쪽으로 기동할 경우를 고려)이나 지형을 감안할 때 피아간에 주요 목표가 되며, 개천을 방어하기 위해서는 비호산이 가장 적합한 지형이었다.

사단은 제5연대를 비호산 동남쪽에 배치하는 한편, 제3연대는 원리를 중심으로 청천강~비호산간(7km)을 방어케하고, 제8연대를 예비로 확보하고 사령부는 개천에 위치하였다.

11. 3 중공군은 청천강을 끼고 봉천리를 거쳐 국군 제7사단 예하의 제4연대를 포위 격멸함으로써 개천을 점령하려고 하였다.

03:00 연대규모의 적이 사단 좌측을 끼고 공격해 왔다. 국군 제3연대의 전방 경계부대인 제2대대는 봉천리에서 이를 맞아 과감히 싸웠으나 포위상태를 깨닫고 축차적으로 주저항선으로 철수하여, 주저항선에서 3시간의 격전으로 세번씩이나 일진일퇴를 거듭하다가 개천에 위치한 유엔군 포병대대의 지원에 힘입어 적을 격퇴하였다.

11. 5 중공군은 주력의 공격방향을 바꾸어 덕천에서 개천쪽으로 우회하여, 국군 제5연대의 방어망을 허물어뜨리면서 비호산을 점령하였다.

비호산이 점령당한 가장 큰 이유는 기상조건이 나빠서 안개에 가린 시계가 50m밖에 미치지 못하여 포병지원이 효과적으로 수행되지 못하였기 때문이다.

11. 6 반격작전으로 나선 국군 제7사단은 미 제5연대 전투단과 합세하여 비호산을 중심으로 강력한 화력

지원 아래 좌우익으로 공격하여 재탈환함으로써 청천강 방어선의 우익이 다시 온전해 질 수 있었다.

이때 중공군은 돌연 자태를 감추고 공격의 기세를 수그러뜨렸으며, 이에 따라 아군은 전선을 재조정하였다. 이와 같이 전선이 평온을 유지할 수 있었던 것은 무엇보다도 중공군이 아직 대규모로 추격할 준비가 되지 않은 데 있었으며, 이들은 청천강 북안에 도달하자 곧 더 이상의 공격을 삼가고, 정찰대 규모 정도의 소수부대만으로 도하공격을 수행했기 때문이었다.

중공군은 11. 7에 이르자 북쪽 산악지역으로 자태를 감추어 유엔군과 일체의 접촉을 피하였고, 그 때문에 유엔군은 차기 공세준비에 필요한 현전선의 동태파악이 아주 곤란하게 되었다.

③ 결과

11. 8~11. 24간의 유엔군의 조치는 수색조를 미 제24사단과 미 제1기병사단에서 차출하여 청천강을 건너 위력수색을 실시하는 데 그쳤다.

위력수색의 목적은 차기 대반격작전에 필요한 교두보를 청천강 북안에 확보하기 위한 조치였으며, 정찰활동을 계속하는 동안 미 제1기병사단을 군우리 지구로 빼내어 예비대로서 부대조정에 힘쓰게 하는 한편, 수색대는 중공군과 아무런 접적행위 없이 영변과 박천 등지를 확보할 수 있었다.

아군은 수색정찰의 결과, 중공군 약 10만명이 산악을 이용하여 지뢰망을 교묘히 펼쳐 놓고 보루 및 장애물지대를 설치하여 청천강 북쪽 10마일에 이르는 임시종심방어선을 완성시킨 정보를 얻었다.

따라서 피아간의 지상교전은 경미한 수색부대 규모로 제한되었고, 자연히 이 기간중에 유엔군이 펼친 주작전은 공군에 의해 수행된 것이었다. 유엔공군은 압록강에서의 철교와 기타 교량을 목표로 중공군의 후방 병참선을 차단하려 들었고, 아울러 병력집결 예상지점과 국경 근처의 동북단공업지대 등을 맹타하였다.

그러나 만주기지로부터 날아오는 중공기들에 의한 방해와, 공중작전 수행간 유엔군에게 명령된 많은 제한조치로 인하여 소극적인 행동밖에 취하지 못하였다.

이러한 제한조치는 한걸음 더 나아가 중공기들이 유엔공군의 효율적인 보복공격을 받지 않고 아군을 공격하거나 도주할 수 있게 만들었다.

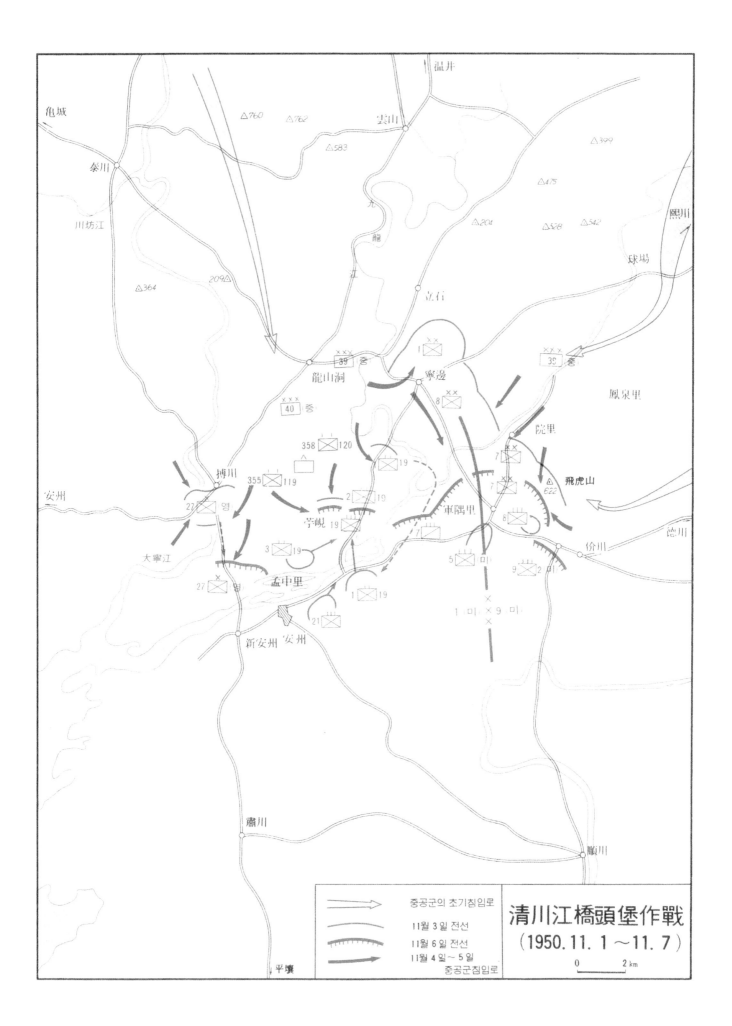

亀城
泰川
川坊江
△760　△762
△583
雲山
温井
△399
△475
△204　△528　△542
熙川
球場
鳳泉里
△364　209△
九龍江
立石
院里
×××
39 중
龍山洞
1 ×× ×
寧邊
×××
39 중
×××
40 중
8 ××
358 ×× 120
2 ×× 19
搏川
355 ×× 119
安州
27 × 영
大寧江
27 × 영
孟中里
3 ×× 19
亭峴
19
5 ×× 미
新安州　安州
21 ××
1 ×× 19
軍隅里
7 ×× 7
飛虎山
△622
8 ×× 7
8 ××
价川
德川
9 ×× 2 미
1 미 × 9 미
肅川
平壌
順川

중공군의 초기침입로
11월 3일 전선
11월 6일 전선
11월 4일～5일
중공군침입로

清川江橋頭堡作戰
(1950. 11. 1 ～ 11. 7)

0　　2 km

121

2. 두만강으로의 전진

(1) 상황

미 제10군단장 알몬드 소장은 가급적 빠른 시일안에 함경도지구의 교통 및 병참선의 대동맥을 장악하면서 국경선으로 진출할 계획이었다.

이에 따라 각 부대가 거의 경쟁적인 진출을 기도하였고, 게다가 중공군의 출현 또한 서부전선보다 1개월 가량 늦었던 관계로 함경도 일대에서는 11. 30까지도 북진작전이 계속되고 있었다.

따라서 전체적인 전선 연결상태를 볼 때, 서부지역의 유엔군이 중공군의 압력으로 30～40마일을 후퇴한 이상 동부지역의 유엔군은 완전히 고립된 상태에 놓인 것이다.

(2) 경과

국군 제1군단은 예하 수도사단이 11. 16 영안을 지나 11. 26 이미 청진을 점령하였으며, 제3사단은 길주 ～합수～무산선으로 진격하고 있었다.

미 제10군단의 경우는 미 제7사단이 풍산을 지나 혜산진으로, 미 제1해병사단이 장진호에서 압록강 상류쪽을 목표로 각각 진출하고 있었다.

한편 중공군은 제3야전군 예하 제20군단(제58, 59, 60사단)과 제26군단(제76, 77, 78사단) 그리고 제27군단(제79, 80, 81사단)이 낭림산맥을 타고 장진호 부근으로 남하하여 대체로 11. 25경에 장진호를 중심으로 서쪽에 제20군단, 북쪽에 제27군단, 동쪽에 제26군단이 각각 진출하여 미 제10군단의 좌일선을 포위 압박함으로써 전세를 뒤집으려 들었다.

동북해안선의 북한군은 계속 퇴각하며, 북한군 제4군단 소속 제41사단과 제507여단 및 기타해안경비대의 주력이 회령과 무산 일대에 집결하여 재편중에 있었고, 특히 회령 부근에는 10월 말부터 신편된 북한군 제10군단의 제5, 6, 7사단이 전열을 강화하면서 해안축선을 따라 전진하는 국군의 진출을 저지하려고 들었다.

국군 제3사단 정면의 적은 미 제7사단이 이미 혜산진을 점령함으로써 국경 너머로 궤주(潰走)하였으나, 백암 동북쪽에는 미처 도주하지 못한 상당수의 적 병력이 산재해 있었다.

이 병력들의 구성을 보면 패잔병, 내무서원, 당원 등의 혼성병력으로서 합수독립대대, 백암독립연대, 무산사단, 원홍독립중대, 송경독립여단 등으로 불렸다.

이들의 사기는 땅에 떨어져 어떻게 보면 궤주일로(潰走一路)에 있는 것 같이도 보이나, 중공군의 침입을 고려한다면 대단히 괴로운 상대가 아닐 수 없었다. 만약 중공군이 장진호로부터 국군 제1군단의 배후를 차단하는 사태가 발생하게 되면, 이들 패잔병은 패잔병의 처지에서 하루 아침에 공격의 선봉부대로 변모할 것이기 때문이었다.

당시 서부전선의 유엔군은 중공군 대병력과 접촉되어서 청천강 교두보를 간신히 확보하고 있는 상태인지라 자연이 동북의 진출이 크면 클수록 서부와의 간격은 점점 벌어지게 되어 적에게 더욱 좋은 공격기회를 제공하여 주는 꼴이 되었다.

중공군도 이를 염두에 두고 미 제8군과 제10군단이 연결하지 못하도록 장진호 방향으로의 공격에 중점을 두고 다음과 같은 작전을 기도하였다. 이곳의 작전지도를 살펴보면 아래와 같다.

① 북한군으로 하여금 중공군의 지원하에 국경으로 진출하는 아군의 여러부대(혜산진과 청진 방향)를 공격케 하여 해안선으로 압박한다.

② 주력을 장진호 지구에 투입하여 이 지역의 미 제10군단을 압박한다.

③ 지역내 아군 부대들을 하나의 덩어리도 합쳐 섬멸하는 대포위작전을 시도한다.

④ 홍남지구로 유엔군을 포위 압박시킨 후에는 서부쪽으로 증원하여 조속한 종결을 맺는다.

(3) 결과

11. 27 유엔군 총사령부는 함경도지구의 전유엔군을 작전상 후퇴시키기로 결정하였다.

이로써 두만강으로 북진하고 있던 미 제10군단 예하의 유엔군은 압록강 상류지역의 혜산진～신갈파진을 점령한 것을 제외하고는 제대로 두만강에 이르지도 못한 채 75일간의 총반격작전을 멈추고 홍남지역으로 철수하게 되었다.

이와 같이 두만강으로의 전진이 성공적으로 완수되지 못한 것은 동부지역의 국군 제1군단과 미 제10군단이 작전의 중점을 해안선과 주요 도로상으로만 국한하고 있었고, 유엔군 사령부마저도 북한군이 궤주일로에 있다는 판단 아래 중공군의 활동을 등한시 했기 때문이다. 따라서 동부전선 쪽으로 중공군이 설혹 뒤늦게 진출하였다 해도, 진출한 사실 하나만으로 후방의 작전선을 고려한 미 제10군단은 철수하지 않을 수 없었다.

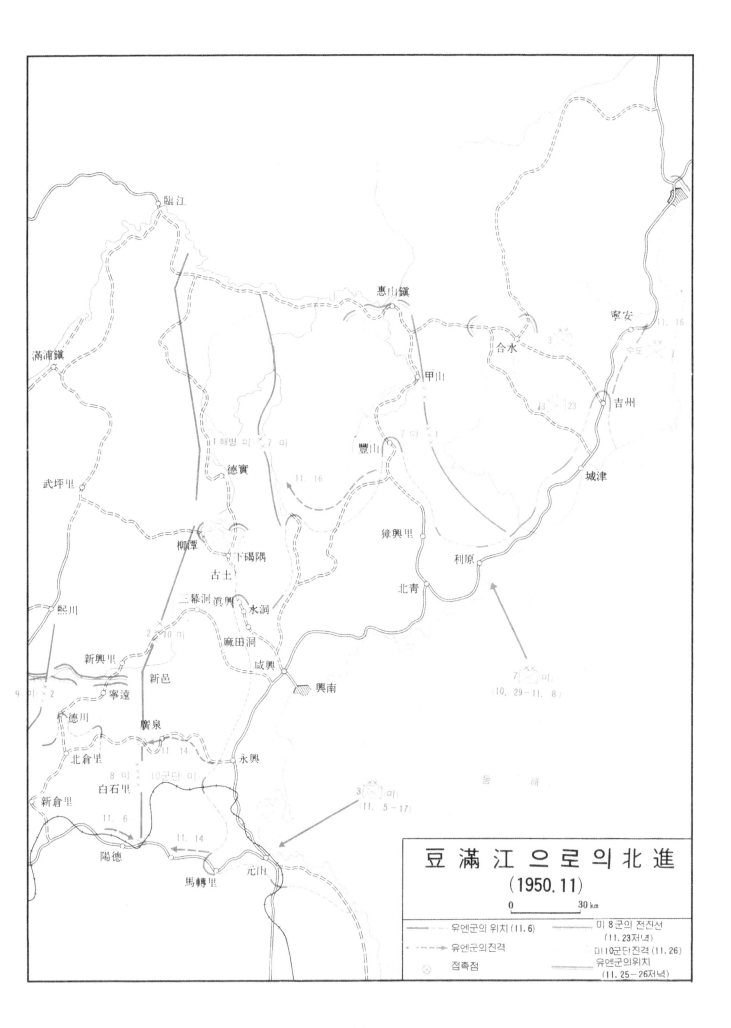

豆滿江으로의北進
(1950.11)

0 ———— 30 km

유엔군의 위치 (11.6)　　　　미 8군의 전진선
　　　　　　　　　　　　　　　　　(11. 23저녁)
유엔군의진격　　　　　　　미 10군단진격 (11. 26)
　　　　　　　　　　　　　　유엔군의위치
접촉점　　　　　　　　　　　(11. 25─26저녁)

3. 국경선 진출 상황

(1) 유엔군의 적정 판단

미군은 11월 중순, 한만 국경선을 넘어 들어온 중공군 병력은 약 4개 군이며, 이중 3개 군은 서부, 1개 군은 장진호지구에 투입된 것으로 보았다.

또한 서부전선의 적은 중공군 3개 군 이외에 중공군의 지원하에 복원된 북한군 제6, 32, 40, 47, 105사단 등 5개 사단을 합하여 11만명선으로 판단하였으며, 이밖에 4개 사단 정도의 북한군 부대가 훈련을 받고 있는 것으로 보아 북한군 총병력은 약 8만명 정도일 것으로 추산하였다.

따라서 미군은 초기에 있어서 중공군의 전투능력을 다음과 같이 과소평가하였다.

① 중공군의 소질과 전투력은 북한군에 비하여 우수하나, 그들의 의식(衣食) 배급은 극히 나빠 대다수가 전투의지를 잃고 있다.

중공군 포로는 대부분이 자진항복한 자들이며, 포로가 된 후에는 위용을 찾아볼 수 없고, 어떤 경우는 전투대상이 미군인지도 모르고 있다.

② 중공군은 기관총과 박격포를 기동성있게 잘 사용하나, 그들 자체의 무기는 거의 없고 화포는 북한군에게서 차용한 것이다. 배속된 전차의 수도 아주 적어서 장갑부대의 전투력은 강하지 못하다.

③ 중공군은 야간전투에 능숙하며, 아울러 지형지물의 이용도가 높다.

이와 같은 정보판단 착오는 차기작전(크리스마스 대공세)을 실패로 몰아 넣을 수밖에 없었다.

38선 돌파 이후 거칠 것 없는 추격단계에서 싹튼 경적(輕敵) 분위기와 적 전투력의 과소평가는 각 부대로 하여금 방한복 착용시의 불편을 핑계삼아 철모마저도 쓰지 않은채 진군케 하였다.

유엔군은 중공군의 출현에 당혹하였으며, 다음과 같은 조치를 취하였다.

① 미 제3사단 소속 제65연대(푸에르토리코 단)는 단독으로 원산에서 서부쪽(덕천지구)으로 증원하여 미 제2사단 예하로 들어간다.

② 미 제77항모함대는 동해안 활동을 강화한다.

③ B-29기를 재조정받아 국경선의 폭격을 강화한다.

④ 미 제25사단은 서울~인천간의 게릴라소탕작전을 조속히 완료한 후, 북상하여 증원한다.

⑤ 영 제29여단을 11. 3 부산에 도착 후 즉각 전선에 투입한다(영 제29여단은 병력이 약 10,000명, 전차와 포병 1개단을 포함하여 6개 보병대로 편성됨).

(2) 적 게릴라의 준동

한편 유엔군이 크리스마스 공세에 실패한 후 38선 이북지역에서 방어선을 구축하고 전선을 유지시킬 수 없었던 가장 큰 이유의 하나는 적의 제2전선인 게릴라 활동 때문이었다.

적 게릴라의 활동으로 유엔군의 후방은 크리스마스 공세전에도 항상 불안하였고, 공세 실패 후에는 멀리 임진강선으로 철수할 수밖에 없었는데, 당시의 적 게릴라 활동상황은 다음과 같다.

① 북한 게릴라의 병력규모는 총 6만명 정도로, 대부분이 북한군의 패잔병들로 구성되었다.

이들은 주로 유엔군의 보급선을 위협하고, 식량이나 장비등을 약탈하였으며, 심지어는 약 45,000명을 집결시켜 서울까지도 점령하려고 획책하였다. 유엔군은 부득불 긴급조치로 서울에 계엄선포까지 하였고, 미 제25사단으로 하여금 대게릴라 작전을 담당케 하였다.

미 제25사단이 북상한 이후에는 필리핀군이 서울~평양간의 교통선을 방호하였다.

또한 미 제2사단은 전차와 항공기까지 동원하여 평양 북방 35마일 지점에서, 적 게리라 약 2천명을 상대로 포위작전까지 실시하였으나, 성공하지 못하였다.

② 부산 이북지역에서도 수백명의 적 게릴라가 출몰하고 있었다.

③ 원산 서북지역에서는 약 400명의 적 게릴라가 출몰하였다.

④ 38선 부근에서는 약 2,000명의 적 게릴라가 춘천을 점령하고 가평을 위협하는 등 발악적인 게릴라활동을 전개하고 있었다.

이러한 적 게릴라의 준동으로 그렇지 않아도 원활치 못한 유엔군의 보급은 곳곳에서 중도 차단되었고, 차기작전에 투입 예정이었던 미 제9군단의 전력에 차질을 빚게 하였다.

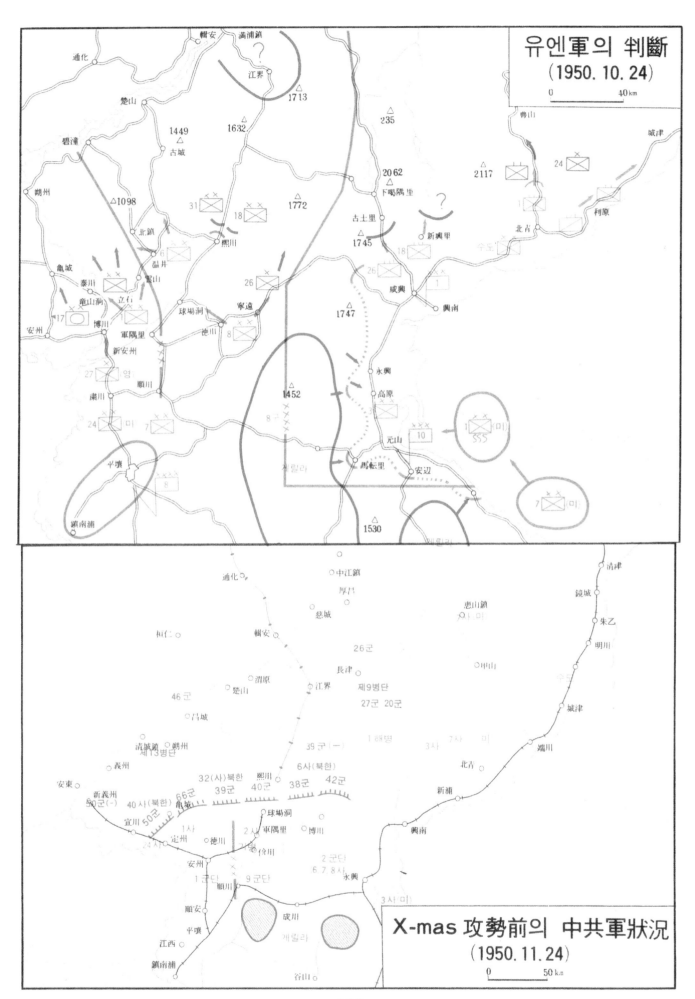

유엔軍의 判斷
(1950. 10. 24)

X-mas 攻勢前의 中共軍狀況
(1950. 11. 24)

§3. 중공군의 남침

1. 아군의 크리스마스 공세

(1) 상황

한만국경선으로 다가선 국군 및 유엔군은 광대한 전선의 곳곳에서 중공군과 접전하게 되었다. 10. 26～11. 7에 이르기까지의 13일 동안 중공군은 험준한 산악을 타고 은밀히 침투하여 유엔군 전초부대의 배후를 기습공격, 국경으로의 접근을 저지시켰다.

뜻밖의 기습을 받아 사기가 저조된 유엔군은 일단 진격을 멈추고 각 부대를 청천강선 이남으로 불러들일 수밖에 없었다.

유엔군은 중공군의 대병력이 압록강 북안(北岸)에 위치하고, 그중 수풍댐을 보호할 정도의 병력만이 국경을 넘어온 것으로 간주하였다. 그러나 앞으로 중공군 대병력이 입북할 경우를 예상할 때 미 제10군단이 과도한 부대 산개 및 북진 초기부터 벌어지기 시작한 전선의 간격과 보급선의 신장은 유엔군을 진퇴양난(進退兩難)에 빠지게 할 것이 명약관화(明若觀火)하였다.

이 난국을 타개하는 길은 중공군이 조직적인 공세를 기도하기 전에 강력한 공격으로 한만국경선까지 진출함으로써 조속히 전쟁을 종결시키는 것이었다.

당시 유엔군은 포로의 진술과 정보망에 의해 적정을 다음과 같이 판단하였다.

① 중공군의 수는 약 6만명으로, 대다수가 강제에 못이겨 출전하였으며, 현대화된 전쟁을 경험해 보지 못하였다. 따라서 처음 국경을 넘어 올 때는 사기가 왕성했으나, 수차에 걸친 아군의 맹렬한 육·공 양면의 화력공격을 당해 본 결과 전투의지가 급속히 떨어졌으며, 이들의 일부는 국부군 출신으로서 미군을 상대로 한 전투를 원하지 않았고, 일반적으로 염전사상에 젖어 있다.

② 중공군과 북한군의 사이가 좋지 못하여 서로 상대방을 원망하며, 중공군은 북한군이 그들의 작전에 협조하지 않는다 하여 좋지 않게 생각한다.

북한군 역시 중공군이 초기공세에서 스스로 물러선 행동을 못마땅하게 여기고 있다.

③ 중공군의 병참보급선은 유엔공군의 폭격 위협과 동계기후의 영향을 받아 상태가 지극히 나빠서, 원활하지 못한 보급으로 군량이 부족하여 사기와 전의가 큰 문제로 대두되고 있다.

④ 중공군의 전술은 전격적인 공격과 침투포위가 위주인데, 환경과 화력의 열세로 군사행동에 큰 제한을 받아 작전을 충분히 전개하지 못하며, 이를 타개할 방법이 없어서 감히 대담하게 청천강을 도하하여 공격하지 못하였으며, 초기공세가 제대로 적중하지 못하여 물러나 산악을 거점으로 방어에 임하고 있다.

⑤ 중공군의 공군과 방공 역량은 절대적으로 열세하여 MIG-15기의 성능으로는 유엔공군의 F-80, F-82기를 압도하지 못하며, 전의가 타격을 받아 일반 병사는 물론 조종사들의 심리마저 동요하여, 앞으로 전투를 확대하지 않을 것이다.

(2) 계획 수립

유엔군은 이상과 같은 그릇된 적정판단 아래 공세로 전환하고자 적의 주병참선으로 판단되는 강계～희천 지역을 주목표로 공격하는 크리스마스 공세계획을 수립하였다.

① 미 제8군의 미 제1군단이 좌익, 미 제9군단이 중앙, 국군 제2군단이 우익을 담당, 3개 군단으로 폭 100km의 전투정면을 가진다.

② 미 제9군단은 운산～온정축선으로 진출하여 초산으로 돌입하고, 미 제1군단은 태천～안주축선으로, 국군 제2군단은 희천～강계～만포진축선으로 진출하여 압록강으로 향한다.

③ 미 제10군단은 현 진출방향 그대로 진격에 박차를 가한다.

④ 미 제10군단 예하 미 제1해병사단은 장진호로부터 서쪽으로 진출하여 미 제8군과 밀접한 협공을 벌여 무평리로 진출, 전선의 공백을 메꾼다.

당시 태천일대에서 서해안에 이르는 지역을 담당한 미 제1군단은 운산부근에서 큰 손실은 본 미 제1기병사단과 임무를 교대하여 국군 제1사단을 우익, 미 제24사단을 좌익으로 하여 진격한다.

국군 제2군단은 영원까지 진출한 국군 제8사단을 우익, 덕천의 국군 제7사단을 좌익, 국군 제6사단을 예비로 하여 현재의 영원～덕천간 전선을 전술상 중요한 덕인봉～신기봉～백령천을 연한 선까지 진출시킨다.

국군 제2군단은 이후 미 제9군단과 보조를 같이 하면서 희천선을 공격하고, 이어 국경선으로 전진하기로 하였다.

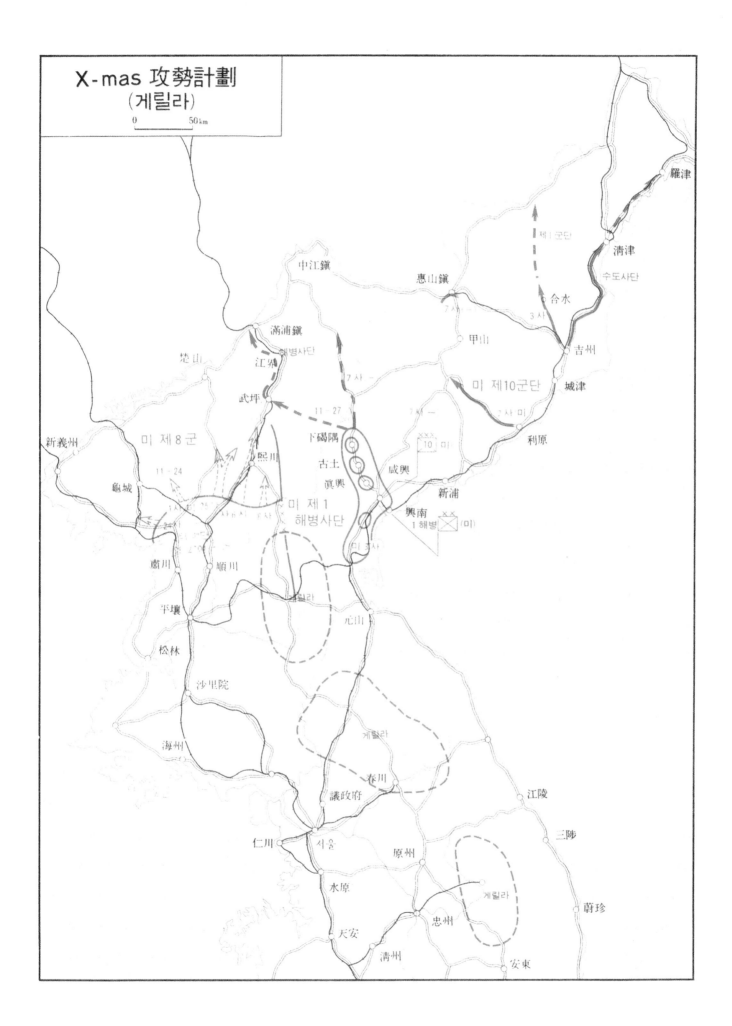

X-mas 攻勢計劃
(게릴라)

0   50 km

羅津

淸津

수도사단

제1군단

合水

中江鎭

惠山鎭

7사

3사

滿浦鎭

해병사단

甲山

吉州

城津

미 제10군단

楚山

江界

7사

武坪

11-27

7사

7사

미

利原

新義州

미 제8군

下碣隅

XXX
10 미

古土

眞興

咸興

龜城

11-24

熙川

미 제1
해병사단

新浦

興南

미 3사

1 해병 XX (미)

肅川

順川

元山

平壤

松林

게릴라

沙里院

게릴라

海州

春川

江陵

議政府

三陟

仁川

서울

原州

게릴라

蔚珍

水原

忠州

天安

淸州

安東

2. 중공군의 공세

(1) 압록강 방면

1950. 11. 24(당초 11. 15로 예정하였으나 미 제9군단의 이동관계로 11. 24일로 변경) 10:00 개시된 공격은 적의 경미한 저항을 물리치면서 미 제8군 전체가 평균 8.4~14.5km까지 진출하였다. 미 제1군단의 제24사단은 정주를 지나 13km를 전진했고, 미 제9군단의 중앙은 군우리를 지나 북쪽 16km의 구장동까지 진출하였다. 국군 제2군단 역시 11km를 전진하여 영월 북방까지 나아갔다.

아군의 전진은 기이하게도 적의 저항이 없는 가운데 진행되었다.

11. 25 아군 공격부대들은 점차 가중되는 적의 저항을 물리치면서 안심동~영월선까지 진출하였다. 그러나 전진을 할수록 기하급수적으로 적의 병력이 가중되어 갔으며, 미 제1군단 좌측의 국군 제1사단이 일차로 중공군의 공격을 받았고, 미 제8군의 최우익 국군 제8사단은 정면의 적보다도 배후가 차단되는 위협에 직면하게 되었다.

그 이유는 미 제8군과 제10군단의 전선이 연결되기도 전에 이 공간으로 20만명이 넘는 중공군이 침투했기 때문이다.

어두움이 다가오자 서부전선 전역에서 중공군의 총공세가 밀어닥쳤다는 징조가 보였다.

중공 제42군이 영원 북방, 중공 제38군이 묘향산지역, 중공 제39군과 제40군이 미 제9군단 지역, 중공 제50군 및 제66군과 북한 제1군단이 미 제1군단 지역으로 투입되었다.

11. 26 오후 점차 가중되는 적의 압력으로 국군 제1사단은 완전히 태천지방에서 밀려났고, 미 제9군단의 중앙 역시 군우리 북방으로 밀리기 시작하였다.

새로이 증강된 중공군의 주력은 미 제8군의 우익인 덕천으로 강력한 반격을 가해왔다.

이 결과 유엔군은 40km를 뒤로 물러날 수밖에 없었고, 강력한 중공군 주공의 공격을 받은 국군 제2군단은 다른 어느 부대보다도 가장 큰 위험에 처하게 되었다.

국군 제2군단은 정면, 특히 측면에서부터 배후쪽으로 가해오는 적의 압력에 밀려서 성천지방으로 철수하고 말았다.

크리스마스 공세는 완전한 실패로 돌아갔고, 11. 26 ~27까지의 중공군의 공세는 전격적인 기습이었다.

유엔군은 오직 철수의 길을 택할 수밖에 없어 80km가 넘는 철수의 여정에 오르게 되었다.

전쟁의 물결은 역류하게 되었고, 한국민족의 염원인 통일은 중공군의 발길질에 주춤주춤 사라져 버리고 말았다.

당시 셔러(C. P. Sirler) 중령은 "맥아더 원수가 크리스마스 공세 이전에 서거(逝去)하였거나 혹은 퇴역하였다면 역사상 완전무결한 군사상 성인이 되었을 것이다"라고 한탄하였다.

(2) 두만강 방면

11. 24 작전 제1일까지의 동부쪽 상황은 순찰대 정도의 충돌외에는 어느 지역이고 조용하였다.

이튿날, 미 제10군단장 알몬드 소장은 H시를 11. 27 08:00로 정하고 다음과 같은 전투계획을 전달하였다.

① 미 제1해병사단은 무평리를 향하여 진격한 후 미 제8군과 전선을 연결한다.

② 미 제7사단은 장진호와 풍산지역을 담당하되, 국군 제1군단과 협동한다.

③ 국군 제1군단은 합수와 청진에서 국경으로 진출한다.

④ 미 제3사단은 미 제8군과 접촉하여 미 제10군단의 좌측을 보호하고, 미 제1해병사단을 지원하며 원산의 항만과 비행장을 방호하며, 잔류 게릴라를 담당한다.

미 제7사단 예하 제17, 31, 32연대는 11. 8 부전호 남쪽지역에서 중공군 제126사단의 일부와 치열한 전투를 치루었다. 이러한 상황에도 미 제7사단은 혜산진을 확보하고 있었으나(미군으로는 최초로 압록강 도달) 크리스마스 공세계획에 따른 작전을 펴기도 전에 받은 명령은 즉각 철수였다.

11. 27에 이르러 이미 서부전선의 전황이 알려졌고 절망에 찬 미 제10군단은 작전선의 차단을 우려하여 즉시 철수를 개시하였다.

국군 제1군단에게 내려진 명령 역시 '철수'라는 동일한 명령이었다.

국군 제1군단은 두만강 하류지역을 눈앞에 두었으나, 국군 제3사단을 우선적으로 해상으로 철수토록 하였고, 수도사단은 즉각 흥남지구로 집결하도록 하였다.

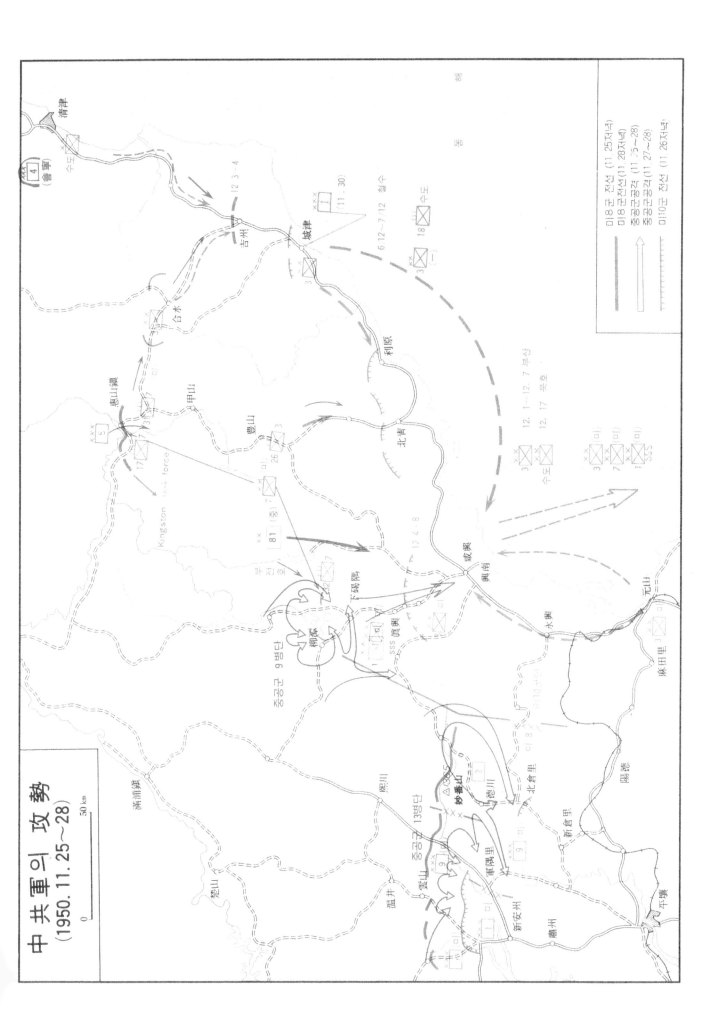

中共軍의 攻勢
(1950. 11. 25~28)

3. 장진호 전투

(1) 경과

서부쪽 전선이 악화될 즈음 미 제1해병사단의 제5, 7연대는 11. 27 08:15 유담리를 향하여 공격을 개시하였으나, 09:00를 넘으면서 450m의 지근 거리에서 적의 사격을 받기 시작하였다.

중공군은 제59, 89사단의 2개 사단 병력으로 저항하였으며, 오후가 되자 중공군의 병력은 더욱 증가되어 북쪽에서 제79사단이, 서남쪽에서 제58사단이 하갈우리 통로를 차단하려고 압박했기 때문에 미 제1해병사단은 후방 작전선을 완전 차단당할 위기에 빠졌다.

밤이 되자 기온이 급하강하여 방한피복이 부실한 미군은 추위에 떨고, 병기는 얼어 붙었다.

미 제10군단의 좌익부대로서 미 제8군과 접촉하려던 미 제1해병사단은 4개 사단이 넘는 중공군의 포위공격을 받아 처음부터 난관에 봉착, 위기에 처하게 되었다.

미 제1해병사단이 직면한 가장 큰 문제는 56km 후방 진흥리까지의 병참선을 여하히 고수하느냐는 것이었다.

12. 1 미 제1해병사단은 북진계획을 취소하고, 유담리의 주력부대를 남쪽으로 돌파시키기로 하였다. 이 작전이 성공하면 그들 자신이 구원받는 것은 물론 미 제8군 정면의 강력한 중공군의 압박을 이 방면으로 흡수함으로써 전선의 위기를 제거할 수 있을 것으로 기대되었다.

그러나 판단은 훌륭했지만, 과연 이들 부대들이 중공군 7개 사단의 포위공격을 받는 가운데 '죽음의 통로'를 벗어날 수 있을지가 가장 큰 의문이었다.

11. 30 미 제1해병사단의 2개 연대는 06:00 합동작전을 전개하면서 돌파를 시도하여 12. 2 덕동 통로의 개통에 성공하였다.

이미 11. 27부터 이 통로상의 전진기지에서 본대의 철수를 맞이 할 준비를 하고 있던 F중대 (미 제7연대 2대대 예하)는 전사 26명, 실종 3명, 부상 89명 (장교 7명 중 6명이 부상)의 큰 피해를 입으면서도 기지를 고수하여 마침내 본대와의 연결에 성공하였다.

12. 3 덕동 통로 확보를 위한 치열한 전투가 전개되었으며, 미 제5연대의 경우 437명의 병력이 이튿날 새벽에는 194명으로 격감되는 피해를 입었다.

때마침 하갈우리에 있던 영 제41 코만도 부대가 북상, 엄호함으로써 미 제1해병사단은 하갈우리로 진입하는데 성공하였다.

미 제7사단은 또 다른 고전을 겪고 있었다. 이 사단은 장진호 동쪽에서 중공군의 공격을 받아 제31연대장을 비롯하여 500명의 사상자를 내고 있었다.

연대지휘를 맡은 제1대대장 (Faith 중령)은 연대 단독으로 포위망을 돌파하기로 결심하여, 12. 1 주요 장비를 파괴하면서 부상자를 실은 행렬이 공군의 근접지원을 받는 가운데 하갈우리를 향하여 돌파를 감행하였다.

미 제31연대는 12. 1 단 하루동안에 75%의 병력을 상실하는 고전을 헤치고 670명이 하갈우리에 도착하였으며, 곧이어 수색대가 생존자 구출에 나서서 결국 총 2,500명 중에서 1,050명이 구출되었다 (이중 전투가능자는 385명).

하갈우리로 철수한 미 제7사단과 제1해병사단은 12. 6 다시 돌파작전을 전개하여 38시간에 걸친 전투에서 전사 103명, 실종 7명, 부상 506명으로 손실을 입고 돌파에 성공하였다.

계속해서 12. 8에는 고토리 돌파작전을 전개하여 전사 및 실종 91명, 부상 256명의 피해를 감수하면서 분전, 끝내 돌파에 성공하였다.

(2) 결과

미 제1해병사단의 장진호 전투는 철수전이라기보다는 새로운 방향 (비록 후방이지만)으로의 공격전으로, 이 전투의 성공은 여러 면에서 모든 전선에 영향을 주었다.

전투에 투입된 중공 제9병단은 7개 사단의 압도적 병력으로 미 제1해병사단을 포위공격하였으나, 이를 격멸시키기는커녕, 작전의 목표였던 흥남지구 탈취마저 수포로 돌아가기에 이르렀으며, 오히려 부대 재편성에 무려 3개월이나 소요되는 막심한 손실을 입었다.

결국 미 제1해병사단은 적에게 치명적인 타격을 가함으로써 흥남지구 철수작전을 성공적으로 이끌 수 있는 발판을 마련하였을 뿐만 아니라, 중공 제3야전군이 서부의 중공 제4야전군을 증원할 수 있는 가능성을 배제하여 미 제8군의 위기를 사라지게 하였다.

기간중 미 제1해병사단은 전사 463명, 후송 후 사망 98명, 실종 182명, 부상 2,872명의 전투손실과 비전투손실 3,695 (대부분 동상환자) 명을 내었다.

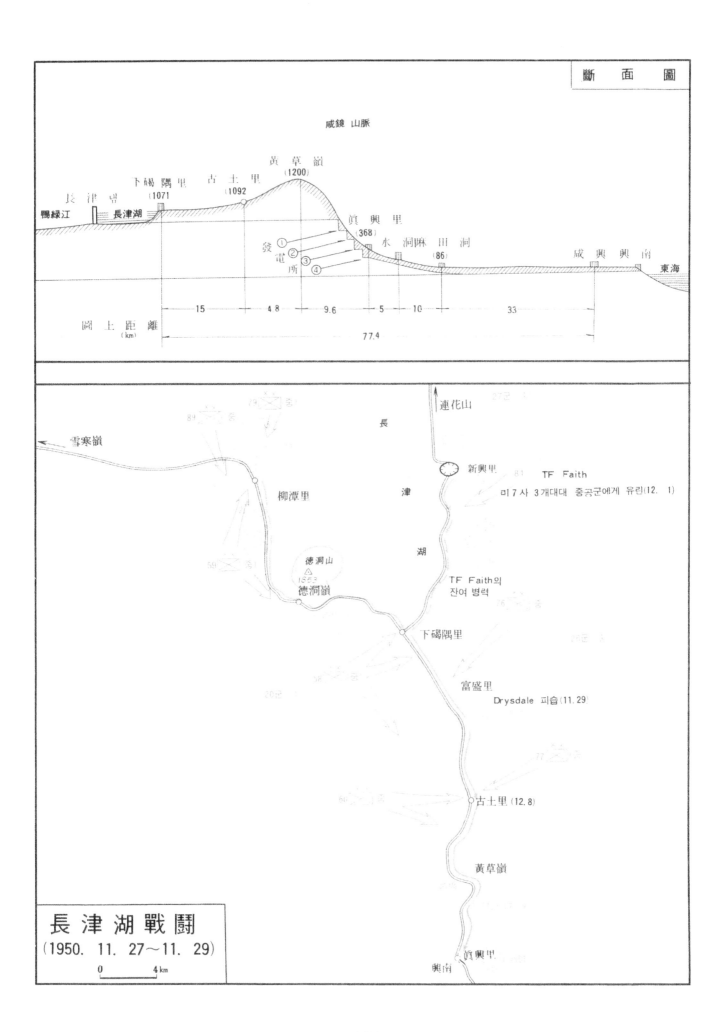

咸鏡 山脈

黃草嶺
(1200)

下碣隅里　古土里
(1071)　　(1092)

長津냄
長津湖
眞興里
(368)

鴨綠江

發電所

水洞　麻田洞
(86)

咸興　興南

東海

①
②
③
④

圖上距離
(km)

15　　　4 8　　9.6　　5　　10　　　33

77.4

連花山

雪寒嶺

柳潭里

長津湖

新興里　TF Faith
미 7사 3개대대 중공군에게 유린(12. 1)

德洞山
1653
德洞嶺

TF Faith의
잔여 병력

下碣隅里

富盛里
Drysdale 피습(11.29)

古土里(12.8)

黃草嶺

眞興里
興南

長津湖戰鬪
(1950. 11. 27～11. 29)

0　　　4 km

4. 철수작전

(1) 서부 전선

크리스마스 공세 이후 각 부대의 상황은, 국군 제2군 단이 중공군의 주력에 부딪쳐 유엔군의 예비대인 미 제1 기병사단을 우익으로 증원받을 정도로 심각했고, 이어 중공군이 성천지구의 게릴라와 협조하여 12. 3 성천을, 12. 6 신막을 점령하자 국군 제2군단은 위기에 빠졌다.

미 제2사단은 구장동 이북지역에서 중공 제40군과 조우하여 영 제27여단의 증원으로 간신히 포위망을 돌 파하였으나, 12. 3 군우리와 순천을 포기하였고, 미 제25사단(터키여단 포함)과 국군 제1사단은 운산, 태천 에 도착하였으나 중공 제39군과 제66군이 미 제2사단, 미 제25사단, 국군 제1사단의 간격으로 침투하자 역시 11. 30 청천강선을 포기하였다.

미 제24사단은 정주 점령후 별다른 접촉은 없었으나 (중공군은 평지지역을 회피하였다) 우익전선에 연루되어 물러섰다.

철수란 심각한 위험을 내포한 작전이긴 하지만, 유엔 군은 ① 아군이 제공권과 제해권을 장악하고 있고(특히 미 제10군단 지역은 장진호 전투로 영향을 받아), ② 중 공군은 맹렬한 추격을 계속할만큼 고도의 기동성을 가 진 부대가 아니며(하루 전진속도를 10㎞로 추산), ③ 중 공군의 병참지원은 인력이나 축력(畜力)에 의한 원시 적인 방법에 의존하고 있고, 식량이나 탄약의 축적이 원만치 못한 것등을 고려하여 중공군의 전투력 지속시 간을 단지 며칠 정도로 볼 수 있기에 큰 혼란은 없으리 라고 판단하였다.

12. 3 공군의 긴밀한 협조 아래 서부전선은 국군 제1 사단과 미 제25사단의 지상엄호하에 평양으로의 철수 를 감행하여 평양~원산선을 방어하고자 하였다.

그러나 중공군의 대병력이 아군 간격을 통하여 12. 3 덕양을, 12. 6 원산 남쪽 안변리와 신막을 점령하자 미 제8군은 당황하였고, 여기에 수천명의 적 게릴라가 평 양 동남부에 준동하고 있는 점을 감안할 때 상황은 극히 심각하였다.

12. 4 안주와 신안주가 이미 적의 수중에 넘어가고, 성천~강동선으로부터 평양이 압박받을 것을 고려한다 면 평양선을 포기하는 것이 최선으로 생각되었다.

따라서 아군은 12. 5까지 모든 군수물자를 후송하 고, B-29와 B-26의 폭격과 빠른 기동력을 살려 철수

를 단행하였다.

아군의 철수를 따라 자유를 찾아 남하하는 피난민의 행렬도 줄을 이었다. 그러나 군의 신속한 이동에 따르 지 못하는 관계로 많은 피난민이 황해도를 중심으로한 해안지방에 몰리게 되자 아군은 이들을 인접 도서에 옮 겨 구출하였는데, 1951. 1월 말 현재로 해군함정에 의 해서 구출된 피난민만도 6만여 명에 가까웠다.

도서명	피난민	청년장정
덕적도	8,000	2,003
백령도	2,961	2,717
연평도	15,000	
적도	3,000	1,005
대수압도	8,000	
소수압도	3,000	
대·소청도	1,500	
어청도	178	
무도	8,000	
기타	500	1,708
소계	50,139	7,433
합계	57,572	

12. 8 미 제25사단은 중화지역에서 방어태세로 들어 갔고, 12. 7 국군 제1사단은 사리원에서 남천으로, 국 군 제8사단은 토산에 도착하고, 미 제2사단은 청천강에 서 받은 타격이 커서 재조정을 위해 이미 남쪽으로 철수 하고 있었다.

38선을 연하여 새로이 연합되고 협조되는 전선을 유 지하기 위하여 다른 부대들 역시 남쪽으로의 철수를 서 둘러 진행시키고 있었다.

이들의 병력배치를 보면, 미 제1군단이 서부쪽을 담 당하되 예하 제1사단을 우익에, 새로이 투입된 미 제25 사단을 좌익으로, 터키 여단을 김포반도에 잔류시키는 방어배치를 형성하였다.

평양에서부터 동북방을 담당했던 미 제24사단은 현 위치를 감안하여 미 제9군단 소속으로 바뀌었다.

미 제9군단은 미 제1기병사단, 미 제24사단, 국군 제6사단, 영 제27여단 등의 예하부대를 서부에서 중부 선까지 배치하여 중부를 담당한 국군 제3군단과 연결하 였다(이때 미 제2사단과 미 제187공수여단은 군 예비가 되었다).

유엔군은 12월 중순까지는 국군 제9사단, 제5사단 및 영 제29여단 등의 지원병력에 힘입어 임진강방어선 을 형성할 수 있었다.

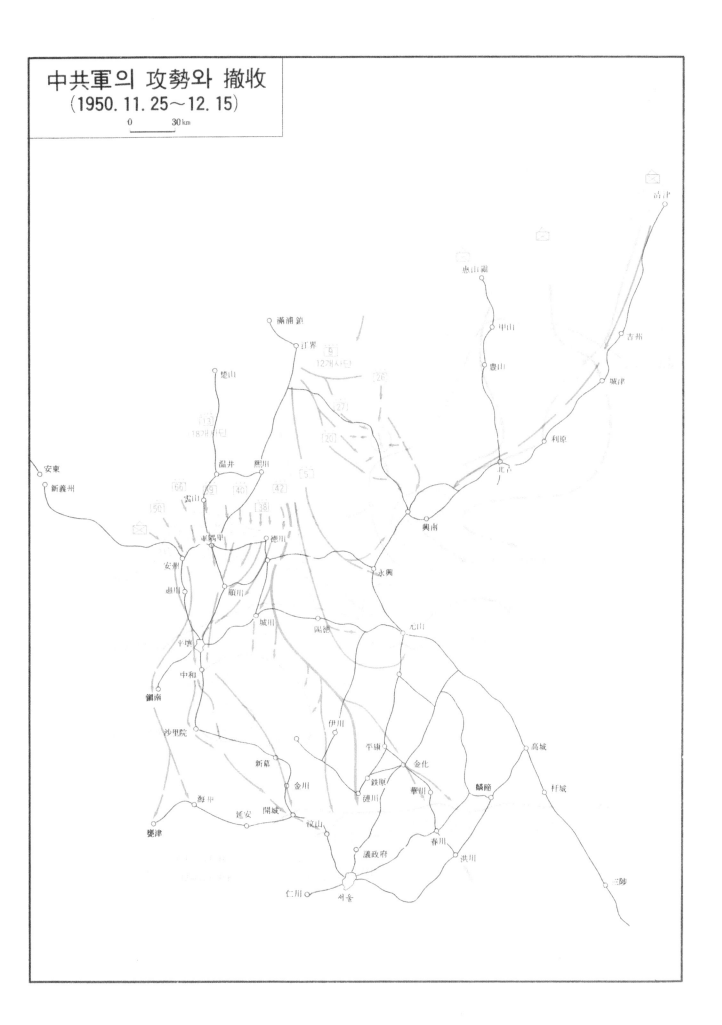

中共軍의 攻勢와 撤收
(1950. 11. 25～12. 15)
0　　　30km

滿浦鎮
江界
12개사단
楚山
熙川
溫井
18개사단
雲山
德川
車鎬甲
安州
順川
順川
城川
陽德
平壤
中和
鎭南
沙里院
新幕
金川
海甲
延安　開城
甕津
汶山
議政府
仁川　서울

惠山鎮
甲山
豊山
吉州
城津
利原
北青
興南
永興
元山
伊川
平康
金化
鐵原
漣川　華川
麟蹄
高城
杆城
春川
洪川
三陟

安東
新義州

汕津

133

(2) 동부전선: 흥남철수작전

① 상황

서부쪽의 상황 변화로 미 제10군단은 흥남지구에서 고립되기에 이르렀고, 원산마저도 '행정적 상륙'을 한 미 제3사단이 11. 20 장진호 전투 지원차 북상하였기 때문에 4,000여 명(한국 해병대대 포함)만이 잔류하게 되어 중공군에 의해 포위될 것이 우려되었다.

12. 9 원산의 아군이 해상으로 철수해 버리자, 결국 흥남~원산간의 동해안 육로는 사용 불가능하게 되었다.

따라서 미 제10군단은 해상철수를 감행하지 않을 수 없었으며, 중공군은 그들의 완전 포위권내에 들어 있는 미 제10군단을 섬멸시킴으로써 유엔군의 우익을 소멸시켜 38선 이남까지 무난히 진출, 전쟁을 조기에 끝맺고자 흥남 포위망을 직접 공격하였다.

그러나 그 결과는 반대로 나타나, 중공군의 대병력이 이 지역으로 흡수되고 견제당하는 역현상이 나타났으며, 유엔군의 정세는 더 이상 크게 혼란에 빠지지 않게 되었다.

② 전투 경과

중공군 제9병단의 5개 사단과 북한군 제4, 5군단은 11. 31까지 영흥~흥남 외곽 10~30km까지 진출하였다. 중공군은 대병력으로 아군을 일거에 급습하면(인해전술) 그들의 작전 목표가 달성될 것으로 생각하였지만, 유엔군이 지형을 고려한 입체적인 화망을 구성하여 대처하게 됨에 따라 난관에 봉착하였다(병력: 중공군 6만명, 북한군 3만명, 도합 9만명 對 유엔군 3만명).

아군은 미 제1해병사단이 12. 11 함흥지구에 집결완료함으로써 국군 수도사단 및 미 제3, 7사단과 함께 본격적인 교두보확보단계로 들어갔다.

미 제10군단장에게 부여된 임무는 함흥~흥남을 연하는 유리한 지세와 해안선을 활용하여 교두보를 전초선 및 제1, 2, 3의 주저항선으로 구획하여 축차적인 반격태세를 갖추어 놓고 예하부대들을 안전하게 해상철수 시키는 것이었다. 이를 위해 미 제7함대와 기동함대가 해상지원을, 연포비행장의 미 공군이 공중지원을 담당하였다.

12. 14 흥남을 중심으로 한 반경 12km 지역(퇴조~함흥~동천리)에는 퇴조~설주봉의 국군 수도사단을 비롯하여 그 서쪽의 미 제3사단이 미 제7사단의 지원을 받는 가운데 중공군 5개사단 규모에 달하는 중공군의 공격을 방어하게 되었다.

미 제1해병사단은 피해가 극심하여 가장 먼저 12. 15 새벽에 해상철수하였고, 국군 제3사단은 이미 12. 10 성진을 출항, 부산을 거쳐 홍천으로 북상케 되어 있었다.

적의 제1차 공세는 아군의 함포사격과 항공폭격으로 예봉이 꺾인 후 다시 지상부대의 화력으로 저지되었다.

적은 12. 15 접근이 보다 용이한 흥남 북쪽의 산악지대에서 제2차 공세를 개시하였으나, 아군은 함포의 화집점사격(火集點射擊)에 힘입어 이를 저지하였다.

12. 16 중공군은 이틀간의 손실을 감안하여 북한군을 선봉으로 하여 공격해 왔으나, 이번에도 아군은 공중, 함대, 지상의 입체사격으로 격퇴하였다. 이날 계획에 따라 국군 수도사단이 승선함으로써 자연적으로 교두보 방어선은 제1 주저항선으로 옮겨졌다. 이날 악천후로 공군의 출격과 소함정의 이동이 불가능하여 일시 난감하였으나, 대형함정의 8인치 거포가 주야간 사격을 계속함으로써 교두보는 여전히 확보되었다.

12. 18 연포비행장을 폐쇄하고 미 제7사단이 승선을 개시함으로써 교두보는 제2주저항선으로 축소되었으며, 이에 따라 보다 가열된 적의 공격을 받게 되었지만, 그대신 아군 방어선의 축소에 따라 적의 행동반경이 산악지대로부터 평원지대로 옮겨지게 되어 아군은 화력에 의한 사상율을 증대시킬 수 있게 되었다.

12. 20 미 제7사단이 승선을 완료하고, 아군의 방어선은 제3주저항선으로 축소되었으며, 해군이 흥남 외곽지대의 주방호임무를 맡아서 철저한 탄막사격으로 적의 공격을 봉쇄하였다.

(Yellow, Green, Blue, Pink 해안중에서 제7연대가 Pink, 제15연대가 Yellow, 제65연대가 Blue, Green 해안에서 승선지점 선정)에서 동시에 승선을 개시하여 14:00 전 지상군 병력이 승선을 완료하였으며, 흥남철수작전은 성공리에 끝을 맺었다.

③ 결과

중공군 제9병단이 받은 타격은 극히 심대하여 1951. 5월 중순경 이른바 제4차 춘계공세 때에야 다시 전선에 모습을 나타냈다. 한편 북한군 제4, 5군단은 그간의 담당지역이 해안이어서 아군의 함포사격을 피하느라고 자주 출몰하지 못하였기 때문에 중공군에 비해 손실이 적었다.

흥남철수작전의 성공은 아군에게 최대의 크리스마스 선물이 되었으며, 사기에 끼친 영향이 매우 컸다.

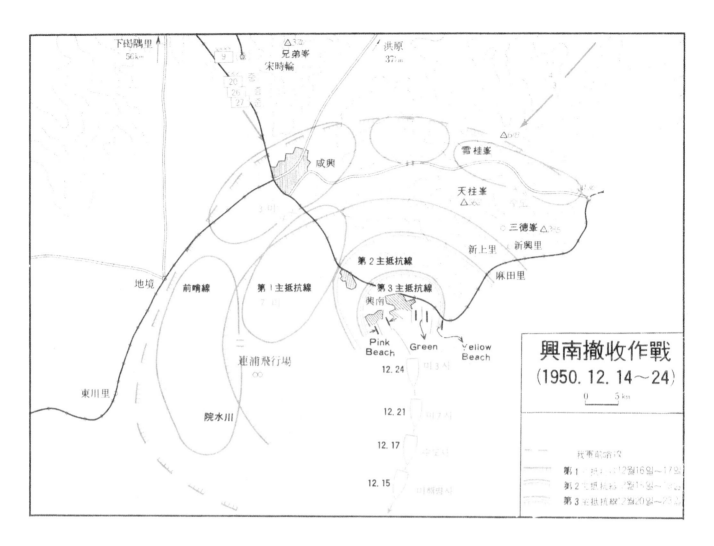

<〈흥남 철수 작전기간중 각종 통계표〉>

순서	구별		수량	내용
1	병력 장비 수송 통계	병력	105,000명	국군 제1군단, 미 제10군단 전병력
		피난민	91,000명	일부 기록에는 98,000명
		차량	17,000대	화물총량에 포함된 수량
		화물	350,000톤	연료 29,500 드럼, 탄약 9,000톤
		수송선	112척	APA 6, AKA 6, FAP 13, MSTS(임대선) 76, LST 81, LSD 11
		공수기	112대	연포공군기지에서 병력 3,600명, 차량 196대, 화물 1,300톤과 피난민 약간
2	함포 사격 총계	3"	71발	
		5"	18,637발	인천상륙 때보다 12,800발 더 발사(70% 더 소모)
		8"	2,932발	인천상륙 때보다 800발 더 발사(27% 더 소모)
		16"	162발	
		로켓	12,800발	
		40mm	185발	
		기타 함포	34,000발	12.18~12.24 사이에 순양함 2척, 구축함 7척에서 로켓포를 제외하는 전발사량
3	항공기 보유 대수	월일	해안기지	항공모함	계
		12.1	96대	184대	280대
		12.10	72대	288대	360대
		12.16		318대	318대
		12.23		398대	398대

제8장 재반격

§1. 중공군의 신정공세

1. 1950년 12월 말의 상황

아군은 임진강 남안~화천~양양을 잇는 새로운 방어선을 확보, 서쪽으로부터 미 제1, 9군단, 국군 제2, 3, 1군단의 순서로 배치되었다. 당시 아군의 총 병력은 약 356,000명, 적의 총병력은 약 500,000명이었다.

신임 제8군사령관 릿지웨이(Matthew B. Ridgway) 중장은 임진강~양양의 현전선, 평택~안성~원주~삼척선, 금강~태백산맥선, 소백산맥선, 낙동강선 등 축차적 방어선을 설정해 적의 공세를 저지하기로 하는 한편 아군의 사기와 공격정신을 되살리기 위해 심혈을 기울였다.

2. 적의 공세

중공군은 서부 및 중부의 유엔군 정면에 대한 주공격을 개시하기에 앞서 북한군으로 하여금 중동부의 국군 정면에 대한 견제공격을 선행케 했다. 12. 27 북한군은 현리 일대에서 전선을 돌파, 국군 제2군단에게 후퇴를 강요했다. 북한 제2군단 예하 제2, 9사단은 특히 중동부의 산악을 타고, 아군의 후방으로 깊숙히 침투했다. 12. 29 제8군 예비인 미 제2사단은 홍천으로 투입되어 원주로 후퇴하면서 지연전을 수행하였다.

한편 주공을 담당한 중공군은 12. 31 밤 개성~춘천 사이의 75km에 이르는 광정면에서 총공격을 개시, 주공방향을 의정부 회랑에 두고 서울 주변에 5개군(15개 사단)을 집중하였다. 릿지웨이 장군은 적의 병참능력의 한계를 이용하기로 결심하고 예하 전 지휘관으로 하여금 일선 전투지역에 위치하여 모든 기회를 포착, 적에게 최대한의 살상을 가하면서 평택~삼척선까지 질서정연하게 후퇴하도록 명령했다. 1. 4 새벽 한강부교의 폭파와 더불어 아군은 경인지구로부터 철수를 완료했다.

3. 원주의 공방전

적은 서울을 점령하자 주력을 중부로 옮겨 5개의 도로망이 교차하는 요충지인 원주를 북쪽과 동남쪽으로부터 협공하였다. 미 제2사단(프랑스 및 네델란드대대 배속)은 원주 동남쪽 고지군을 10일 이상 고수, 포병 및 항공화력으로 적에게 큰 타격을 주었다. 릿지웨이 장군은 미 제10군단을 중부에 투입한 다음 그 우측의 돌파구를 봉쇄하기 위해 미 제1해병사단을 추가로 투입했다. 적은 병참선의 신장과 유엔공군의 후방차단폭격으로 보급이 부진한데다가 유엔군의 압도적인 지상화력에 의한 병력손실을 감당할 수 없게 되자 인해전술의 한계를 드러내면서 진출을 중단, 극소수의 경계부대만을 전방에 남겨두고 주력을 다시 북쪽으로 끌어올려 재편성을 기도했다.

§2. 아군의 위력수색(威力搜索)

1. 릿지웨이 장군의 계획

1951. 1월 중순 중동부 전선에서 격전이 진행되는 사이, 서부전선에서는 피아의 접촉이 끊어져 소강, 적정이 불명했다.

릿지웨이 장군은 중공군의 배치, 규모, 장차의 기도 등을 탐색하고 적의 중동부에 대한 압력을 견제하기 위해, 서부전선에서 제한된 규모의 위력수색작전을 계획하였는바, 미 제1, 9군단은 각각 증강된 1개 연대 규모의 전투력을 차출, 수원~여주선까지 진출하면서 모든 기회를 포착, 적에게 최대의 손실을 강요한 다음 최소의 엄호부대를 남기고 주력은 원진지로 복귀한다는 내용이었다.

2. 위력수색작전

미 제1군단은 미 제25사단 예하 제27연대를 차출, 1. 15 아침 중공군 개입 이래 첫 반격인 '울프하운드(Wolfhound) 작전'을 개시했다. 전차, 포병, 공병 등으로 증강된 미 제27연대는 경부국도를 따라 북진, 이튿날 1. 16 오후 수원에 돌입한 다음 주력은 곧 원진지로 내려왔다. 두 차례의 산발적인 사격전이 있었을 뿐, 적의 저항은 대체로 경미하였다.

또한 미 제1기병사단 예하 제8기병연대의 1개대대는 1개 전차대대, 1개 포대, 1개 공병소대의 지원을 받아 1. 22 아침 금량장 부근을 출발, 수원~여주선까지 진출하면서 탐색을 실시했으나, 산발적인 기관총 사격 밖에는 별다른 저항을 받지 않았다.

3. 결과 및 의의

중공군은 그 주력을 접촉선으로부터 이격하여 훨씬 북쪽에 두고 소규모의 엄호부대만을 수원 이남에 분산 배치하고 있었다. 두 차례의 탐색작전은 소규모의 위력수색에 지나지 않았으나 중공군 개입 이래 처음 실시된 아군의 공격작전으로서 전면 재반격의 기점이 되었다.

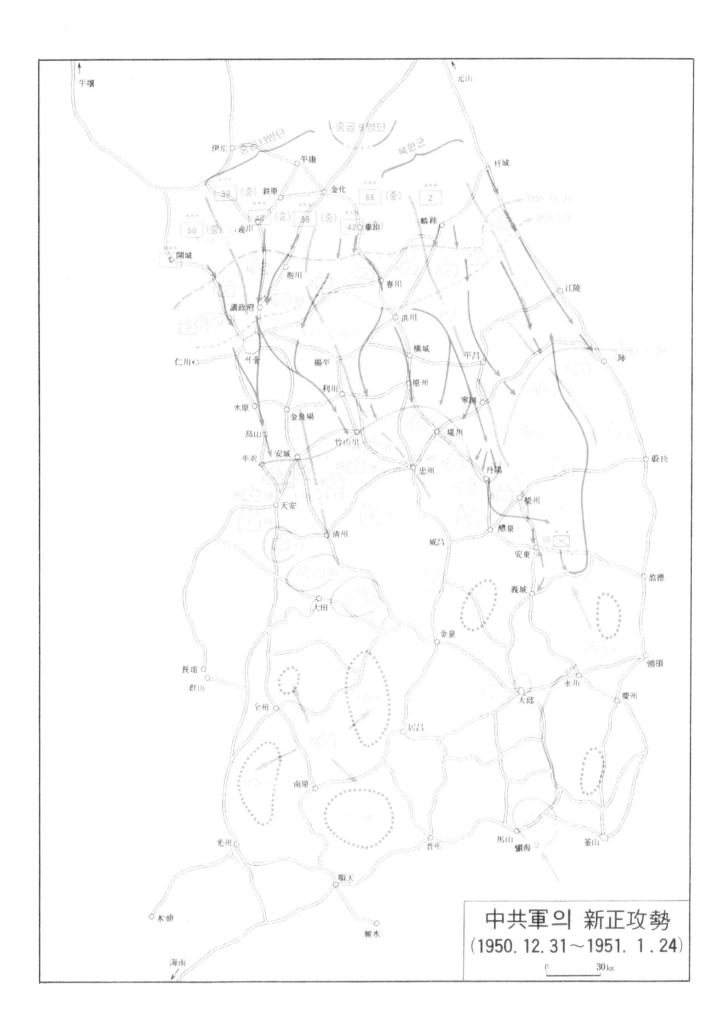

中共軍의 新正攻勢
(1950. 12. 31~1951. 1. 24)

§3. 제한목표공격

1. 아군의 계획

릿지웨이 장군은 두차례 탐색작전의 성과를 토대로 아군의 작전을 확대, 수원~여주선에서 한강선에 이르는 제한목표에 대하여 강력한 전투정찰을 실시, 지역내의 적정을 탐색하고 적의 공격기도를 분쇄하며 적의 인원물자에 대해 최대한의 출혈을 강요하기로 결심했다.

그의 계획은 최초 미 제1, 9군단이 서부에서 '썬더볼트(Thunderbolt) 작전'을 개시하면, 뒤이어 중동부의 미 제10군단과 국군 제3군단이 같은 형태의 '라운드 업(Round Up) 작전'을 속행한다는 것이었다. 이로부터 국군과 유엔군은 우세한 지상 및 항공화력과 기동전, 제공·제해권을 배경으로 협조된 기동전을 수행하게 되었다.

2. 썬더볼트(Thunderbolt) 작전

1. 25 07:30에 미 제1, 9군단은 각각 미 제25, 제1기병사단을 주공으로 공격을 개시, 1. 30 대체로 반월~수원~금량장~이천선까지 진출했다. 적의 저항은 오산, 수원, 이천 등지에서 비교적 완강했으나 전반적으로는 예상보다 경미했다. 이때까지 아군은 각 군단마다 1개 사단만을 주공으로 내세우는 전투정찰을 실시했으나, 1. 31부터는 각 군단이 대부분의 주력을 전방에 투입하는 전면공격으로 전환하면서 수원 이북으로의 진출을 속개했다. 릿지웨이 장군은 수원~이천~여주선(A선)으로부터 한강선(E선)에 이르는 5개 통제선을 설정하여 전 부대로 하여금 각 선을 통과할 때마다 군단장의 사전승인을 받게 함으로써 적을 우회함이 없이 완전 섬멸하도록 했다. 중공 제50군 예하 3개 사단, 제38군의 일부, 북한 제8, 17사단의 일부가 수리산(△474), 청계산(△650), 관악산(△629) 일대에서 완강히 저항했으나, 미 제1군단은 이를 격멸하고 2. 10 인천~김포일대를 탈환, 한강선을 확보했다. 이때 미 제9군단은 중공 제39, 42군 일부의 저항을 무찌르고 남한산(△606)~양평선으로 진출하였다.

3. 라운드 업(Round Up) 작전

서부의 미 제1, 9군단이 한강선에 육박하고 있을 무렵, 중부의 미 제10군단과 국군 제3군단은 적의 주력이 집결중인 것으로 추정되는 홍천을 양익포위하기 위해 2. 5 08:00 공격을 개시했다. 그러나 적은 험준한 지형을 이용하여 악착같은 지연전을 기도했으며, 악천후로 말미암아 유엔공군의 화력지원은 부진했다. 기상은 2. 10부터 호전되었으나, 이때 유엔공군은 항공정찰을 통하여 중공군이 미 제10군단 정면에 대부대를 집결하고 있음을 탐지, 진출을 중단하였다.

4. 재반격간 릿지웨이 장군의 작전지침

(1) 병력의 우세에 바탕을 둔 중공군의 인해전술을 제압하기 위해 아군은 화력과 기동력의 우세를 최대한 활용한다. 보·전·포 등 여러 병과의 긴밀한 협동과 해, 공군의 지상작전에 대한 지원이 월활히 이루어지도록 한다(화력과 기동력에 의한 살상전술).

(2) 작전의 주목표는 아군손실을 최소화하고 적의 인원물자에 최대의 출혈을 강요하는 데에 둔다("나는 부동산엔 관심이 없다. 오로지 죽이는 것이 목적이다"),

(3) 공격은 최초 소단위부대의 위력수색으로 개시, 적정이 확인됨에 따라 보다 강력한 전투정찰 또는 제한목표를 탈취하기 위한 전면공격으로 확대한다(모험적인 작전을 회피하고 확인된 적정을 토대로 하여 단계적으로 확대되는 신중한 제한목표 공격).

(4) 공격간 인접부대와의 횡적협조를 긴밀히 하기 위하여 축차적인 통제선을 설정, 모든 공격부대로 하여금 군단장급 지휘관의 사전승인을 얻은 후 이를 통과하게 함으로써 적을 우회함이 없이 완전섬멸 하도록 한다(속도보다는 섬멸을 강조하는 Meatgrinder식 전술).

(5) 적의 대규모 공세가 개시되면 아군은 인접부대 사이의 연락과 협조를 유지하면서 사전계획된 축차방어선으로 질서있게 후퇴하되, 어느 한 부대의 급속한 철수로 말미암아 전선의 불균형을 초래하거나 적에게 돌파구를 허용하지 않도록 한다(전선의 연결을 유지함으로써 중공군의 배후침투 및 돌파를 거부).

(6) 후퇴간 모든 부대는 반드시 적과의 접촉을 유지하면서 전투지연전을 감행, 모든 가용한 기회를 포착하여 최대의 출혈을 강요하면서 적의 주력을 아군의 화망으로 유도한 다음 지상 및 항공화력을 집중하여 강타한다(맹목적인 후퇴가 아닌 유인섬멸전).

(7) 적의 공격기세가 한계점에 도달하면 아군은 지체없이 공세로 전환하여 반격을 개시, 지속적인 기동전을 수행함으로써 적의 소모와 출혈을 강요한다(기동력의 우세를 활용하는 계속적인 foot work로써 적의 전투력을 소모).

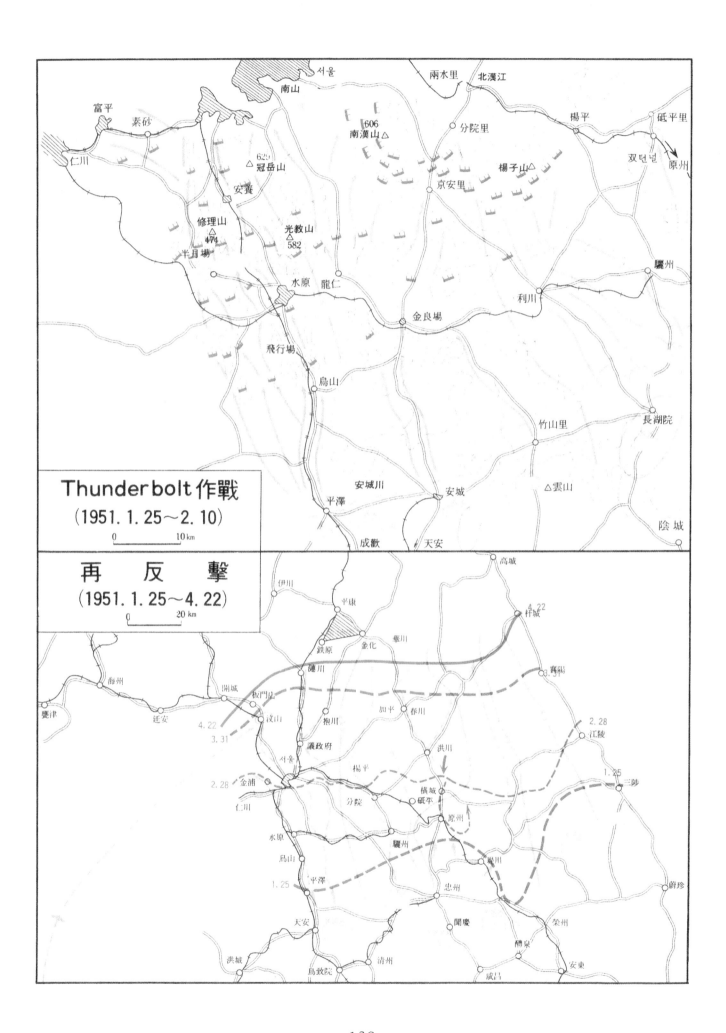

Thunderbolt 作戰
（1951. 1. 25～2. 10）

0　　　　　10 km

再　反　撃
（1951. 1. 25～4. 22）

0　　　　　20 km

§4. 시련의 중부전선

1. 중공군의 2월 공세

미 제10군단과 국군 제3군단은 횡성을 지나면서부터 적의 강력한 저항에 부딪쳐 진출이 부진했다. 적은 서부전선에서의 후퇴를 만회하기 위해 그 주력을 중부전선으로 이동시켜 대규모의 역공세를 기도하였다.

중공 제13병단 예하 제39군과 북한 제5군단은 2. 11밤 공격을 개시, 최초 화력과 기동력이 빈약한 국군 정면을 집중공격, 제3, 5, 8사단의 정면을 돌파한 다음 주공을 다시 두갈래로 나누어 중공 제66군은 홍천~횡성을 지나 원주~문막방면으로, 중공 제39, 40군은 횡성으로부터 지평리 방면으로 각각 쇄도해 왔다. 한편 조공을 담당한 북한 제5군단은 평창~횡성선을 돌파, 제천을 위협하였다.

국군 제3, 5, 8사단을 비롯한 미 제10군단 예하 전부대는 중공군에게 상당한 출혈을 가하면서 원주방면으로 후퇴했다. 한편 남한산~양평선을 확보하고 있던 미 제9군단은 그 예하 제1기병사단으로 하여금 군단의 우측방을 경계하도록 하는 동시에 국군 제6사단 및 영 제27여단을 미 제10군단에 배속시켜 중부전선을 증강했다. 동부전선의 국군 제1군단은 사령부를 삼척으로부터 제천으로 옮겨 미 제10군단의 작전을 지원하면서 원주~제천선을 확보했고, 국군 제3군단 예하 제7사단은 영월 북방을 확보하였다.

릿지웨이 장군은 특히 적의 두 가지 중요한 목표이자 돌파구의 두 어깨에 해당하는 원주와 지평리의 중요성을 인식하고, 이들 두곳을 반드시 확보하려 했다. 원주는 중부전선의 복판에 위치한 교통의 요지로서 피아간에 중요했고, 지평리도 철도와 지방도로의 교차지점으로서 만일 아군이 이곳을 잃을 경우 미 제9, 10군단 사이에 간격이 생겨 서부전선의 아군주력은 측방이 노출된다.

중공군은 원주로 남하하는 동안 아군의 살상전술에 의해 전사 30,000명의 큰 출혈을 보았으며, 병참난에 직면하여 2. 15 마침내 후퇴를 개시했다. 한편 아군은 2. 21 '킬러(Killer) 작전'을 개시하면서 반격으로 이전하였다.

2. 지평리 전투

중공군의 2월 공세가 개시되자 릿지웨이 장군은 인해전술을 저지함에 있어서는 선방어보다는 종심방어가 효과적이라고 판단하고 적 돌파구의 정면에 있는 지평리 일대를 고수하기로 결심했다. 미 제2사단 예하의 제23연대와 그에 배속된 프랑스 대대가 점령하고 있던 지평리 진지는 라운드 업 작전간 아군전선의 후방에 있었으나, 2. 11밤에 개시된 중공군의 공세에 밀려 전선이 원주까지 남하하자 미 제10군단의 최북단 돌파구가 되었고, 곧 이어 중공 제39군 예하 3~5개 사단에 의해 포위되었다. 지평리 주변에는 8개 정도의 100~400고지가 둘러서 있어서 직경 5~6km의 사주방어진지를 편성하기엔 천연의 적지였다. 그러나 연대장 프리만(Paul L. Freeman) 대령은 예비대를 차출하기 위해 직경 1.5km의 축소된 원형진지를 편성했으며, 그 결과 병력을 야산저지대에 배치했다. 미 제23연대와 배속·지원부대의 총병력은 5,600명, 105㎜곡사포 1개 대대, 155㎜곡사포 및 대공화기 각각 1개 포대가 화력을 지원했다.

지평리 진지를 에워싼 중공군 3~5개 사단은 2. 13 밤 집중포격 및 탐색전에 이어 대대적인 파상공격을 개시, 유엔군 진지에 수류탄을 던지며 쇄도, 사주에서 치열한 근접전이 벌어졌다. 미 포병부대는 조명탄과 고폭탄을 번갈아 쏘며 분전, 중공군은 진전에 개인호를 파고 머물러 압력을 늦추지 않았다. 때때로 중공군은 진지를 돌파, 진내로 쇄도했으나 유엔군은 즉각 역습으로 격퇴하면서 진지를 고수했다. 특히 프랑스군 1개 분대는 4배수나 되는 중공군 병력이 다가오는 것을 침착하게 기다리다가 20m 전방에 이르렀을때 일제히 착검돌격하여 이들을 격퇴하였다.

2. 14 낮 유엔공군은 진지 주변에 로켓 및 네이팜 사격으로 적을 강타, 중상자를 헬기로 수송하고, 탄약 등 보급품을 투하했다. 밤이 되자 사주의 백병전은 전날보다 더욱 치열하여 곳에 따라서는 수백명의 중공군 시체가 시산혈해(屍山血海)를 이루었고, 중상의 연대장 프리만 대령은 후송을 거부하고 병사들 곁에 머물렀다. 중공군은 마침내 진지의 일각을 점령, 2. 15 낮 유엔기의 근접폭격을 받고서야 물러났다. 한편 미 제1기병사단에서 차출된 크롬베즈(Crombez) 특공대는 지평리로 들어가는 주보급로를 개척, 2. 15 저녁 미 제23연대와 합류하였다.

중공군의 인해전술을 화력으로 눌러 아군의 전의와 사기를 되살리면서 청천강의 참패를 갚아준 일대 설욕전이었다. 아군의 승리요인은 지휘관으로부터 각개 병사에 이르기까지 한결 같았던 진지사수의 결의, 적이 지근거리에 이르기까지 기다릴 수 있었던 철저한 야간 사격군기와 일발필중의 사격술, 화력의 우세와 긴밀한 공·지협동, 예비대의 적절한 운용과 즉각 역습 등으로 집약될 수 있다.

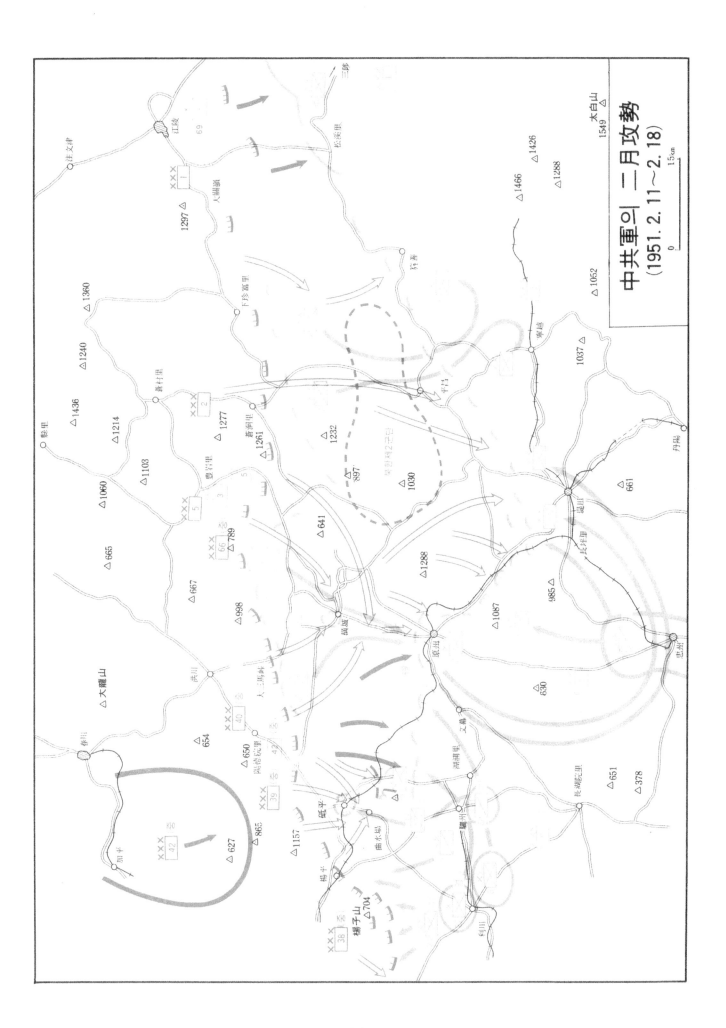

中共軍의 二月攻勢
(1951. 2. 11~2. 18)

§5. 다시 38선으로

1. 킬러(Killer) 작전

중공군이 지평리와 원주 일대에서 막대한 손실을 입고 물러서자 아군은 2. 11 반격을 개시했다. 미 제9, 10군단은 협동공격으로 횡성을 양익포위하여 중공 제39, 40, 66군의 주력을 포착섬멸하고, 아리조나(양평∼횡성∼강릉선에서 약간 북쪽) 선을 확보하려 했다. 이를 위해 안동 일대에서 적 침투부대를 소탕중이던 미 제1해병사단이 미 제9군단으로 투입되어 주공을 담당, 원주∼횡성축선으로 공격했으며, 2. 24 횡성에 돌입했다. 미 제10군단은 예하 미 제7사단을 선두로 하여 영월∼평창축선으로 진출, 평창 북쪽의 대미산(△1239) 일대에서는 치열한 접근전 끝에 북한 제1사단의 저항을 분쇄했다. 아군은 조기해빙과 강우, 험난한 지형으로 말미암아 병참보급과 화력지원이 부진한데다가 적의 저항이 완강하여 진출이 전반적으로 완만했으나, 2월 말경에는 목표선에 도달함으로써 적의 돌출부를 완전히 없애고 전체 전선의 균형을 회복하였다.

2. 리퍼(Ripper) 작전

릿지웨이 장군은 적병력을 살상하는 데에 주목표를 두고 있었으나, 서울탈환의 정치·심리적 의의와 김포∼인천 일대의 병참상 가치를 중시하는 맥아더 원수의 의도에 따라 한강 이북으로의 진출을 결심했다. 그는 적 바로 앞에서 도하하기보다는 서울 동측방으로의 간접접근이 효과적이라고 판단하고 중부전선에 아군의 돌출부를 형성하기 위해 아이다호(Idaho) 선을 목표로 설정한 다음 3. 7 공격을 개시했다. 주공인 미 제9, 10군단은 중동부의 험준한 지형과 적의 완강한 저항으로 말미암아 진출이 부진한 반면, 견제 및 조공의 임무를 띤 미 제1군단은 적의 저항이 의외로 경미하여 신속하게 진격하였으며, 전선은 원래의 계획과 달리 대체로 수평을 유지하면서 북상하였다.

미 제9군단 예하의 미 제1해병사단과 국군 제1해병연대는 3. 15 홍천을 점령했으나 그 후 2주일간 주변고지의 북한군을 소탕하기 위해 총검 및 수류탄을 사용하는 백병전을 계속했다. 그 서쪽의 미 제1기병사단은 3. 14 홍천강을 건너 3. 19 춘천으로 돌입하였다.

미 제10군단은 미 제2사단을 주공으로 하여 아이다호선을 향해 진출했으나, 지형 및 기상이 화력지원과 기동을 제한한 결과 총검 및 수류탄을 사용하는 근접전을 치뤄야 했다. 동부전선의 국군 제1, 3군단은 3. 18까지 속사리∼황계리∼강릉선을 확보하면서 40km 후

방의 중봉산 일대에서 활동중이던 북한 제10사단의 잔적을 소탕, 아이다호선으로의 북상이 지연되었다.

한강 이남의 미 제1군단은 최초 강북의 적을 견제했으며, 맨 우측의 미 제25사단만은 3. 7 양수리에서 한국전쟁에서의 최대의 준비포격을 실시한 후 한강을 건너 아이다호선으로 진출하여 서울을 동쪽에서 위협했다. 이어 국군 제1사단은 3. 15 새벽 한강을 정면도하, 서울을 탈환했다. 3. 23 미 제187공수연대는 '토마호크(Tomahawk) 작전'을 개시, 문산 일대에 낙하하여 북상하는 미 제1군단과 연결했으나 적 주력은 이미 임진강 북쪽으로 철수한 다음이었다. 미 공수연대는 다시 동쪽으로 진출, 의정부 북쪽에서 미 제3사단과 맞서있던 북한군의 배후를 공격했으나 전과는 별로 없었다. 토마호크 작전은 다만 미 제1군단의 임진강선 진출을 촉진했을 뿐이었다. 아군은 3월 말 임진강∼춘천∼양양선에 진출한 후 리퍼 작전을 종결하였다.

3. 러기드(Rugged) 작전

아군의 반격으로 큰 출혈을 입은 중공군은 대부분의 전선에서 지연전의 임무를 북한군에게 인계한 후 철의삼각 일대로 집결, 재공세를 준비는 것 같았다. 이때 미 정부가 38선의 재돌파 문제를 야전사령부의 재량에 일임하자 릿지웨이 장군은 적의 공격기도를 미리 분쇄하고 방어에 유리한 주저항선을 확보하기 위해 임진강∼화천호∼양양을 잇는 캔사스(Kansas) 선을 목표로 하여 공격을 계속, 4. 9 이 선에 도달하였다. 이로써 아군은 38선 북쪽의 유리한 감제제형을 잇는 영구적인 주저항선을 확보하였다.

4. 돈틀리스(Dauntless) 작전

전선 중앙의 요충이자 중공군의 전방 집결지인 철의 삼각지대를 무력화하기 위해 아군은 그 저변을 지나는 와이오밍(Wyoming) 선을 목표로 진출, 4. 19 현재 중간목표인 유타(Utah) 선에 접근하였다. 아군은 또한 중공군의 재공세에 대비하여, 우세한 기동력을 바탕으로 축차적 지연전을 감행하기 위한 커레이져스(Courageous) 작전을 계획중이었다.

5. 맥아더 원수의 해임

트루만 미 대통령은 4. 11 맥아더 원수를 해임, 유엔군총사령관에 릿지웨이 장군을, 제8군사령관에 밴플리트(James A. Van Fleet) 장군을 각각 임명, 한국전의 현상 동결을 모색하려는 움직임을 드러내기 시작하였다.

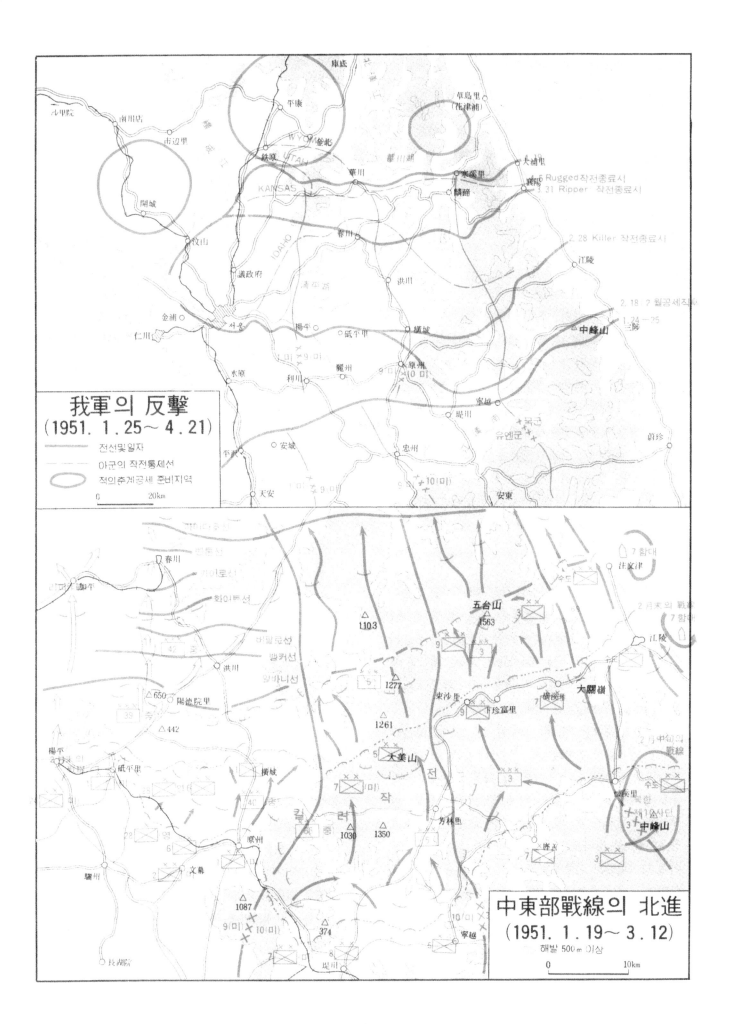

我軍의 反擊
(1951. 1. 25∼ 4. 21)

전선및일자
아군의 작전統제선
적의춘계공세 준비지역

0   20km

中東部戰線의 北進
(1951. 1. 19∼ 3. 12)

해발 500m 이상

0   10km

143

§6. 중공군의 4월공세

1. 상황

4. 14 한국전선의 작전지휘를 인수한 밴플리트 장군은 전임 릿지웨이 장군의 작전방침을 그대로 계승, 와이오밍선으로의 진출을 계속했다. 그러나 그의 취임 일주일만에 중공군은 유엔군측이 오래전부터 예기해온 대공세의 포문을 열었다.

2. 적의 공격기도

중공군은 4. 22 새벽 4시간의 준비포격에 이어 조공방향으로 선정된 연천~화천 사이의 중부전선에서 첫 행동을 개시, 공세는 곧 전 전선으로 확대되었다. 중공군은 주공을 서부의 미 제1, 9군단 정면에 두고 서울에 대한 양익포위를 꾀하는 한편 인제 방면의 동부전선에서도 국군에 대한 견제공격을 감행했다.

당시 한국전에 파병된 중공군의 병력은 약 700,000명, 그 중 절반이 전선에 투입된 것으로 추산되었으며, 전차, 포병, 항공등의 지원은 별로 받지 않고 종래의 인해전술을 사용하여 광범한 전선에서 소단위부대에 의한 침투를 기도하였다.

3. 중서부전선

중공군은 미 제9군단 중앙의 국군 제6사단을 집중공격하여 전선을 돌파한 다음 인접 미 제24사단 및 미 제1해병사단의 측방을 위협하면서 아군 전선의 1km 후방까지 깊숙이 진출했다. 국군 제6사단은 남대천 계곡을 따라 가평 일대로, 그 우측의 미 해병사단은 화천 일대를 포기하고 춘천 북방으로 각각 후퇴하였다.

밴플리트 장군은 미 제1, 9군단으로 하여금 캔사스선으로 질서있게 후퇴하도록 명령하는 한편, 미 제5기병연대와 영 제28여단(제27여단을 개칭)을 투입, 돌파구를 봉쇄하게 했다. 중공군이 4. 26 가평을 점령, 경부선을 차단하자 미 제9군단은 다시 홍천강 이남으로 철수, 새로운 방어선을 확보했으며 적의 공격이 개시된 이래 만 3일간의 전투에서 포탄 15,000발을 소모하는 화력전을 벌여 중공군에게 막대한 출혈을 강요하였다.

4. 서부전선

중공군은 4. 22 밤 고랑포~마전리 중간지점에서 임진강을 도하하는 한편 철원~서울축선에 주공을 두어 국군 제1사단 정면을 집중공격, 4. 23 이를 돌파함에 따라 인접 영 제29여단의 좌측방이 노출되었다. 영 제29여단 1대대는 설마리 일대에서 중공군에게 포위되어 탄약이 떨어질때까지 용전하다가 대대장을 비롯 대부분이 산화했으나, 결과적으로는 중공군의 예봉을 견제함으로써 다른 우군부대들을 위기에서 건져낸 전형적인 견제작전이었다.

4. 26 경춘선이 차단되면서 중공군의 서울방면에 대한 압력이 가중되자 유엔군은 의정부를 포기한 다음 서울 북쪽의 외곽방어선을 확보하였다.

4. 29 중공군은 6,000명의 병력으로 한강 하류를 도하하여 김포반도로 진출, 서울 방어선을 포위하려 했으나 유엔공군의 지원아래 한국 해병 제5대대가 이를 분쇄했으며, 중공군의 양수리 일대에 대한 도하공격도 미 제24, 25사단에 의해 저지되었다.

한편 북한군은 양구~인제간의 국군정면으로 견제공격을 감행, 4. 29 인제를 점령하였다.

중공군의 공세는 개시된지 일주일만인 4. 29 전 전선에서 저지되었다. 이로써 중공군은 공세작전을 일주일 이상 계속 수행할 만한 병참지원능력이 없음을 다시 한번 드러내게 되었다.

5. 아군의 반격

아군은 서울 북쪽~사방우~대포리를 잇는 '무명의 선'을 새로운 주저항선으로 확보하고 그 전방 13km 지점 일대에 연대급 정찰기지를 운용하는 동시에 수시로 기갑정찰대를 16~20km 전방까지 진출시켜 기선을 유지하기 위한 선제공격을 감행하였다.

5월 첫 주동안 미 제1군단은 서울 북쪽에서 반격으로 이전했다. 국군 제1사단은 경의선을 따라 문산을 향해 진출하고, 미 제1기병사단은 의정부를 탈환, 미 제25사단은 서울~신팔리 가도로 북상했다. 때를 같이해 중부전선에서도 유엔군의 기갑정찰대가 가평을 탈환함으로써 경춘선을 다시 열어 놓았으며 미 제1해병사단은 춘천을 탈환했다.

그러나 아군은 5. 10 이후 전 전선에서 다시 중공군의 완강한 저항에 부딪쳐 적이 또 한차례의 대공세를 준비하고 있음을 감지하였다.

유엔군측 정보반은 서부전선에 투입되었던 중공군 5개군이 5. 10~15 사이 춘천~인제간의 미 제10군단 및 국군 제3군단 정면으로 이동하여 재배치되고 있다는 사실을 탐지하였다.

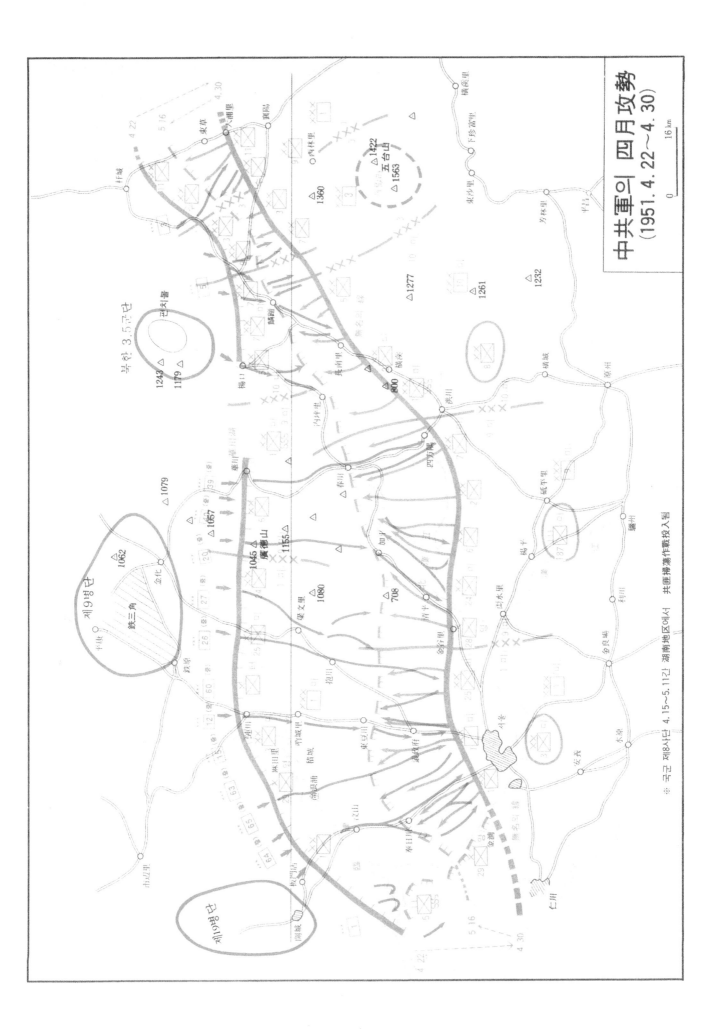

中共軍의 四月攻勢
(1951. 4. 22~4. 30)

0   16 km

§7. 중공군의 5월공세

1. 적의 기도

5. 15 밤 중공군 제9, 13병단 예하 21개 사단은 미 제10군단 및 국군 제3군단이 담당하고 있던 중부전선에 주공을 두고 총공세를 개시했다. 이와 동시에 서부전선 에서는 북한군 3개 사단이, 동부전선에서는 북한군 6개 사단이 조공으로서 공세에 가담하였다.

2. 중동부전선의 위기

미 제10군단은 홍천 서쪽의 고지군으로부터 인제에 이르는 '무명의 선'을 따라 60㎞의 정면을 담당, 좌로부 터 미 제1해병사단(춘천 남쪽), 미 제2사단, 국군 제5 사단, 국군 제7사단의 순으로 배치되어 있었으며 그 우 측에는 국군 제3군단이 인접하고 있었다.

중공군은 춘천 서쪽에서 북한강을 도하하는 한편 주 력을 국군 제5, 7사단의 정면으로 집중했다. 국군 제5, 7사단은 한계리 일대에서 '무명의 선'을 고수하다가 마 침내 돌파되었으며 그 우측의 국군 제3군단 방어선도 돌파되어 평창~강릉선으로 후퇴했다. 동해안의 국군 제1군단은 대포리에서 강릉으로 후퇴하였다.

밴플리트 장군은 미 제10군단의 우측방에 형성된 돌 파구를 봉쇄하기 위하여 미 제1군단의 예비인 미 제3사 단을 투입하는 한편 미 제10군단과 미 제9군단 사이의 전투지경선을 동쪽으로 이동시켜 부대배치를 전반적으 로 다시 조정하였다.

3. 벙커(Bunker) 고지의 혈전

국군 제5, 7사단의 정면이 돌파되자 미 제2사단은 우 측면이 노출된 상태에서 중공군의 3면 공격을 받게 되 었다. 미 제2사단 예하 제38연대는 5. 18 하룻동안 중 공군 1개 사단의 공격을 격퇴하면서 벙커고지(△800) 를 확보, 적의 돌파구를 제한하는데에 결정적인 역할을 했으며, 이날의 방어전투에서 미 제38포병대대는 105 ㎜ 곡사포탄 12,000발 이상을 지원사격, 중공군에게 막대한 화력세례를 퍼부었다.

그 후 미 제2사단은 인접부대와의 전선을 다시 조정 하기 위해 명령에 따라 8㎞ 후방의 새로운 주저항선으 로 철수했다. 5. 15~18 4일 동안 미 제2사단의 병력 손실은 사상 및 실종을 합하여 900여 명이었고, 중공군 의 손실은 35,000명으로 추산되었다.

당시 유엔군 포병은 전투간 기준탄약보급량의 5배수 를 소모하는 이른바 '밴플리트 사격'을 실시함으로써 중 공군의 인해전술을 제압할 수 있었으나, 이로 말미암아 전부대가 심각한 포탄보급난에 직면하게 되었다.

4. 용문산전투

중공군은 5. 17 밤 25,000명의 병력으로 마석우리 일대에서 북한강을 건너 서울 동북방으로의 우회공격을 기도했으나 국군 제6사단과 미 제25사단은 3일간의 격 전 끝에 이를 격퇴했다. 때를 같이하여 북한군은 4개 대대 규모의 병력으로 서울 북쪽에서 압력을 가해왔으 나 쉽사리 격퇴되었다.

국군 제6사단은 중공군의 4월공세가 개시되었을 때 사창리 일대에서 방어에 실패한 후 홍천강 이남으로 내 려와 용문산 일대에서 재편성중이었다. 중공군의 5월 공세가 개시되어 미 제9군단의 전선이 홍천강선으로 남 하하자, 국군 제6사단은 예하 제2연대로 하여금 홍천강 남안에서 전방경계를 담당하게 하고 나머지 주력 2개 연대를 그 후방 용문산 일대에 배치했다. 중공 제63군 예하 3개 사단은 6. 19 새벽 홍천강을 도하, 제2연대의 경계진지를 아군의 주저항선으로 잘못 알고 전부대를 투입하여 공격하였다.

고립된 제2연대는 사주전면방어진지를 편성한 다음 유엔공군의 10여 차에 걸친 공중폭격과 군단 및 인접부 대 포병의 화력지원을 받아 적의 공격을 격퇴하면서 2 일동안 거점을 유지하였다.

한편 그 후방 용문산 일대에서 반격준비를 끝낸 국군 제6사단의 주력 2개 연대는 마침내 반격을 개시, 제2연 대를 둘러싸고 있던 중공군의 포위망을 분쇄하는 동시에 중공 제63군의 약 절반을 섬멸하는 대전과를 거두었다.

국군 제6사단의 용문산 전투는 고립부대에 의해 이루 어진 거점방어작전의 전형이라 할 수 있다.

5. '수정된 무명의 선'

중공군의 5월공세는 개시된 지 만 4일만에 저지되어 아군의 전선은 5. 20부터 안정되었다. 아군은 벙커고 지(△800) 동쪽에서 '수정된 무명의 선'을 새로운 주저 항선으로 확보했다. 중동부전선을 맡고 있던 국군 제3 군단은 해체되어 그 예하의 국군 제9사단은 좌측방의 미 제10군단으로, 국군 제3사단은 동해안의 국군 제1 군단으로 각각 편입되었다.

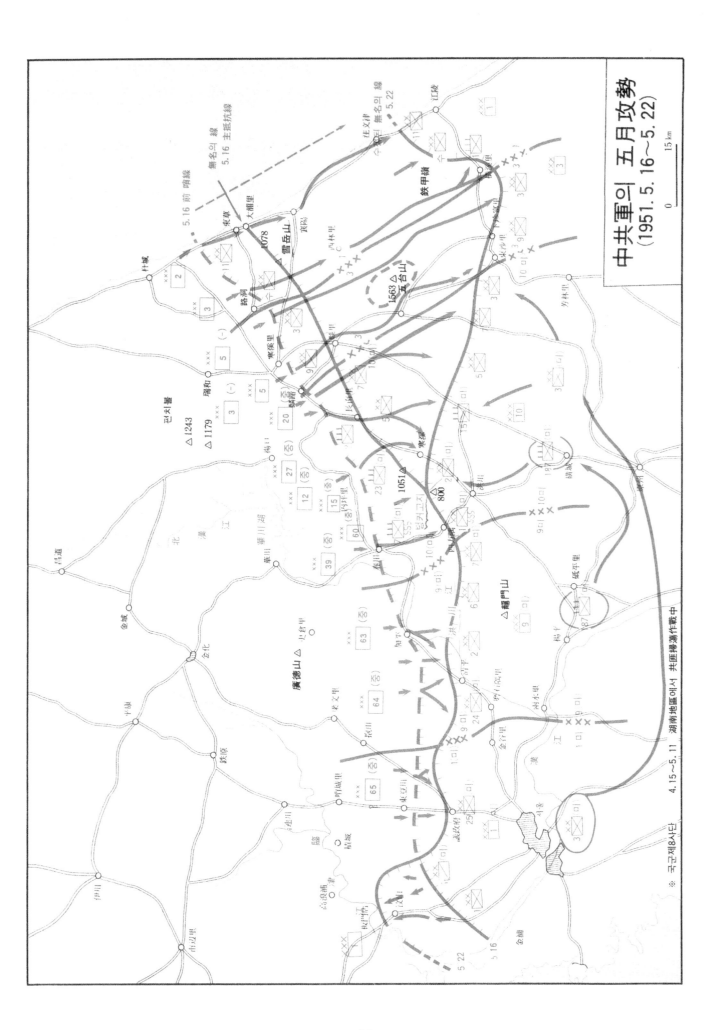

中共軍의 五月攻勢
(1951. 5. 16～5. 22)

0   15 km

※ 국군제8사단   4. 15～5. 11 湖南地區에서 共匪掃蕩作戰中

§8. 캔사스선의 탈환

1. 아군의 계획

두 차례에 걸친 중공군의 공세를 저지한 아군은 전세의 균형을 회복하기 위해 반격으로 이전했다. 유엔군측은 이 무렵부터 북한지역으로 너무 깊숙이 작전을 확대할 경우 아군의 병참선이 연장되는 반면에 적의 병참선은 단축되어 상대적으로 불리한 전술적 입장에 서게 될 것을 고려하여 38선 부근의 일정선에서 전선을 안정시키는 데에 작전의 목표를 두게 되었다. 밴플리트 장군은 아군 전선을 캔사스선까지 밀어올려 오랫동안 적의 전방병참기지가 되어 온 철의 삼각지대를 무력화하는 동시에 남한의 동력원이 될 화천호를 점령하기로 결심하였다.

2. 동부전선

밴플리트 장군은 미 제1해병사단이 화천호까지 북상하면 미 제187공수연대를 인제~간성축선으로 진출시켜 동해안에서 적의 퇴로를 차단하기로 계획했다. 미 제10군단은 5. 24 08:00 작전을 개시, 미 제1해병사단을 양구와 화천호로 진출하고 미 제187공수연대는 5. 27 인제를 점령, 5월 말경 군단은 소양강선으로 진출했다. 때를 같이하여 미 제9군단 예하 미 제7사단은 화천을, 국군 수도사단은 간성을 각각 점령함으로써 미 제187공수연대의 동해안 진출은 불필요하게 되었다.

한편 미 제1군단은 5. 19 국군 제1사단을 선두로 서울~문산축선으로 진출을 개시, 며칠 사이에 문산, 의정부, 신팔리 등지를 탈환했으며, 중부전선의 미 제9군단도 가평~홍천강선을 탈환한 다음 화천호로 북상하였다.

3. 캔사스선의 확보

5월 말 아군은 문산~연천~화천~양구~간성선으로 진출함으로써, 중동부전선의 일부를 제외한 캔사스선을 대체로 수복하고 38선 북쪽에 발을 들여 놓았으나, 최서부전선에서만은 임진강의 전술적 가치를 고려하여 38선 이남에 머물렀다.

§9. 파일드라이버(Piledriver) 작전

1. 미국의 정책과 미 합참의 훈령

5월중 미국은 현상을 동결시킨다는 원칙위에서 휴전협상을 모색한다는 정책을 확정하였다.

⑴ 한국에서의 정치적 목표와 군사적 목표를 분리, 군사목표는 침략을 격퇴한 후 협상을 통해 적대행위를 종결시키는 데에 둔다.

⑵ 현전선 남쪽에서 한국정부의 권능을 확립하되, 현전선은 방위와 행정에 적합해야 하며 실질적으로 38선 이남으로 내려와서는 안 된다.

⑶ 한국전역으로부터 모든 외국군을 철수케 하고, 북한의 재침을 억제 또는 격퇴할 수 있도록 한국군을 강화한다.

이에 따라 미 합참은 유엔군으로 하여금 캔사스선을 강화하여 아군의 주저항선으로 영구확보케 하고, 그 전방의 주요 감제고지를 탈취하기 위한 제한된 국지공격만을 실시케 하였다. 당시 미 합참은 폭 20마일의 DMZ를 설치하기 위해 쌍방이 각각 10마일씩을 후퇴해야 하리라고 예상, 주저항선 전방에 폭 10마일의 전초지대를 확보하려면 아군은 캔사스선 북쪽으로 적어도 20마일을 더 올라가야 한다고 판단하였다.

2. 파일드라이버 작전

아군은 20마일의 전초지대를 확보하기 위해 6. 1부터 '파일드라이버 작전'을 개시, 캔사스선의 대대적인 요새화와 아울러 미 제1, 9군단은 와이오밍선으로, 미 제10군단은 중동부전선의 요지인 펀치볼(Punchbowl)을 목표로, 국군 제1군단은 고성을 목표로 각각 공격을 계속했다.

미 제1, 9군단은 중공군의 지연전과 강우를 무릅쓰고 철의 삼각지대로 진출, 6. 11 오후 미 제1군단 예하 미 제25사단과 터키여단은 금화를 각각 점령, 와이오밍선을 확보했다. 이어 양 군단은 각각 보전협동의 특수임무부대를 북상시켜 6. 13 평강에서 합류했으나 주변 고지로부터 중공군의 역습을 받고 철수했다. 그러나 아군은 와이오밍선을 확보하여 적의 철의 삼각지대 독점을 거부했다. 미 제10군단은 국군 제5, 7사단과 미 제1해병사단을 투입, 6월 하순 화천호~펀치볼 남단 일대로 진출했으며, 동해안의 국군 제1군단도 간성으로부터 고성을 향해 공격을 계속했다. 펀치볼 일대를 확보하기 위한 미 제1해병사단의 격전을 제외하고는, 아군은 이미 6월 중순경 캔사스선의 대부분을 확보하였다.

3. 협상의 개막

7. 10 개성에서 휴전협상이 개막되고, 유엔군측이 휴전의 조기성립을 위해 공격을 자제함에 따라, 적은 전력을 다시 강화할 수 있는 기회를 얻게 되었다.

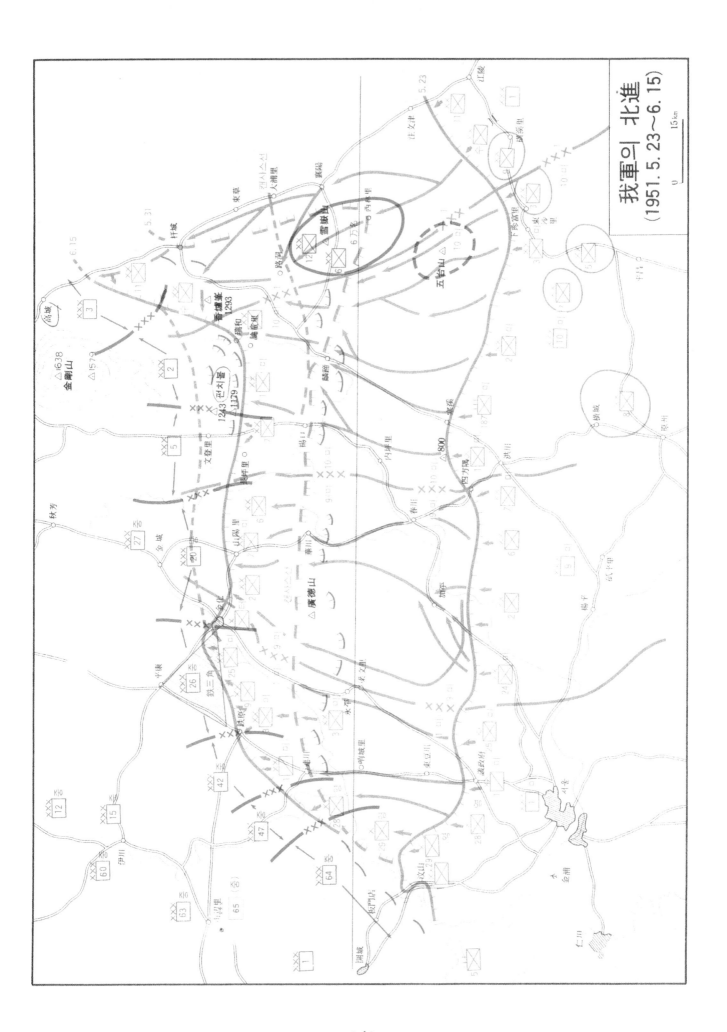

我軍의 北進
(1951. 5. 23~6. 15)

제9장 전선의 고착과 진지전

§1. 전선의 고착

1. 배경

유엔군사령부는 1951년 봄에 적의 공격을 저지한 후부터는 반격을 실시하려고 하지 않았다. 이는 국군 및 유엔군이 적을 38선 북쪽으로 격퇴시킬 능력이 부족해서 그런 것은 아니었다.

문제는 적에게 최대의 피해를 주기 위해서 어느 정도로 반격하느냐 하는 것이었다. 또한 이에 관련하여 밴플리트 장군이 항상 마음속에 간직한 두 가지 요소는, 첫째, 기동이나 포위로 적을 섬멸할 충분한 부대를 보유치 못하였다는 점과, 둘째, 릿지웨이 장군과 JCS의 승낙을 받지 않고서는 38선을 가로지르는 캔사스~와이오밍 방어선 전방으로 전진을 할 수 없다는 것이었다.

이러한 제한요소와 유엔군사령부를 구성하고 있는 대부분의 연합국 군대가 압록강으로 다시 진격하는 것을 꺼린다는 것을 감안하여 밴플리트 장군은 1951. 6 '적을 계속 추격한다는 것은 할수도 없으려니와 용이한 것도 아니다. 그러므로 미 제8군의 유익한 운용은 38선 북쪽 가장 가까운 감제고지상에 방어선을 설치하고, 그곳에서 아군에 최소의 위협을 주고 적에게 최대의 피해를 주기 위하여 제한된 전진을 해야한다'는 결론을 내렸다.

이에 따라 한국전쟁의 유동적인 단계에 종지부가 찍히고 새로운 전쟁이 시작되었다.

2. 휴전회담과 전선상황

1951. 7. 10 휴전회담의 개시와 더불어 캔사스~와이오밍선에서 전진을 멈추고 방어태세로 전환한 아군은 협상의 결렬위기에 직면하자 8월 중순 한정된 목표에 공격을 감행, 하계공세를 전개하였다.

10월 초에는 정체된 휴전회담의 속개를 위한 방편으로 적을 강압하고 정전에 따른 분계선을 감안, 10km 전진을 목표로 중부와 서부에서 추계공세를 전개하였다.

10. 25 휴전회담이 속개되고 11. 27에는 30일간의 기한부로 접촉선을 중심으로 쌍방의 전선을 고정화하는데 합의하였다.

이 시기에 '적이 공격할 때만 공격한다'라는 출처 불명의 명령이 11. 28 유엔군에 하달되고, 기이하게도 적도 이에 동조하여 전선은 소강상태 속에서 소규모의 탐색전만으로 1952년 전반기를 보내고 있었다.

§2. 진지전

1. 상황

아군은 휴전회담과 관련된 정치적 이유 때문에 계속 북진을 위한 전면적인 공격작전에 제한을 받고 있었지만, 접촉선만은 여하한 확보해야만 했다.

그 이유는 휴전회담에서 논의된 휴전선 설정 문제에 대한 쌍방의 주장 때문이었다. 따라서 이후 전투는 군사분계선을 축심(軸心)으로 대진하면서 탐색전과 일진일퇴의 고지쟁탈전만 되풀이 하게 되었다.

피아간의 모든 작전은 제한된 국지전, 즉 보다 유리한 지형을 확보하기 위한 공격과, 적의 공격으로 빼앗긴 고지를 탈환하기 위한 반격작전으로 시종되었다.

이리하여 유화와 자존의 대립적 모순이 한국전쟁을 대진(對陣)의 성격으로 변모케하고, 이 대진의 양상은 더욱 고정화되어 몇 개의 한정된 고지에 대한 쟁탈을 반복하는 것으로 일관되었다.

2. 주요 고지 전투

휴전회담과 관련된 고지쟁탈전의 격전지로서는 동부의 351고지, 펀치볼 지역, 피의 능선, 단장의 능선 등이었고, 중부의 수도고지와 지형능선, 저격능선 그리고 철의 삼각지의 백마고지가 대표적인 지역이다.

이외에도 서부전선의 수많은 지역에서 고지쟁탈전이 있었으나, 적은 주로 국군이 담당하고 있는 전선에 대하여 집중적으로 공격을 가하여 왔다.

이는 당시 우리 정부와 온 국민의 휴전을 반대하는 전국적인 궐기에 찬물을 끼얹고, 휴전제의에 승복토록 강요하려는 복합적인 의도가 내포된 것이었다.

전초진지에 불과한 지역에 대하여 대규모의 병력과 화력을 집중, 뺏고 빼앗기는 쟁탈전이 수없이 반복되고 소모전의 양상까지 띠게 되었다.

국군은 중부전선에 제2, 9사단, 동부전선에 제2군단 예하 제3, 6, 수도사단, 동부전선에 제7, 8사단과 제1군단 예하의 제5, 11사단을 배치하여 한치의 땅도 양보하지 않고 혈전을 거듭, 전선을 끝까지 사수하였다.

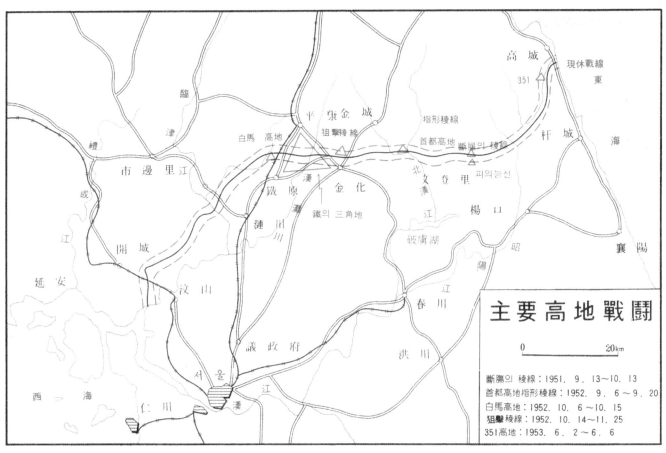

主要高地戰鬪

0   20km

斷腸의 稜線：1951. 9. 13～10. 13
首都高地指形稜線：1952. 9. 6～9. 20
白馬高地：1952. 10. 6～10. 15
狙擊稜線：1952. 10. 14～11. 25
351高地：1953. 6. 2～6. 6

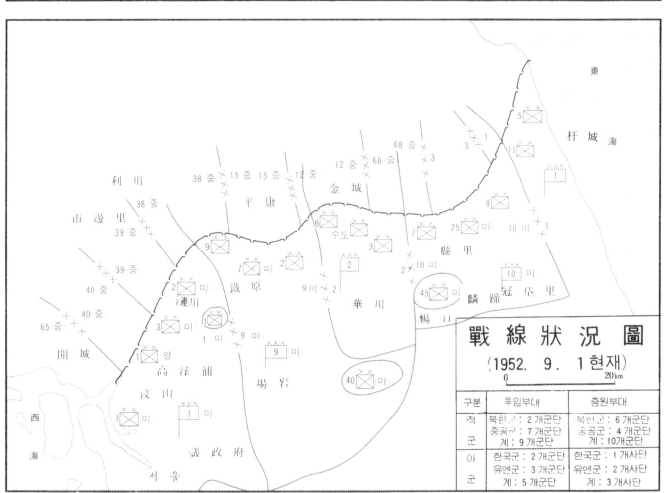

戰 線 狀 況 圖
(1952. 9. 1현재)

0   20km

구분		투입부대	증원부대
적군		북한군 : 2 개군단	북한군 : 6 개군단
		중공군 : 7 개군단	중공군 : 4 개군단
		계 : 9 개군단	계 : 10개군단
아군		한국군 : 2 개군단	한국군 : 1 개사단
		유엔군 : 3 개군단	유엔군 : 2 개사단
		계 : 5 개군단	계 : 3 개사단

§3. 단장의 능선 전투

1. 상황

미 제10군단은 1951. 8월 중순 하계공세를 감행, 전선의 만곡부를 수정하여 미 제9군단과의 전선을 정제함으로써 방어정면을 단축하고, 보다 많은 병력을 예비로 확보토록 한다는 미 제8군의 작전개념에 따라 전면공세를 취하게 되어, 우익의 국군 제8사단은 펀치볼 동벽의 철미동 부근을, 중앙의 미 제2사단은 피의 능선을, 그리고 좌익의 국군 제7사단은 백석산 남쪽 고지군을 각각 점령케 하였다.

이 작전계획에 의거, 혈전을 거듭한 피의 능선 전투에 이어 그 북쪽의 단장의 능선에 대한 공격을 2차로 구분하여 실시하였다.

　　1차: 1951. 9. 13～9. 26
　　2차: 1951. 10. 5～10. 13

전술적인 면에서 단장의 능선을 공략한다는 것은 사태리와 문등리 사이에 있는 가로 4km, 세로 5km의 구형(矩形)인 땅덩어리 하나를 놓고 다투는 것에 지나지 않으나, 전략적인 면에서는 다음과 같은 중요성이 있었다.

첫째, 이 능선을 확보함으로써만 사태리와 문등리 계곡의 작전로를 장악할 수 있고, 둘째, 적의 활동 근거지인 문등리를 무력화할 수 있으며, 셋째, 이 능선에 위치한 적의 포병관측소를 제거함으로써 캔사스선에 대한 위협을 제거하는 동시에, 넷째, 북한강 동안에서 처진 군단의 좌익정면을 추진하여 전선을 정리 정제할 수 있게 되는 것이다.

2. 작전지형의 특징

단장의 능선은 894고지～931고지～851고지 군으로, 피의 능선과 마주보는 형세에 있고 그 좌우에 까고 있는 수입천, 하곡도(문등리와 사태리 계곡)와 더불어 H자의 지형을 이루는데, 남쪽의 894고지와 중간의 931고지 사이는 1km, 그리고 931고지와 그 북쪽의 851고지 사이는 2km로, 멀리서 보면 마치 남북 3km의 성곽에 세 개의 망루가 우뚝 선 것을 연상케 하나, 가까이 보면 우거진 숲과 암석으로 이루어져 공격하기 곤란한 지형이다.

더욱이 피의 능선에서 철수한 후 북한군은 견고한 벙커, 호 및 사격진지를 구축하고, 소로를 따라 곳곳에 지뢰를 매설하는 한편 폭파구를 설치하였으며, 어떤 곳에는 큰 바위를 들어올려 수류탄을 매달고 그 주위에 폭약을 장치하여 폭발시킴으로써 수류탄도 함께 폭발하게 하였다.

3. 전투 경과

군단 정면의 적은 북한군 제5군단 예하 제6, 12, 32사단으로 그 병력은 약 15,600명으로 추산되었다.

1951. 9. 13 05:30부터 30분간 공격준비사격을 실시한 후 미 제2사단 23연대 2대대 및 3대대가 동쪽에서 931고지와 851고지 중간을 차단, 남북으로 각각 공격하였으나 적은 준비된 진지에서 맹렬한 사격으로 저항하여 더 이상 전진하지 못하였다.

9. 15 미 제9연대는 남쪽의 피의 능선으로부터 894고지를 공격, 이튿날 이를 점령하였다.

9. 16 미 제23연대는 삼면에서 931고지를 공격했으나 성공하지 못해, 9. 20 공격정면을 넓혀 867고지(894고지 서남방 2km)와 1024고지를 공격, 9. 25에 1024고지를 점령하고, 좌측에 인접한 국군 제7사단은 백석산을 점령, 931고지～851고지를 측방으로부터 위협했다.

이리하여 1차작전을 마친 아군은 10. 5 '터치다운(Touch Down) 작전'을 개시, 미 제23연대는 무조명 무지원하에 야간공격을 실시하여 10. 6에 931고지를 점령했다.

이때 미 제72전차대대는 문등리 계곡으로 깊숙히 공격, 적의 증원과 부대교대를 방해하여 이 작전에 기여함으로써 산악지형에서 전차의 운용 가능성을 보여주었다.

10. 11 미 제23연대는 851고지를 공격, 이 연대에 배속되었던 프랑스대대가 이를 점령하였다.

약 30일간의 전투는 아군의 승리로 끝나 851고지에서 약 1,200고지에 이르는 12km의 전선에 일관된 진지를 편성할 수 있게 되었다. 이 전투는 적의 5월공세 이후 아군이 보여준 장쾌한 진격전이었으며, 공세적인 입장에서 작전을 주도한 고지공방전이었다.

4. 분석

(1) 산악지역 특히 견고한 벙커가 구축되어 있는 진지에 대하여는 포병의 효과적인 지원이 곤란하고, 보병의 소총, 수류탄, 박격포, 그리고 백병전이 효과적이었다.

(2) 항공지원은 적의 포병 및 박격포의 화력을 제압하는 데 효과적이었으며, 아군의 사기를 진작시켜 주었다.

(3) 1개 거점에 대한 반복공격보다는 이와 관련된 타지역에 대하여 공격, 압력을 가함으로써 수개의 지점에서 전투를 강요하는 것이 효과적이었다.

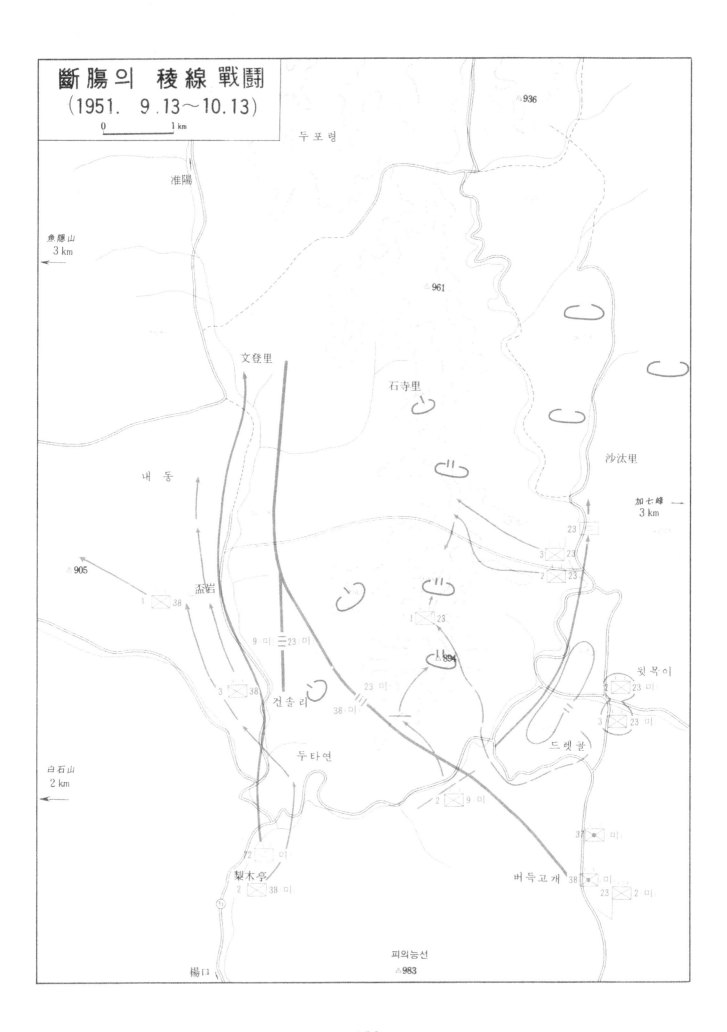

斷腸의 稜線戰鬪
(1951. 9.13~10.13)

0 ___ 1 km

§4. 수도고지 및 지형능선 전투

1. 상황

휴전회담에 의한 전선의 고착상태는 적에게 야전축성과 공격준비를 위한 물자집결의 시간을 제공하였다.

포로의 자유송환을 주장하는 아군과 강제송환을 고집하는 적의 주장이 맞서 휴전회담이 결렬될 위기에 처하자 적은 국군의 정면에 대하여 강력한 국지공격을 감행하였다.

적의 작전기도는 장차 작전에 발판에 될 중요지형의 탈취를 목표로 하여 아군 방어선의 전초진지를 점령하고, 주진지를 위협하는 동시에, 그들의 정찰을 용이하게 하면서 아군의 수색활동을 방해하는 한편, 휴전회담을 유리하게 진전시키는 데 있었다.

철의 삼각지의 철원과 금화가 아군의 장악하에 들어오자 적은 금화 대신 금성을 새로운 요충지로 삼아 방어에 임하고 있었다.

2. 작전지역의 특징

수도고지 및 지형능선은 금성 동남방 약 10㎞, 화천 북방 40㎞에 있는 해발 500〜700의 고지 및 능선으로서 대부분 동서로 연하여 횡격실을 이루고 있는데, 북쪽은 경사가 완만하여 접근이 용이하나 남쪽은 급경사로서 적에 비하여 아군의 기동이 곤란한 지형이었다.

남쪽에는 금성천이 동쪽으로 흘러 북한강과 합류하는데, 당시 폭우로 인하여 도섭이 불가능하였다.

수도고지는 적 진지인 747고지로 부터 감제당하고는 있었으나, 663고지로부터 507고지에 이르는 적의 접근로를 통제할 수 있고, 좌수동 일대의 넓은 계곡에 대한 관측이 용이하였다. 따라서 아군의 주저항선을 방호하고, 적의 수색정찰활동을 방해하기에 유리한 지형이었다.

수도고지는 1951. 10월 말 국군 제6사단이 탈취한 이래 1개 소대를 배치하여 방어하여 왔으며, 이 전투가 개시되기까지 약 3회에 걸쳐 중대규모 이상의 적 공격을 받았으나 격퇴시킨 바 있다.

지형능선은 손가락 모양의 능선으로, 주저항선으로부터 약 1㎞ 전방에 위치하였다. 적 진지인 747고지로부터 감제당하고 있으나 575고지 및 쌍령동 일대의 감제관측이 가능하며 690고지로부터 504고지에 이르는 적의 접근로를 통제할 수 있었다.

그러나 수도고지 및 지형능선의 확보 여부가 피아의 방어임무 수행에 결정적인 영향을 미치는 것은 아니었다. 다만 당시의 휴전을 앞두고 휴전선 설정 문제와 관련, 한치의 땅을 다투는 상황하에서는 어떠한 희생을 치루더라도 사수해야만 하였다.

3. 전투 경과

(1) 수도고지 전투

1952. 9. 6 18:00 적의 맹렬한 공격준비사격이 개시되고, 19:00경 적 약 1개 중대병력과 약 1개 대대로 추산되는 후속부대가 수도고지 좌우계곡으로부터 공격해왔다.

고지를 방어하고 있던 국군 제26연대 5중대 1소대는 적을 맞아 분전하였으나, 포격으로 인한 극심한 피해와 현격한 병력의 열세 때문에 접전 10여 분 후 소대장 이하 전원이 전사하고, 고지는 적에게 피탈되고 말았다.

연대는 20:50 제10중대로 하여금 제1차 역습을 실시하였으나 적의 저항으로 실패한 이후, 6차에 걸쳐 역습을 실시하였으나 모두 실패하였다.

9. 9 20:00 국군 제1연대 제5, 6중대는 공중폭격과 군단 TOT 사격의 지원하에 공격을 개시, 23:20 드디어 고지를 완전히 탈환하였다.

이후 아군은 4차에 걸쳐 역습을 가해온 적과 일진일퇴의 격전과 백병전을 전개 끝까지 고지를 사수하였으며, 9. 13 완전히 적을 격퇴함으로써 전투는 일단 종료되었다.

(2) 지형능선 전투

1952. 9. 6 18:40 적은 국군 기갑연대 제5, 6중대 진지에 맹렬한 포사격과 더불어 약 1개 중대 병력으로 공격을 가하여 왔다. 지형능선상의 아군 전초소대는 완강히 저항하였으나 사상자가 속출하여 21:05 소대장 이하 수명의 생존자만 중대본부까지 철수하고, 능선은 적에게 피탈되었다.

아군은 9. 6 21:30 제5중대의 제1차 역습 이후 제6차 역습까지 계속 실패를 거듭하다가 9. 14 03:35 제1연대 제9, 10중대의 제7차 역습으로 완전 탈환하였다. 그 후 아군은 9. 20까지 적에게 1차 능선을 피탈당하였으나 2차에 걸친 역습으로 재탈환하고 4차에 걸친 적의 역습을 격퇴함으로써 전투를 종결하였다.

4. 분석

(1) 역습에서 병력의 축차사용은 전투력만 잃는 결과를 초래하기 쉽다.

(2) 전투간 통신망의 유지 확보가 중요하다.

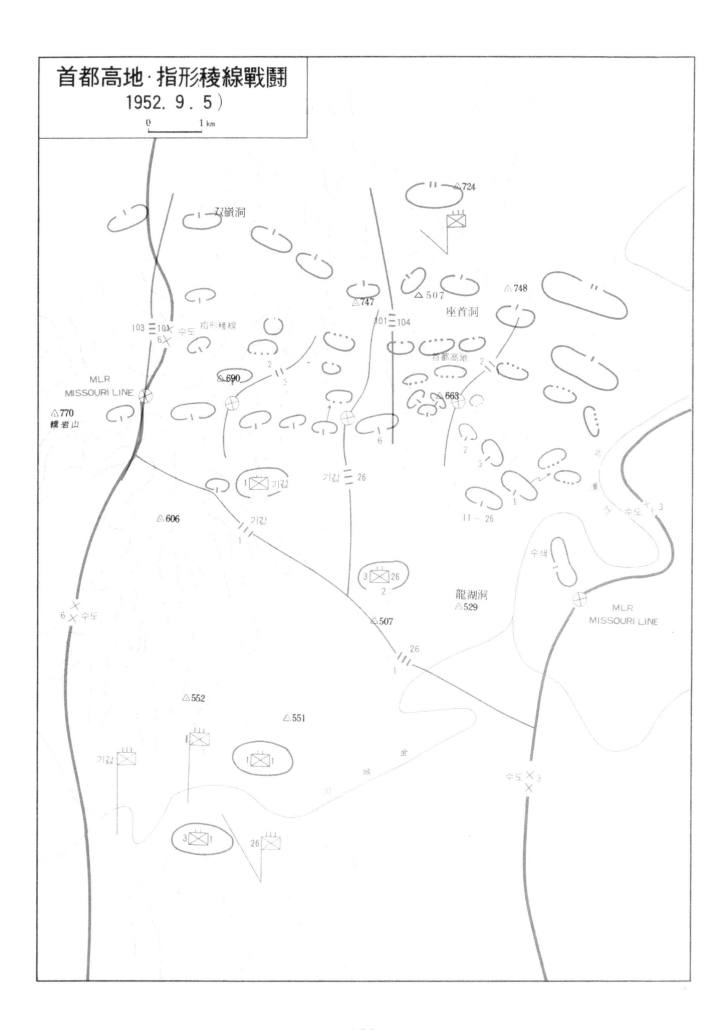

首都高地·指形稜線戰鬪
1952. 9. 5)

0   1 km

△724

雙嶺洞

△507   △748

△747   座首洞

指形稜線

103 ≡ 101 수도
6

△690   首都高地

MLR
MISSOURI LINE

△770
櫨岩山

△663

北

漢

수도 3

수색

기갑 ≡ 26   龍湖洞
△529

△606   기갑
1

수도
6

△552   △551

기갑

1

3   1   26

金

城

川

수도 3

MLR
MISSOURI LINE

§5. 백마고지 전투

1. 상황

백마고지, 혈전사투의 395고지 공방전은 그 투입병력과 화력 및 전투의 가열성에 있어서 보기드문 전례를 남겼다.

이 전투는 국군 제9사단이 중공군 제38군 주력 2개 사단과 정면으로 대결, 끝내 고지사수의 책임을 완수함으로써 국군의 방어능력을 높이 평가받은 일전이요, 보, 전, 포, 공의 협동이 긴밀하게 이루어진 고지방어의 전례가 되는 결전이기도 하다.

적은 백마고지 공격을 위하여 3개월 전부터 계획을 수립하고, 전투 개시 1개월전에는 각 중대까지 이 계획을 하달하였다.

적은 중공군 제38군 예하 제112사단 및 제114사단을 투입하여 백마고지를 탈취 확보하고, 철원평야를 제압하는 동시에 차기 대공세를 위하여 발판을 구축하며, 철원을 중심으로 한 광범한 전략적 지역을 확보함으로써 아군의 통신 및 보급망을 위축시킬 기도였다.

또한 만일 부득이한 경우에는 백마고지 동북방 약 11 km 지점에 있는 봉래호(蓬萊湖)를 파괴, 대홍수작전을 전개하여 백마고지에 대한 아군의 증원을 차단하고 일대 도살전을 전개할 계획이었다.

아군은 미 제9군단 예하 국군 제9사단 3개 연대와 배속된 제51연대 및 이를 지원하는 제1포병단, 제53전차중대로 구성되었으며, 미 제213포병대대, 제955포병대대 그리고 미 제73전차대대 C중대의 추가적인 지원을 받고 있었다.

2. 작전지역의 특징

395고지는 철원평야의 아 주저항선을 유지할 수 있는 유일한 고지로서, 만일 적이 이 고지를 점령한다면 아군의 철수를 강요하고 적에게 철원 지역을 완전히 장악하기 위한 차후공격의 발판을 제공하게 된다.

전반적인 지형은 적이 현 진지에서 방어하는데 유리하고, 지대내에서 광대한 개활지 및 횡격실을 관측할 수 있는 지역을 장악하고 있으며, 적의 진지는 적절한 종심과 은폐 및 엄폐를 제공받고 있다.

반면 아군은 현 진지에서의 방어 및 공격에 불리하다.

이와 같이 철의 삼각지로 불리우는 요충지의 일각에 있는 395고지는 피아간 서로 확보 고수하지 않을 수 없는 요충이었다.

평강을 정점으로 하고, 금화 및 철원을 저변으로 하는 철의 삼각지는 한반도 중앙고원지대로서 교통의 요충을 이루고 있으므로, 제해와 제공의 양권을 상실당한 적으로서는 지상 전전선에서 동서의 균형있는 연결을 이루고, 전후방 병참의 중심을 마련하는 동시에 통신망의 주축부위로 삼으려는 것은 능히 헤아릴 수 있었다.

적은 백마고지를 점령 확보함으로써, ① 철원평야를 감제, 철원 및 금화를 제압하고, ② 미 제9군단의 주저항선을 고대산까지 후퇴케 강요하고, ③ 서울로 통하는 아군의 주보급로를 마비시키며, ④ 휴전회담의 흥정에 유리한 차기작전의 발판을 구축하는 이점을 얻을 수 있었다.

3. 전투경과

10. 6 06:00~19:00까지 적은 하루종일 맹렬한 공격준비 사격을 가하고, 19:15부터 395고지를 중심으로 제10중대와 11중대 정면에 1개 대대 병력으로 공격해 왔으나, 아군은 이를 격퇴하였다.

그러나 10. 7 적은 맹렬한 포격과 침투작전으로 1개 지점에 집중적인 공격을 감행, 395고지가 적의 수중에 들어갔다.

이후 10일간 적은 15,000명의 보병과 8,000명의 지원병력을 투입, 10,000명의 사상자를 내면서 집요하게 공격을 계속했다. 적이 7차에 걸쳐 고지를 점령하고 아군이 7차에 걸쳐 이를 탈환하는 등 주야로 고지의 주인이 바뀌는 혈전을 거듭한 끝에 아군은 중공군 제112사단과 제114사단에게 섬멸적 타격을 가하고 전투를 승리로 끝맺었다.

4. 분석

(1) 전투부대의 적절한 교체

전투간에 부대를 적시에 교체하여 한 부대가 결정적인 손실을 보지 않게 조치하였다.

(2) 보병협동

전투 기간중 훌륭하게 보전협동이 이루어졌다. 특히 제53전차중대는 적의 침공을 견제하고 적의 특화점에 포격을 집중, 승리에 크게 기여하였다.

(3) 항공과 포격지원

충분하고도 적절한 항공지원은 승리의 한 요인이 되었다. 계속된 야간조명은 적의 침공을 견제하고, 관측과 조준사격에 큰 도움을 주었다.

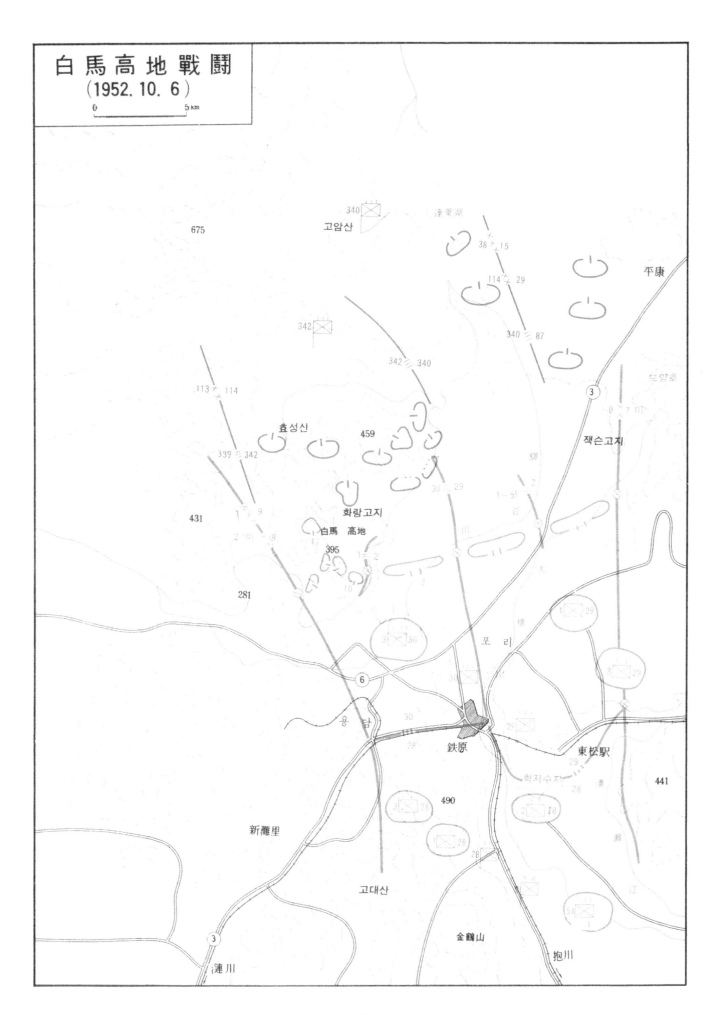

白馬高地戰鬪
(1952. 10. 6)

157

§6. 저격능선 전투

1. 상황

적은 중부전선에서 주요 전략적 거점을 점령하여 아군의 주저항선을 제압하고, 또한 현 전선으로부터 철수케 하며, 차기 공세를 위한 신진지를 구축함으로써 아군의 작전능력을 마비시키려고 기도하였다.

이를 위해 적은 중공군 제15군 예하의 제29, 45사단과 제12군 예하의 제31, 34사단 약 20,000명을 투입하였다.

아군은 제2군단 제17, 31, 32연대와 추가로 증원된 제30, 37연대를 이 지역에 배치하였다.

저격능선 전투는 휴전전의 타 전투와는 달리 적으로부터 공격을 받기 전에 아군이 먼저 공격을 실시하였다.

2. 작전지역의 특징

저격능선은 금화 동북방에 위치하며 오성산으로부터 남쪽으로 뻗은 능선상에 위치한 590고지로서, 능선의 규모가 극히 작아서 능선상에서의 기동은 소대단위 이상은 곤란한 정도이다. 또한 돌바위 능선은 낙타등 모양의 험준하고 벗겨진 산으로, 아군측을 연하여 급경사를 이루고 있으며, 동남방측의 개활지 너머로 아군 주진지를 100m 거리내에서 감제할 수 있고, 북방은 구릉으로 아군 주저항선을 위협할 수 있는 중요 접근로상의 지형이다.

아군으로 보아서도 적의 주거점인 오성산을 위협하는데 가용한 중요 접근로상의 중요지형이다.

아군이 이 지형을 확보함으로써 얻는 이점은,

① 적 주저항선에 대한 위협을 주며, 공격시에는 오성산 공격을 위한 발판이 될 수 있다.

② 적의 공격에 대한 조기경고 및 공격력의 분쇄가 가능하다.

③ 현 방어 정면의 단축과 아 주저항선을 위한 전초진지로서의 역할이 가능하다.

④ 포 추진 관측이 용이하다.

⑤ 아 주저항선 방어를 위한 수색활동이 용이하다.

이밖에 금화에 이르는 도로망의 확보와 군사분계선 설정시 유리한 지형의 확보가 가능하게 된다.

3. 전투 경과

저격능선 전투는 수도고지, 백마고지 전투 등과 같이 한국전사상 드물게 보는 백병전으로서 전투기간 43일

간에 42회에 걸친 치열한 공방전이 전개되었고, 피아간 일진일퇴를 거듭한 전투였다.

1952. 10. 14 05:00 국군 제2사단은 제32연대 3대대로 공격을 개시하였다.

아군은 15:20 백병전 끝에 목표 Y를 점령하였으나, 적이 대대병력으로 야간에 반격해 옴으로써 부득이 철수하였다. 10. 15 이후 공격임무를 인계받은 제17연대 2대대가 공격, 목표탈취, 적의 반격에 의한 철수, 재역습을 되풀이하며 10. 20까지 혈전을 거듭하고 제17연대 1대대와 임무를 교대하였다. 10. 20 이후에도 공방전은 계속되었으며, 몇차례의 부대교대를 실시하면서 공격을 계속, 11. 17 09:55 제17연대 5중대가 돌바위고지를 완전 점령하였다.

적의 공격은 11. 25까지 계속되었으나, 국군 제2사단은 격전 끝에 이를 격퇴, 진지를 끝까지 사후하고 방어임무를 제9사단에 인계 교대함으로써 저격능선 전투는 끝을 맺었지만, 그후에도 제9사단에 의한 저격능선 전투는 소규모이지만 계속되었다.

이전투에서 치명적인 피해를 입은 중공군 제31, 45사단은 오성산 후방으로 철수, 재편성에 임하였다.

아군은 저격능선상의 A고지로부터 돌바위 고지를 연하는 능선 일대에 주저항선을 추진 설정하고, 계속 반격해 오는 적의 공격에 대비하여 새로운 진지를 구축하였다.

4. 분석

(1) 신병의 운용문제

이 전투는 시종 제32연대와 제17연대가 상호 교대하면서 축차적인 병력의 투입으로 6주간의 장기전을 치루었으며, 전투가 시작된 뒤로 2주일째부터는 신병이 더 많아 전투력 유지가 어려웠을 것이다.

병력 운용상 제한요소가 있겠지만 일정기간 예비대를 활용, 교육훈련을 마친 다음 전투에 투입했어야 할 것으로 보인다.

(2) 대포병사격 문제

기간중 적탄의 하루 낙탄수는 최소 824발, 최다 39,706발에 이르고 있다. 뿐만 아니라 전투가 격화됨에 따라 적의 포격이 점증하였으며 이로 인한 손실 또한 증가하였음을 엿볼 수 있다. 그 까닭은 적의 포병력이 증가된 데에도 원인이 있겠으나, 아군의 대포병사격을 강화하지 않은데도 원인이 있다고 보인다.

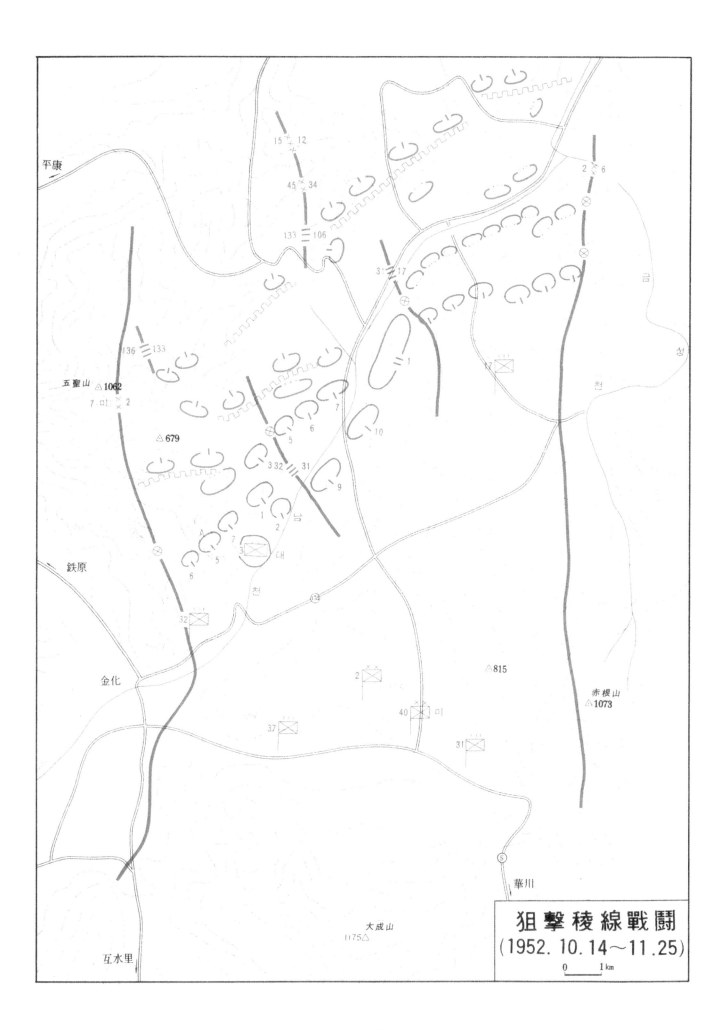

狙擊稜線戰鬪
(1952. 10. 14～11. 25)

0　　　1 km

§7. 351고지 전투

1. 상황

적은 1952. 7. 10부터 11. 10까지 351고지 일대의 아군 전선 돌출부를 제거하기 위하여 중대 이하의 병력을 빈번히 투입하여 공격을 가해 왔으나, 국군 제5사단은 적을 격퇴하고 이 지역을 끝까지 고수하였다.

그러나 1953. 2. 1 국군 제15사단이 이 지역을 인수한 후 적은 더욱 치열한 공격을 가해 왔다.

아군과 대치하고 있는 적은 북한군 제3사단과 제7사단이었다.

적의 작전기도는 지형적으로 유리한 351고지를 탈취 확보함으로써 아군의 철수를 강요하고 군사분계선 설정과 관련, 동해안 지역의 현 접촉선을 남쪽으로 밀어내려는 데 있었다.

따라서 북한군 제7사단 53연대의 예비인 제2대대를 약 2개월간 훈련을 실시한 후 제51연대 1대대의 증원을 받아 351고지를 탈취, 돌파구를 형성하고 이를 확대하려고 하였다.

2. 작전지역의 특징

이 지역은 북쪽에서 남으로 뻗친 태백산맥에서 동해안으로 나온 소능선상에 위치하고 있으며, 서쪽과 북쪽으로는 남강이 흘러 작은 횡격실을 형성하고, 동으로는 비교적 완경사를 이룬 소능선에 의해서 동해와 접하고 있다.

남강은 평균 수폭이 30m, 수심 60~80㎝로 도섭은 가능하다.

월비산은 아 방어지대의 대부분을 감제 관측할 수 있으며, 적이 이 고지를 확보하고 있는 한 351고지는 계속적인 위협을 받으며, 적 공격의 좋은 발판이 되는 것이다. 만일 이 고지를 아군이 확보한다면 남강 서측방까지 통제할 수 있으며, 넓은 횡격실을 두고 있기 때문에 방어에 극히 유리하다.

351고지는 월비산과 일련의 능선으로 연결되어 있으며, 적이 고지를 확보한다면 아 방어지역의 거의 전부를 감제 관측할 수 있을 뿐만 아니라 동해안에 이르는 전지역을 통제할 수 있게 됨으로서 아군의 방어임무수행이 극히 위태롭게 된다.

3. 전투경과

1953. 6. 2 00:13 적 약 1개 대대 병력이 국군 제38연대 2대대가 점령하고 있는 351고지를 공격하여 왔다. 적은 최초에는 소규모로 공격하였으나 격퇴당하자 대규모로 집중공격하여 왔으며, 351고지를 탈취당하였다.

아군은 캣 라인(Cat Line)에 배치한 제38연대 1대대로 수차 역습을 실시하였으나 실패하였으며, 6. 3 제50연대 1대대를 제38연대에 배속하여 4차에 걸친 역습을 실시하였으나 역시 성공하지 못하였다.

제1군단장은 직접 대대장에게 지시, 대대장이 선두 지휘하여 충분한 협조하에 공격토록 하고, 중대장급 이상 지휘관에게 즉결처분을 허가하는 등 작전을 독려하여 6. 3 14:30 제5차 역습을 실시하였으나 실패하였다.

6. 4에는 사단 작전참모를 제38연대장 대리로 임명하고 공격했으나 성공하지 못하였으며, 6. 5 제50연대 3대대가 다시 역습을 감행, 백병전까지 전개하였으나 실패하고, 희생자만 속출하였다.

6. 6에도 아군은 339고지 및 208고지, 무명고지를 연하는 선에서 적의 돌파를 제한하는데 그치고 말았다.

당시 북한군의 전술을 종합해 보면, 북한군은 한 목표를 점령하기 위해서 전선에 배치되었던 병력으로 공격부대를 편성, 예비대와 교대하기 위해서 후방에서 공격목표와 흡사한 지형을 선택하여 약 1개월간에 걸쳐 맹렬한 전투훈련을 실시하고 그동안 새로 진지에 배치된 부대는 간단없는 수색정찰을 실시하였다.

한편 공격부대는 필요한 훈련을 마친 다음 공격일자 약 10일 전에 다시 전선에 배치되어, 맹렬한 정찰전을 감행, 목표 부근의 지형, 접근로, 장애물에 관하여 전 부대원이 숙지하고 충분한 체험을 얻게 되는 동시에, 정찰간에 있어서 지뢰 및 장애물을 제거, 통로를 개척하는 등 준비를 완료한 다음 공격을 개시하였다.

4. 분석

(1) 예비대의 위치 부적절

아군은 351고지로부터 12㎞ 후방에 1개 대대, 25㎞ 후방에 연대(-1)를 위치시켰다. 좀더 목표에 가까이 전방으로 추진했어야 했다.

(2) 역습부대 축차 투입과 방향

동일한 방향에 대한 반복공격보다는 타방향으로의 공격으로 기습효과를 달성했어야 했다.

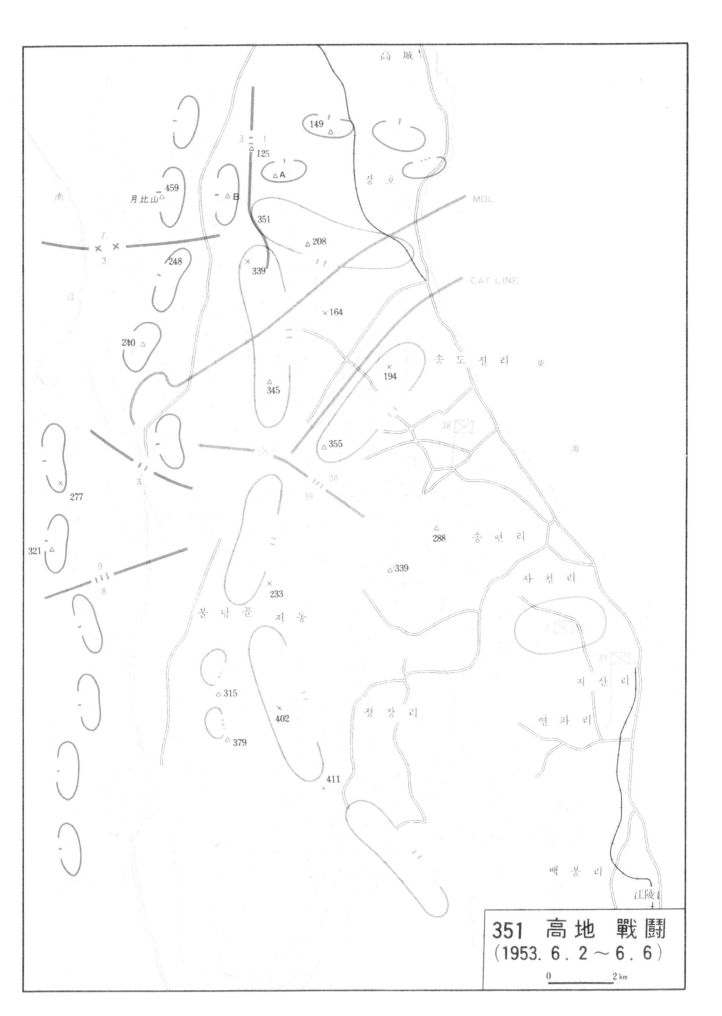

351 高地 戰鬪
(1953. 6. 2 ~ 6. 6)

0   2 km

제10장 휴전 및 총평

§1. 휴전

1. 소련은 미국의 핵 우위와 중공의 한반도에 대한 영향력 증대 및 한국전쟁으로 인한 일본의 재무장이나 재기를 우려하여, 1951. 6. 23 유엔대표인 말리크(Malik) 외상으로 하여금 '평화의 대가'란 연설을 통해 휴전회담 개최 의사를 표명하였다.

2. 1951. 6. 30 릿지웨이 장군은 라디오 방송을 통해 원산항에 있는 네델란드병원선에서의 회담을 제안했다. 중공군도 1, 2차 춘계공세를 통하여 한반도에서 무력으로 유엔군을 격파할 수 없다는 사실을 인식하고 회담 개최 의사를 밝혔다.

3. 1951. 7. 8 개성에서 휴전회담을 위한 쌍방의 연락장교회담이 개최되어 쌍방의 정식대표 명단이 교환되고, 본회담 개최 장소를 개성으로 결정하였다.

4. 1951. 7. 10 개성에서 본회담을 시작하였으나 휴전선 설정에 관한 주장의 대립(유엔군측 : 현 접촉선, 공산측 : 38선)으로 회담은 진전이 없었고, 공산측은 이후 약 4개월간에 걸쳐 전선에서 최대의 공격준비를 갖추었다.

5. 1951. 7. 26 쌍방은 다음과 같은 4개항의 의사일정에 합의하였다.
   (1) 적대행위 중지의 기본조건으로서 비무장지대를 설정하기 위한 군사경계선의 협정
   (2) 정전 및 휴전 실시를 위한 세부항목의 협정
   (3) 포로교환에 관한 여러 가지 조치
   (4) 한국문제의 정치적 해결에 관해서는 남북 각 정부에 권고할 것

6. 1951. 11. 27 현 접촉선을 기선으로 하는 휴전선과 남북 각 2㎞ 폭의 비무장지대 설정에 합의하였다. 이때 합의를 본 내용은 다음과 같다.
   (1) 휴전협정 조인때까지 적대행위는 계속된다.
   (2) 현 접촉선을 군사경계선으로 하고, 이 잠정적 군사경계선의 남북 각 2㎞ 지점을 연결하는 선을 비무장지대의 한계선으로 한다.
   (3) 위에서 기술한 잠정적 군사경계선 및 비무장지대는 30일 이내에 조인되어야 할 휴전협정의 성립에 의하여 유효하게 된다.

   (4) 만일 30일 안에 휴전협정이 조인되지 않을 경우 다시 실제의 접촉선을 결정하여 새로운 군사경계선을 협정한다.

이 합의에 의하여 실질적으로 남은 문제는 포로교환 및 휴전감시 문제였다.

7. 1951. 12. 10부터 포로교환 문제를 토의, 유엔군측은 자유송환(포로의 자유의사에 의한 송환) 원칙을 제시하였으나, 공산측은 무조건 강제송환원칙을 주장, 이 두 주장의 대립으로 회담은 최대의 정체상태에 빠지게 되었다.

1951. 12. 18 쌍방이 제시한 포로수는 유엔군측 132,474명, 공산측 111,551명이었다(공산포로 중 송환희망자는 북한군포로 111,754명 중 약 65,000명, 중공군 포로 20,720명 중 약 5,000명에 불과하였다).

8. 1952. 2까지 휴전협정은 여전히 포로의 강제송환을 고집하는 공산측의 태도로 정체가 계속되었는데, 이 동안 공산측은 거짓선전 해 온 강제송환 원칙의 정당성을 뒷받침하기 위하여 거제도 포로수용소의 폭동사건을 조작하였다.

9. 1952. 5. 7 15 : 00경 거제도 포로수용소장 돗드(Dodd) 준장이 수용소내 공산포로들에 의해 피납되었다. 이 사건은 공산주의자들이 미국의 위신을 추락시키고 휴전회담에서 유엔군측의 교섭입장을 약화시키는 한편, 유엔군의 전투력을 폭동진압과 포로감시에 분산시킬 목적으로 자행한 것이었다.

10. 1953. 3. 5 스탈린의 사망으로 공산측의 정책변화가 이루어져, 4. 11 쌍방 연락장교회담에서 병상포로의 교환에 합의하였으며, 4. 20부터 유엔군측은 6,670명을 공산측은 684명을 송환하였다.

병상포로의 교환을 계기로 타개되어 가던 휴전회담은 반공포로의 강제송환을 달성하려는 공산측의 술책과 한국민의 휴전반대로 약 4개월 더 지연되었다.

11. 1953. 6. 18 미명, 각지에 산개되어 있던 포로수용소의 문이 이승만 대통령의 명령에 의하여 개방되어, 반공포로 약 25,000명이 탈출에 성공하였다. 이 사건으로 눈앞에 이른 휴전성립이 파기될 가능성이 짖어지자, 6. 25 미 아이젠하워 대통령은 그의 특사 로버트슨 국무차관보를 서울로 보냈다.

12. 1953. 7. 11 이·로버트슨 회담 결과 "휴전을 저해하지 않겠다"는 이대통령의 확약이 미국에 전달되었고, 이후 협상은 급진전되어 7. 27 휴전협정이 성립되었다.

§2. 전술 및 교훈

1. 국군 및 유엔군

당시 유엔군 전술은 미군의 전술이 광범하게 사용되었으며 지배적인 역할을 하였다.

유엔군은 초기의 북한군 및 중공군과 같이 속전을 서두른 나머지 전진속도에만 주의가 쏠려 측방경계와 도로의 제압을 소홀히 하였으며, 제2차세계대전 말기에 사용된 전술을 약간 발전시키는 것에 그쳤다.

(1) 상급사령부의 필요성

이것은 최초 미군 또는 기타 유엔군에 해당하는 교훈이었다. 상급사령부는 특히 철수시에 더욱 필요한 것으로 병참선 유지와 종속부대의 작전통제상 통합된 사령부가 필요하였다.

(2) 대(對)유격작전에 대한 계획과 훈련의 필요성

공산군은 유격전을 최대한 활용함으로써 유엔군의 후방 전력을 소모시키고자 하였다.

각급 사령부는 도로, 교량, 보급선 등을 적의 유격전으로부터 보호하기 위한 훈련과 전투력이 확보되었어야 했다.

(3) 전투훈련과 정신교육의 필요성

전투에 임하는 병사들의 공포심의 제거와 적의 선전공세에 빠져 전투의지를 상실하게 되는 것을 미연에 방지하기 위해서도 정신교육은 극히 필요하였다.

(4) 항공사진의 중요성

적에 의한 허위 명령과 포로 심문으로 얻어진 첩보의 신빙성 결여, 작전지도의 불확실성 등으로 말미암아 항공사진은 일선 하급지휘관에게 중요한 전투정보 역할을 했다.

(5) 조우전에 대한 훈련

한국의 지형과 적의 전술은 비정규적인 시간과 장소에서 전투를 강요하였다.

(6) 고지전투

적은 항상 고지를 점령하려 했기 때문에 아군의 공격은 대부분 칼날과 같은 능선을 향했으며, 전반적으로 험악하고도 경사가 급한 고지에서 전개되지 않으면 안 되었다.

(7) 방어

광대한 방어정면을 엄호해야 할 병력과 화력 이외에 종심과 예비대를 보유하는 방어편성이 되어야 했다. 선방어보다는 치밀하게 화력으로 엄호되는 계획하에 상호지원거리를 유지하는 범위내에서 전면진지인 거점방어로 종심을 유지하는 것이 더욱 효과적인 방어임이 실증되었다.

인해전술을 사용하는 적의 공격을 격퇴하기 위해서는 신속 정확히 적의 공격을 탐지 및 관측할 수 있는 방책이 강구되어야 했으며, 적이 목표지역에 도달하기 전에 화력으로 충분히 출혈을 강요할 수 있어야 했다.

통로의 제한과 험악한 지형 및 광대한 방어정면 등으로 대부대에 의한 역습은 거의 곤란한 상태였으므로 지뢰와 철조망 그리고 참호와 엄체호 등은 적의 기습과 화력을 막는데 매우 중요시되었다.

(8) 야간전투의 중요성

적이 거의 대부분 야간전투를 강요해 왔으므로 모든 부대는 야간전투에 숙달하도록 훈련되어야 했다.

또한 야간정찰대 운용이 필요했다. 그러나 1953. 6 중공군의 최종공세 때 과도한 전초진지와 정찰대 차출로 주진지의 방어력을 약화시킨 과오는 큰 교훈이다.

(9) 전초의 운용

한국전쟁에 있어서 전초는 재래의 임무인 경계가 아니라 주진지로 공격하는 적의 대병력을 최대한으로 저지시키거나 지연시키는 데 있었다.

아군의 전초진지중 백마고지, 수도고지, 저격능선 등은 확보하지 않으면 안될 진지였다. 이러한 전초진지의 전술적 운용은 한국전쟁과 같이 제한전쟁의 개념하에 고착된 전선에서는 극히 효과적인 방법이었다.

(10) 기갑전술

한국전쟁에서의 전차는 엄격한 의미에서 정상적인 방법으로 활용되지 못하였다. 산악이 많고 도로가 빈약하며 개활지의 습지화 등으로 운용에 장애가 되었다.

그러나 초기에 북한군은 전차부대를 효과적으로 운용함으로써 한국과 같은 지세에서도 기갑부대를 운용할 수 있다는 것이 증명되었다. 그러나 제공권 장악없이는 기갑부대 운용이 곤란하다는 것도 역시 공산군에 의해 입증되었다.

(11) 포병 운용

한국전쟁에서 최대의 영향을 줄 수 있었던 것은 역시 지상포화였다. 1953년에 접어들면서부터 전선에서는 대포병전이 전개되었다.

(12) 공병 운용

한국의 지세는 많은 공병의 확보와 운용이 요구되고, 공병 지원 없이는 작전 계속이 어렵다는 것이 실증되었다.

(13) 공군 지원

한국전쟁에서 유엔군은 처음부터 끝까지 거의 완전한 제공권을 장악, 지상 전투부대에 대한 근접지원과, 적 후방 시설에 대한 폭격 등으로 크게 기여하였다.

휴전 전월까지 유엔 및 한국공군은 800,000회 이상 출격하여 적에게 막대한 피해를 주었다.

(14) 해군

제해권도 완전히 유엔군이 장악, 인천상륙작전을 비롯해 원산상륙작전, 흥남철수작전 등 주요작전을 수행했다.

이밖에 해양수송과 해안봉쇄는 중요한 비중을 차지하였으며, 해군 단독으로 약 1억 4천만톤의 보급품과 4,500만 베럴의 유류, 123만명의 부대병력과 기타 인원을 수송하였다.

2. 공산군

(1) 엄폐 전술

제공권을 유엔군에 제압당하고 있던 공산군으로서는 공중으로부터의 엄폐가 중요한 전술이 되었다.

(2) 야간전투

적은 주로 야간전투를 실시했으며, 또한 숙달되어 있었다. 전방집결지에서 공격개시선까지의 이동도 야음에 이루어졌으며, 무수한 소집단에 의한 침투공격을 주로 하였다.

(3) 피상공격

공격부대는 통상 진지에서 파괴조와 돌격조, 엄호조로 나누어 제파별로 공격하였다.

(4) 포위전술

공격은 통상 수많은 종대에 의한 침투로 일점 양면포위의 형태를 취하였으며, 위장과 은폐에 능한 적은 산악지형을 최대한 이용하였다.

(5) 심리전

장비로 갖춘 나팔과 꽹과리, 북, 피리는 그들 병사의 군중심리를 이용하여 사기를 고취시키는 동시에 아군의 전의를 약화 내지 혼란시키는데 효과적으로 활용하였다.

(6) 침투 및 우회

최초 목표가 의외로 강력한 저항을 한 때는 통상 깊숙히 종대로 침투, 측방 및 후방으로부터 공격에 가담하였으며, 효과적인 정치훈련의 결과로 맹목적 돌격과 인해전술을 감행하였다.

(7) 목표 선정

목표는 극히 제한되어 하루만에 제압할 수 있는 지점을 택하며, 목표가 점령되면 재편성과 포병의 추진, 재보급으로 진지 강화에 주력하였다.

(8) 포병 운용

공격시 포를 최대한 추진시켰다. 관측소는 물론 포까지 공격중대와 같은 선상에서 지원하였다.

(9) 방어전술

적의 방어전술은 효과적으로 축성된 참호를 이용하는 참호전술로, 터널과 연결하여 그 속에서 사격이 가능하도록 하며, 고지 정상은 모자 뚜껑과 같은 모양으로 만들어 이용하였고, 진지사이의 공간지역이나 진지에 이르는 통로들은 지뢰와 화망으로 엄호되었다.

(10) 정찰대 운용

적은 그들의 전술운용 방법을 정찰대 운용에도 그대로 적용하였다. 즉 중공군 정찰대들은 아군 정찰대를 포위할 기도로 아군 정찰대의 측방이나 후방으로 이동하였다.

(11) 진지에서의 저항

진지전에서 적은 독전(督戰)에 못이겨 죽거나 포로가 될 때까지 저항했기 때문에 총검술에 의한 백병전만이 최종적인 공격방법이었다.

종합적으로 볼 때 적은 공격에는 정면공격과 후방으로 침투 포위하는 배합전술을 사용하였으며, 방어시에는 주로 참호방어전술을 사용하였다.

§3. 한국전쟁의 민족사적 의의

1. 민족사적 정통성의 수호

한국전쟁은 우리 겨레가 총궐기하여 국제공산주의의 지원과 사주 아래 감행된 북한 공산집단의 반민족적 도발을 분쇄하고, 겨레의 자주독립과 대한민국의 민족사적 정통성을 지켜낸 위대한 국난극복의 대역사(大役事)이었다.

2. 투철한 멸공정신의 발현

북한공산집단의 반역과 잔인무도한 만행에 의해 멸공정신은 더욱 견고히 되고, 온 겨레의 가슴속에 적개심을 불러일으켜 적의 침략을 물리침에 있어서 불퇴전의 저력을 발휘, 초기의 열세와 노력에도 불구하고 조국을 위기에서 구출하였다.

3. 주체적 안보의식의 발아

한국전쟁을 통하여 발아한 주체적 안보의식은 오늘날 자주국방과 총력안보체제 구축의 정신적 기반을 이루었다.

부 록

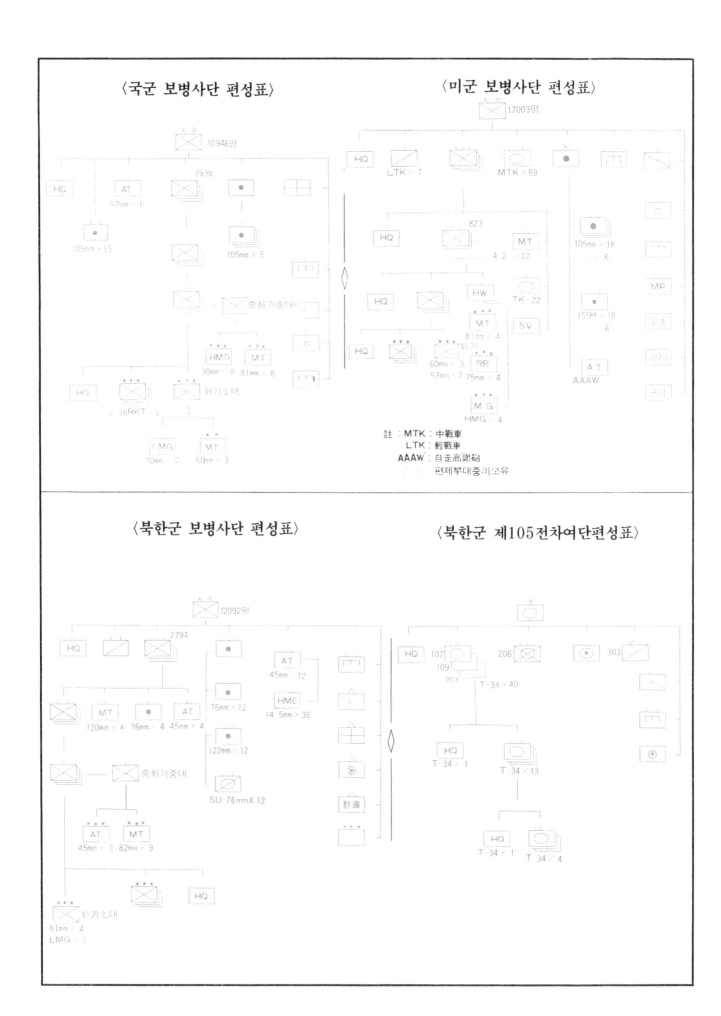

〈국군 보병사단 편성표〉 〈미군 보병사단 편성표〉

〈북한군 보병사단 편성표〉 〈북한군 제105전차여단편성표〉

166

1. 편제

〈중공군의 단(團) 편제와 무기〉

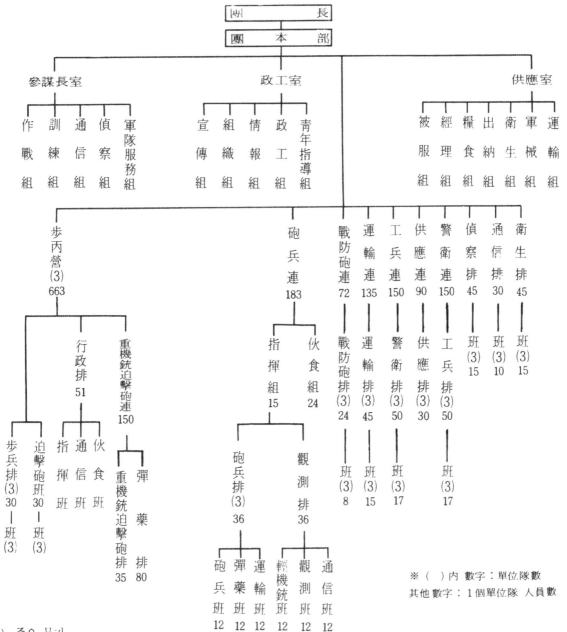

※ ( )內 數字 : 單位隊數
其他 數字 : 1個單位隊 人員數

2. 주요 무기

單位隊＼武器	拳銃	小銃	카아빈	自動小銃	機關銃 輕	機關銃 重	迫擊砲 50粍	迫擊砲 60粍	迫擊砲 82粍	75粍砲	電話機	馬匹	其他車輛
步 兵 連(9)	18	49	18	18	9		2	3			2		
步 兵 排(27)	2	15		6	3								
步 兵 班(81)		5		2	1								
迫 砲 排(9)	2						2	3					
迫 砲 班(27)								1					
彈 藥 排(3)	5	10				9	4		4			52	
運 輸 連(1)		8				1				3	2	36	
重機迫砲連(3)												40	
砲 兵 連(1)												108	36

167

⟨UN군 참전현황⟩

1. 병력지원

국 가	육 군	해군 및 해병대	공 군	최초부대 도착일자
그리스	보병대대 1개		공수비행소대	육군: 1950.12.9 공군: 1950.11.23
남아프리카공화국			전폭기중대	공군: 1950.11.16
네덜란드	보병대대 1개	구축함 1척		육군: 1950.11.23 해군: 1950.7.16
뉴질랜드	포병연대* 1개 기타지원부대	군함 2척		육군: 1950.12.31 해군: 1950.8.1
룩셈부르그	보병소대 1개			육군: 1951.1.31
미국	미 제8군: 3개군단(1, 9, 10) 기병사단 1개 보병사단 5개	제7함대: TF 77, 90, 95 제1해병사단	제5공군: 제314비행사단 제315비행사단	육군: 1950.7.1 해군: 1950.6.27 공군: 1950.6.27
벨기에	보병대대 1개			육군: 1951.1.31
에티오피아	보병대대 1개			육군: 1951.5.7
영국	보병연단* 2개 기타 지원부대	항공모함 1척 순양함 2척 구축함 3척 소형함정 다수		육군: 1950.8.29 해군: 1950.6.29
오스트레일리아	보병대대* 2개	항공모함 1척 구축함 2척	전투비행중대 1개 공수비행중대 2개	육군: 1950.9.28 해군: 1950.7.1 공군: 1950.7.2
캐나다	보병여단* 1개 포병연대 1개 기갑연대 1개 기타지원부대	구축함 3척	공수비행중대	육군: 1950.11.7 해군: 1950.7.30 공군: 1950.7.25
콜롬비아	보병대대 1개	군함 1척		육군: 1951.7.15 해군: 1951.4.22
태국	보병대대 1개	소형군함 2척 수송선 1척	공수비행소대	육군: 1950.11.7 해군: 1950.11.7 공군: 1951.6.23
터키	보병여단 1개			육군: 1950.10.19
프랑스	보병대대 1개	군함 1척		육군: 1950.11.29 해군: 1950.7.22
필리핀	보병대대 1개			육군: 1950.9.19

*: 1951.7. 제1영연방사단으로 편성됨.

2. 의료지원

지 원 군	지 원 내 용	도 착 일 자
노르웨이	이동 야전 외과병원 1개	1951.6.22
덴마크	병원선 1척 포함 기타 의료반	1951.3.7
스웨덴	야전병원 1개	1950.9.23
이탈리아	적십자 병원부대 1개	1951.11.16
인도	야전 앰블런스 부대 1개	1950.11.20

〈한국전쟁사 연표〉

1. 초기전투 및 후퇴기작전(1950.6.25~1950.7.31)

년 월 일			작 전 사 항	기 타 관 련 사 항
1950				
6	25		• 북한군, 38선 전역에서 남침. 웅진반도 · 개성 · 동두천 · 포천 점령, 동해안에 상륙 • 북한 야크(Yak)전투기, 김포 · 여의도 비행장 및 용산일대에 기총소사	
	26		• 국군 17연대, 웅진→인천 철수 • 국군 6사단, 춘천 북쪽에서 북한 2사단 예하 1개 연대에 섬멸적 타격을 가하고 진지 고수	• UN안보리, 북한군의 남침을 평화파괴행위로 규정, 38선 이북으로의 즉각 철퇴를 요구(6.25결의) • 미 정부, 맥아더 원수에게 대한 무기원조를 명령
	27		• 육본, 시흥 철수, 용산으로 복귀. 국군 주력 미아리~청량리 방어선 구축 • 국군 6사단, 춘천→홍천 철수 • 미 극동군사령부 ADCOM, 수원 도착	• 비상국무회의, 정부의 대전이동 결정 • 미 대통령, 맥아더 원수에게 미극동 해 · 공군을 38선 이남에 투입하여 대한방공 지원을 명령
	28		• 국군, 02:30 한강교 및 광장교 폭파와 동시에 미아리 방어선에서 철수, 김홍일소장 지휘에 시흥지구전투사령부편성, 한강남안에 방어선 구축 • 북한 3 · 4 · 6사단 및 105전차사단, 서울점령 • 북한 6사단 일부, 김포비행장 점령	• UN안보리, 북한군의 침략을 격퇴하기 위한 한국에 대한 무력 원조를 UN 각국에 요구(6.27결의)
	29		• 북한군, 서울 점령으로 1차작전 완료	• 맥아더 원수, 한강방어선 시찰
	30		• 국군, 육 · 해 · 공군총사령관 및 육군참모총장에 정일권 소장을 겸임발령 • 북한군, 2차작전을 개시 • 북한 3사단 8연대, 서빙고에서 한강 도하 시작 • 북한 7사단, 홍천 점령	• 미 대통령, 주일미지상군의 한국투입을 명령, 미 해 · 공군의 작전범위를 38선 이북으로 확대 • 맥아더 원수, 미 24, 25사단의 한국전선 투입을 명령
7	1		• 국군 6사단, 원주→충주 철수 • 스미스 대대, 항공기를 이용 부산도착, 열차로 북상개시 북한 4사단 5연대, 한강도하 개시	• 대만, 육군 3개 사단 및 항공기 20대의 한국지원을 UN에 제의
	2		• 국군 8사단, 제천으로 철수 • 북한 7사단, 원주점령	
	3		• 국군 시흥지구전투사령부, 수원으로 철수 • 국군 1군단, 평택에서 창설 김홍일 소장 지휘하 수도사단, 1사단 • 스미스 대대, 오산 북쪽 죽미령에서 북한 4사단과 최초 접전	
	7		• 국군 1군단, 성환→청주 이동 • 북한군 최고사령부, 3차작전 계획 하달	
	8		• 국군 6사단 7연대 2대대, 무극리에서 북한 15사단 예하 1개 연대 섬멸 • 북한 1사단 충주 점령, 4사단 천안점령	• UN안보리, 파한 UN군의 통합사령부 설치를 미국에 위임(7.7결의) • 미 대통령, 7.7결의에 의거 맥아더 원수를 UN군 사령관으로 임명
	9		• 미 8군사령부, 대구에 설치 • 북한 4사단, 전의→공주방면, 3사단은 조치원 방면으로 각각 진출	
	10		• 국군 1사단, 음성에서 북한 15사단과 접전 • 미 24사단, 전의에서 M-24전차를 최초로 사용 • 미25사단 주력, 부산에 상륙 • 미 극동공군, 평양 일대를 맹폭, 개전 이래 최대의 효과 • 북한군, 단양~음성~재천선 진출	• 애치슨 미 국무장관,국무성 정책기획실에 북진문제를 검토하도록 지시
	11		• 국군 1군단 예하 전포병대, 청주에서 북한 2사단 병력 800명을 포격하여 사살	
	12		• 북한 4사단, 공주 북쪽 수촌리에 진출 • 국군 6사단, 문경으로 후퇴	
	13		• 북한 2사단 청주 점령, 4사단 금강 도하하여 공주 점령	

년 월 일	작 전 사 항	기 타 관 련 사 항
1950 7 14	• 육본, 대전→대구 이동 • 북한 2사단, 풍기에 침입	• 이 대통령, 국군의 작전지휘권을 UN군사령관에게 이양(대전협정)
15	• 국군 2군단, 함창에서 창설, 유재흥 소장 지휘하에 6,8사단 • 국군 8사단, 풍기에서 북한군 격퇴 • 북한 3사단, 대평리에서 금강 도하	
16	• 국군 6사단, 문경에서 북한 1사단과 접전	• 정부, 대전→대구 이동
17	• 국군 17연대, 화령장 북쪽 동비령에서 북한 15사단 48연대 섬멸	• 트루만 미 대통령, NSC에 북진연구를 지시
18	• 국군 8사단, 풍기에서 북한 12사단과 교전 • 미 1기병사단, 포항에 상륙	
19	• 미 1기병사단, 포항에 상륙 • 국군 17연대, 화령장 동쪽 동비령에서 북한 15사단 49연대 섬멸 • 미 24사단, 대전비행장에서 3.5″로켓포로 북한 전차 8대 격파 • 미 1기병사단, 영동일대에서 전개 • 북한 3,4사단, 대전을 포위공격 • 북한 6사단, 이리 점령	
20	• 미 24사단장 딘 소장, 대전에서 후퇴중 실종 • 북한군, 대전 점령, 3차작전 완료	• 맥아더 원수, 전황에 관한 성명 발표, 북한군은 승기를 상실, 전세회복을 낙관
22	• 국군 3사단, 영덕을 탈환 • 북한군, 4차작전을 개시	• 북한 김일성, 수안보에 내려와 독전
23	• 북한 6사단, 광주를 점령	
24	• 국군 6사단, 영주에서 후퇴 • 미 5공군, 전방사령부를 대구에 설치 • 미 29독립연대, 오끼나와→부산 도착 • 미 8군, 미 24사단에 진주~거창~지례선의 확보를 명령 • 북한 6사단, 하동으로 침입	
26	• 국군 6사단, 여수 점령	
27	• 미 24사단 합천에 사령부 설치 • 북한 6사단, 하동으로 침입 • 국군 1, 6사단, 함창~점촌 북쪽에서 북한 1,13사단과 교전 • 북한 4사단, 안의 점령	• 맥아더 원수, 대구에 도착, 워커중장과 요담
29	• 워커 중장, 미 25사단 사령부(상주)에서 전선사수명령 • 미 1기병사단, 황간→김천 철수	
30	• 미 전략폭격대, 3차에 걸쳐 평양, 원산,함흥 둥지의 주요 군사목표를 폭격 • 북한 4사단 거창 점령, 8사단 예천 점령	• 미 정부, UN군의 작전에 비협조적인 국가에 대하여 지원중단을 결정
31	• 전선은 진주~묘산~김천~예천~안동~영덕 외곽선 • 국군 1・6사단 함창에서 후퇴 • 미 2사단 9연대, 미 본토로부터 최초로 부산에 상륙 • 미 5연대 전투단, 하와이→부산 도착 • 북한 4사단 합천점령, 6사단 진주점령, 1사단 점촌점령	• 맥아더 원수, 대만방문, 장개석 총통과 회담

2. 낙동강 방어작전기(1950.8.1~1950.9.14)

년 월 일	작 전 사 항	기 타 관 련 사 항
1950 8 1	• 8군사령부, 전부대로 하여금 현 전선에서 낙동강 방어선으로 전면철수를 명령 • 국군 8사단, 안동 인도교 및 철교폭파 후 낙동강 남안으로 철수 • 북한 12사단, 안동 점령	
3	• 국군 17연대, 미 24사단에 배속되어 현풍 일대에서 북한군의 도하를 저지한 후 대구로 이동, 육본 예비로 재편성(~7)	

년 월 일		작 전 사 항	기 타 관 련 사 항
1950 8	4	• 북한군의 8월공세(~24)	
	5	• 창녕, 영산 서쪽에서 낙동강 돌출부 1차 전투(~6)	• 헤리만 미 대통령 특사, 동경 방문, 맥아더 원수와 요담
	6		
	7	• 미 5해병연대, 진동리 342고지에서 격전(~9)	
		• 미 공군 35비행단 39전투기대대, 연일 기지에 배치	
		• 킨 특수임무부대, 진주 남강까지 반격(~12)	
	8	• 미 5해병연대, 9,19,34연대, 낙동강 돌출부에서 역습, 오봉리 능선 및 클로버 고지 탈환(~14)	
	9	• 미 7기병연대, 금무봉전투(~11)	
	10	• 국군 3사단, 흥해 북쪽 장사동에 고립	
		• 국군 포항지구전투사령부 창설	
		• 브레들리 특수임무부대, 포항, 연일지구에 투입되어 국군을 지원	
		• 국군 수도사단 및 포항지구전투사령부, 기계~안강지구에서 북한 12사단 및 766부대의 공격을 저지(~18)	
	11	• 북한 5사단 및 766부대, 포항을 일시 점령	
	14	• 국군 1사단, 다부동~신주막 전투에서 북한 13,15사단의 공격을 저지(~21)	
	15	• 미 극동공군의 경폭격기 및 전폭기대대, 적 병참선폭격	
	16	• B-29 전폭기 98대, 왜관 근교에 융단폭격	• 중공사절 16명, 평양방문
	17	• 국군 3사단, 덕성리에서 철수. 구룡포에 상륙	• UN안보리에서 Austin미대표, 한반도 통일을 위한 북진 주장
	18	• 민부대, 포항 탈환	• 정부 대구→부산 이동
	19	• 국군 3사단, 재편성 후 포항에 재투입	• 맥아더 원수, 콜린스 대장 및 셔먼 제독과 인천상륙작전 및 북진가능성 논의
	20	• 북한 15사단, 대구정면→영천방면 이동	
		• 포항지구전투사령부 및 브레들리 특수임무부대 해체	
	22	• 북한 13사단 포병연대장 정봉욱 중좌, 국군 11연대로 귀순	
	25	• 기계~안강 점령으로 경주 북쪽까지 후퇴(~9.4)	
	27	• 잭슨 특수임무부대, 경주지구에 투입	
		• 국군 3사단, 포항에서 북한 5사단의 공격을 받고 형산강 남안으로 철수(~9.5)	
	28	• 미 공군 전폭기대대, 성진 금속공장에 폭탄 326톤, 진남포 공장지대에 폭탄 284톤 각각 투하(~31)	
	31	• 낙동강 돌출부 및 영산지구 2차전투(~9.1)	
9	1		• 미 NSC, 북진문제를 토의
		• 미 2사단 9연대 및 72전차대대, 영산전투(~5)	
		• 미 25사단(5연대 전투단 배속), 함안으로 반격(~6)	
	2	• 미 7기병연대, 수석산(518) 공격에 실패(~7)	
	3	• 미 8기병연대, 북한 1사단의 공격의 가산성지(902)에서 후퇴(~5)	
	4	• UN공군, 인천 일대에 폭격 개시	
	5	• 육본 및 8군사령부, 대구→부산 이동	
		• UN해군, 인천, 군산 둥지에서 함포사격 개시(~6)	
		• 국군 2군단, 영천지구에서 북한 15사단의 돌파를 저지하고 포위섬멸(~13)	
	6	• 국군 17연대, 북한 12사단의 공격을 격퇴, 곤계봉(293)을 확보, 경주 방어(~13)	
	7	• 잭슨 특수임무부대, 처치 특수임무부대로 흡수됨	
	8	• 북한 5사단 1연대, 운제산(482) 점령, 연일비행장 위협	
	9	• 데이비드슨 특수임무부대, 동부전선에 투입(~12)	
	10	• 국군 1사단, 팔공산(1192)에서 북한 1사단을 격퇴(~13)	
	11		• 미 정부, 북진방침을 원칙적으로 확정
		• 국군 중앙훈련소 제5교육대, 도덕산(660)으로 출동, 북한 1사단의 돌파를 저지(~12)	
	12	• 미 1군단 창설	

3. 인천상륙, 반격 및 북진작전기(1950.9.15~1950.11.30)

년 월 일	작 전 사 항	기 타 관 련 사 항
1950 9 15	• 미 10군단, 미 1해병사단 및 국군 해병대를 선두로 인천에 상륙	• 미 합참, UN군사령부에 북진준비를 훈령(9.15훈령)
16	• 아군, 낙동강 방어선에서 반격 개시	
	• 미 7사단 및 국군 17연대, 인천에 상륙(~19)	
17	• 미 5해병연대, 김포비행장 탈환(~18)	
19	• 서울탈환작전(~28)	
23	• 미 9군단 창설	
27	• 린취 특수임무부대 및 미 7사단 31연대, 08:26 오산 북쪽에서 연결	• 미 합참, UN군의 북진을 명령(9.27훈령)
28	• 미 24사단, 대전탈환	• 정부 서울로 환도
10 1	• 국군 3사단, 동해안에서 38선 돌파	• 맥아더 원수, 북한에 항복 요구
	• 미 1기병사단, 임진강선 진출	• 중공 외상 주은래, UN군의 북진저지 의사 표명
2	• UN군사령부, '작전명령 2호' 하달	
3		• 주은래, 인도대사에게 북진저지를 위한 중공군의 개입의사를 전달
6	• 미 1해병사단, 인천에서 승선 개시	
8	• 미 1기병사단, 서부전선에서 UN군의 선봉으로 38선 돌파(~14)	• UN총회, UN군의 북진 및 남북통일을 지지, UNCURK창설(10.7 결의)
9		• 미 합참, 맥아더 원수에게 중공군 개입시의 작전에 관한 재량권을 부여(10.9훈령)
		• 맥아더 원수, 북한에 무조건 항복을 요구하는 최후통첩 발표
	• 미1군단, 개성~금천~한포리~남천점으로 진격(~14)	
10	• 국군 1군단(수도사단, 3사단), 10:00 원산입성	
11	• 국군 6사단 7연대 및 8사단, 평강 돌입	
	• 미 5공군, 원산비행장에 추진배치	
16		• 웨이크섬 회담, 맥아더 원수가 트루만 대통령에게 중공이 개입하지 않을 것이라고 장담
17	• UN군사령부, '작전명령 4호' 하달	
19	• 국군 1사단, 평양입성	
	• 중공군, 압록강도하 시작	
20	• 미 187공수연대, 숙천~순천에 낙하	
23	• 국군 8사단, 덕천 점령	
24	• 맥아더 원수, 전부대에게 신속한 국경진출을 명령	
25	• 국군 3사단, 흥남 북쪽 수동에서 중공군 1명 생포	
	• 국군 1사단 15연대, 운산에서 중공군 1명 생포	
26	• 국군 6사단 7연대, 압록강변 초산 돌입	
	• 미 제10군단 예하 미 1해병사단, 원산에 행정적 상륙(~28)	
	• 중공군의 1차공세, 운산~온정리~회천~구장동 일대에서 미 8군을 공격(~11.1)	
28	• 국군 3사단, 수동에서 중공군과 격전	
	• 미 7사단, 이원에 상륙	
30	• 미 24사단, 압록강 이남 76km 지점에 도달	
11 1	• 미 8군사령부, 전부대에 청천강선으로 철수를 명령	
	• MIG기, 압록강 상공에서 최초로 UN기에 도전	
	• 국군 1사단 15연대 및 미 1기병사단 8기병연대, 운산에서 중공군과 격전 끝에 후퇴(~2)	
	• 미 10군단, 수동~장진호 일대로 진출(~9)	
3	• 미 8군, 청천강 방어선 전투(~6)	
	• 영 29여단, 부산에 상륙(~18)	
5	• 미 3사단, 원산에 상륙(~17)	
6	• 맥아더 원수, 미 극동공군에 압록강교 폭파명령	• 맥아더 원수, 중공군의 개입사실을 시인하는 성명발표
7	• 미 7해병연대, 하갈우리에 진출	• 북한 신의주 방송, 중공군 개입 사실을 공식보도

년 월 일	작 전 사 항	기 타 관 련 사 항
1950 11 8	• 미 공군 B-29 폭격기대, 신의주 부근 압록강교 폭파명령 • 미 F-80기와 MIG기, 압록강 상공에서 사상 최초의 제트기전, 접전 1대 격추	
9		• 미 NSC, 중공군 개입에 대한 대책을 토의
10		• UN군 참전 각국, 공동성명을 통해 중공군의 철퇴를 요구, UN군의 만주불침을 공약
16		• 트루만 미 대통령, 중공의 영토권 존중을 공약
21	• 미 7사단 17연대, 두만강변 혜산진에 도달	
22		• Bevin 영 외상, 중공군의 철퇴를 종용하는 대중공 각서 전달
24	• 맥아더 원수, 종전공세를 개시	
25	• 국군 수도사단, 청진 입성 • 중공군, 동부전선의 미 10군단에 총공세 개시 • 최초 서부전선의 미 8군을 공격	
27	• 미 5,7해병연대, 유담리→무평리 공격 개시 • 중공군의 2차공세 개시(~27) • 미 7사단 예하 Drysdale 특수임무부대, 장진호 부근에서 후퇴간 전멸(~12.1)	
28		• 미 NSC, 중공군 개입사태 토의
29	• 프랑스 대대, 부산도착	• 트루만 미 대통령, 기자회견에서 한국전 원자폭탄 사용가능성을 시사

4. 중공군 개입 및 전선격동기(1950.12.1~1951.6.30)

년 월 일	작 전 사 항	기 타 관 련 사 항
1950 12 1	• UN군사령부 지휘관회담, UN군의 전면 후퇴를 결정 • 미 5,7해병연대, 유담리→하갈우리 후퇴 개시	
4	• 미 8군, 평양에서 철수	• 애틀리 영국수상 방미, 미·영 수뇌회담에서 협상을 통한 현상동결 원칙에 합의(~8)
6	• 미 1해병사단, 하갈우리→고토리 철수작전(~8)	• 미 합참, 전면전쟁에 대비한 비상태세 발령
15	• 미 8군, 38선 일대에 신방어선 구축 개시	
16	• 미 10군단, 흥남교두보 방어 및 해상철수 작전(~24)	
19		• 미 대통령, 대중공 전면 금수령 발표 • 미 정부, 아이젠하워 원수를 NATO사령관에 임명, 유럽주둔 미군 강화 개시
23	• 미 8군 사령관 워커 중장, 교통사고로 사망	
26	• 신임 8군사령관 릿지웨이 중장 취임	
27	• 미 10군단, 미 8군에 투입	
29		• 미 합참, UN군은 축차적인 지연전으로 중공군을 저지하도록 맥아더 원수에 훈령
30		• 맥아더 원수 미 합참에 대중공 확전 건의
31	• 중공군, 3차공세(신정공세) 개시	
1951 1 12	• 아군, 경인지구에서 철수, 평택~원주~삼척 방어선 확보(~7)	• 미 합참, 중공군을 저지하도록 맥아더 원수에게 재훈령 16개 항의 대중공 보복안을 확정(1.12 메모)

년 월 일	작 전 사 항	기 타 관 련 사 항
1951 1 14		• 미 합참, 콜린스 대장 및 반덴베르그 대장을 전황시찰차 한국에 파견
15	• 미 1군단, 울프하운드(Wolfhound)작전, 수원 돌입	
17		• 콜린스 대장, 전세 호전의 회보를 미 합참에 보고
23	• 미 공군 F-84기 33대, 신의주 상공에서 MIG기 30대와 치열한 공중전	
25	• 미 1.9군단, 썬더볼트(Thunderbolt)작전 개시	
2 1		• UN총회, 중공군을 침략자로 규탄하는 결의안 가결
5	• 국군 3군단 및 미 10군단, 라운드업(Round Up)작전 개시	
11	• 중공군의 4차공세(2월공세)(~17)	
13	• 미 2사단 23연대 및 프랑스대대, 지평리의 원형진지를 고수(~16)	
21	• 미 9. 10군단, 킬러(Killer)작전 개시	
3 7	• 미 9. 10군단, 리퍼(Ripper)작전 개시	• 미 정부, 3월중 대만에 대한 미 군사고문단 파견 및 군사지원재개를 결정
14	• 국군 1사단, 서울 재탈환	
23	• 미 187공수연대, 토마호크(Tomahawk)작전개시, 문산지구에 낙하	
31	• 아군 아이다호(Idaho)선 점령, 38선 도달	
4 5	• 아군, 러기드(Rugged)작전 개시	
11		• UN군 사령관 교체, 맥아더 원수→릿지웨이 대장 • 미 8군사령관 교체, 릿지웨이 중장→밴플리트 중장
14	• 아군, 전 전선에서 캔사스(Kansas)선 도달	
19	• 미 1.9군단 유타(Utah)선 점령	
22	• 중공군의 1차 춘계공세(4월공세)(~28)	
30	• 아군, 중공군의 공세를 저지	
5 2		• 미 NSC, 한국전 수행의 목적을 토의
3		• 미 의회, 맥아더 원수의 해임 경위에 관한 청문회 개시 • 미 NSC, 한국전을 협상으로 종결시킨다는 원칙 확정
16	• UN 전폭기대, 춘천~인제간 도로에서 적 5,000명 이상을 살상(~19) • 중공군의 2차 춘계공세(5월공세)(~23)	
21	• 적을 38선 이북으로 격퇴하기 위한 전면반격 개시	
30	• 아군, 캔사스(Kansas)선 도달	
6 1	• 아군, 파일드라이버(Piledriver)작전 개시 • 미 1.9군단, 와이오밍(Wyoming)선으로 진출개시	
13	• 아군, 철원 및 금화점령	
24		• UN안보리 소련대표 말리크(Malik), 휴전 용의 시사
30		• UN사령관 릿제웨이 대장, 휴전협상에 응할 준비가 갖추어져 있음을 공산측에 방송

5. 휴전협상 및 전선고착기(1951.7.1~1953.7.27)

년 월 일	작 전 사 항	기 타 관 련 사 항
1951 7 10		• 개성에서 휴전회담 개최
26	• 미 2사단, 펀치볼(Punchbowl) 동남쪽 대우산(1179)을 공격(~29) • 서부전선에서 적 활동 급격히 감소	• 휴전회담, 의사일정에 합의
28	• 영 1연방사단 창설	

년 월 일	작 전 사 항	기 타 관 련 사 항
1951 8 5		• 휴전회담 UN군측, 중립지대내의 적의 무장병력 침입을 이유로 회담연기
9		• 휴전회담 재개
10		• 휴전회담 공산측, 38선을 군사분계선으로 확정할 것을 고집
18	• 미 10군단, 펀치볼(Punchbowl)지구의 1031고지를 맹공격 • 미 극동공군, 적 병참선을 차단하기 위한 전략폭격 개시	
22		• 휴전회담 공산측, UN기의 중립지대 침범을 이유로 회담 거부
30	• 미 1해병사단, 펀치볼(Punchbowl) 일대에서 공격 개시	
9 2	• UN공군의 Sabre제트기 22대, 적기 40대와 신의주~평양 상공에서 30분간 공중전, 적기 4대 격추 • 미 2사단, 피의 능선을 점령(~5)	
13	• 미 2사단 및 프랑스 대대, 피의 능선 및 단장의 능선(931고지)에서 격전(~25)	
18	• 미 1해병사단, 펀치볼(Punchbowl) 동북쪽 소양강선으로 진출	
23		• 휴전회담 UN군측, 공산측의 회담재개 제의에 동의
26	• 미 극동공군기 101대, 적 MIG기 155대와 공중전, 쌍방 각각 2대씩 피격	
10 3	• 미 1군단 예하 5개 사단, 코만도(Commando)작전, 제임스타운(Jamestown)선으로 전진(~23)	
15	• 미 2사단, 피의 능선 점령	
22		• 휴전회담 쌍방, 회담장소를 판문점으로 옮기는 데 합의
25		• 휴전본회담, 2개월간의 휴회 끝에 판문점에서 재개
	• 국군 7사단, 크리스마스 고지(1090)에서 중공군의 공격을 격퇴하고 고지 확보(~28)	
28		• 휴전회담, 군사분계선을 휴전조인시의 접촉선으로 설정하는 데 합의
11 12	• UN군사령부, 8군으로 하여금 공격작전을 중지하고 적극방위태세로 전환할 것을 명령	
12 5	• 주한 미군 교대 개시: 미 45사단, 북해도로부터 한국으로 이동함과 동시에 미 1개병사단은 철수	
18		• 휴전회담 쌍방, 포로명단 교환
1952 1 2		• 휴전회담 UN군측, 포로의 자유의사에 의한 송환원칙을 제의. 공산측이 맹렬히 반대
5	• 미 40사단, 한국전선에 투입 시작	
2 10	• 아군, 캄업(Clam Up)작전(~15)	
11	• 국군 7사단, 크리스마스 고지 격전 끝에 확보(~13)	
25	• UN전폭기 307대, 정주~신안주간 도로에 폭탄 260톤 투하	
4 28		• 휴전 본회담, 공산측 요구로 무기한 휴회(5.2재개)
5 7		• 거제도 포로수용소장 돗드 준장, 친공포로에 피납(~11)
12	• UN사령관 경질. 릿지웨이 대장, NATO사령관에 취임. 클라크대장, 신임 UN군사령관으로 취임	• 공산측, 반 UN선전활동을 격화
6 6	• 미 45사단, 카운터(Counter)작전, 11개소의 전방정찰기지를 점령하고 주저항선을 전반으로 추진(~26)	
23	• UN해·공군기대, 북한내의 주요 수력발전소 맹폭(~27)	
7 17	• 미 2사단, Old Baldy 전투(~24)	
29	• 프랑스 대대, Erie 전초기지에서 중공군의 공격을 격퇴	
8 9	• 미 해병 1사단, 서부전선의 벙커고지(122)에서 적의 공격을 격퇴(~16)	
29	• UN공군, 평양을 폭격	
9 6	• 국군 수도사단, 수도고지 및 지형능선을 격전 끝에 확보(~20)	
17	• 미 3사단, 켈리(Kelly) 전초기지에서 적의 공격을 격퇴(~24)	

년 월 일		작 전 사 항	기 타 관 련 사 항
1952			
10	6	• 프랑스 대대, 화살머리 고지(281)에서 중공군 2개 연대의 공격을 격퇴(~9)	
	8	• 국군 9사단, 백마고지(395) 전투(~15)	• 휴전회담 UN군측, 포로송환문제로 본회담을 무기연기
	14	• 미 9군단, 쇼우다운(Showdown)작전, 미 7사단을 주공으로 금화 북쪽 삼각 고지군 및 저격능선을 공격(~24) • 국군 2사단, 저격능선을 공격 점령(~25)	
	24	• 벨기에대대, 철원북쪽의 국군 30연대와 교대, 전선담당	
11	3	• 미 40사단, 851 및 930고지에서 격전	
12	2		• 아이젠하워 차기 미 대통령 한국방문, 3일간 전황시찰 • 아이젠하워, 한국전이 장기화될 경우 중공본토에 대한 핵공격을 암시
1953			
1	9	• 2월까지 동계 혹한으로 전전선 소강상태 지속 • 미 극동공군 및 5공군 예하 B-29폭격기 및 전폭기 300대, 평양~신안주 일대 맹타(~14)	• 휴전회담, 휴회중
	25	• 미 7사단, 역곡천 북쪽 T-Bone능선 및 Alligator턱(324)에서 격전(~2.20)	
2	2		• 아이젠하워 미 대통령, 치임 후 연두교서에서 '미 7함대의 중공본토 보호조치를 해제한다'고 발표
	11	• 미 8군사령고나 교체: 밴플리트(Van Fleet)→테일러(Maxwell D. Taylor) 중장	
	18	• 미 전폭기 24대, 수풍발전소를 맹폭(~19)	
	22		• 휴전회담 UN군측, 병상포로의 우선교환을 제의
3	5		• 스탈린 사망
	23	• 미 7사단, Old Baldy 및 Pork Chop일대에서 격전(~29)	
	28		• 휴전회담 공산측, 병산포로 교환에 동의
4	11		• 휴전회담, 병상포로를 4.20부터 교환하기로 합의
	16	• 미 7사단, Pork Chop에서 다시 격전(~18)	
	20		• Little Switch작전, 병상포로교환(~26)
	26		• 휴전본회담, 포로송환 문제로 말미암아 6개월여의 휴전 끝에 재개
	27		• UN군사령부, 귀순 MIG기에 10만불 현상
5	25	• 미 25사단, Nevada Complex에서 격전(~29)	• 휴전회담 국군측 대표, 협상을 거부퇴장
6	2	• 국군 15사단, 351고지 전투(~6)	
	8		• 휴전회담, 포로송환문제 타결 • 이승만 대통령, 휴전조항 수락 불가 성명 발표
	10	• 중공군, 금성지구의 국군 2군단 정면에서 1951년 춘계공세 이후 최대의 공격을 개시(~18)	
	18		• 이대통령, 반공포로 27,000명 석방, 휴전조항 수락 불가 재성명 발표 • 로버트슨 미 국무차관 방한 • 한국민, 휴전반대 시위 절정(~7.12)
	25		
7	6	• 역곡천 북쪽 화살머리 고지(281)에서 격전 재연(~1)	
	8		• 휴전회담, 한국대표 불참상황에서 회담을 속개하기로 합의
	13	• 중공군, 국군 2군단 및 미 9군단 예하의 국군사단 정면을 집중공격	
	19	• 국군 2군단, 금화~금성 일대에서 반격	
	27	• 22:00를 기하여 전전선에서 전투종료	• 10:00, 판문점에서 휴전협정 조인

•주요 참고문헌•

국방부	한국전쟁사 1	전사편찬위원회	1968
	한국전쟁사 2	전사편찬위원회	1968
	한국전쟁사 3	전사편찬위원회	1971
	한국전쟁사 4	전사편찬위원회	1971
	한국전쟁사 5	전사편찬위원회	1972
	한국전쟁사 6	전사편찬위원회	1973
	한국전쟁사 7	전사편찬위원회	1974
	한국전쟁사 8	전사편찬위원회	1975
	한국동란 1년지	전사편찬위원회	1951
	한국동란 2년지	전사편찬위원회	1953
	한국동란 3년지	전사편찬위원회	1954
육군본부	육군전사 1	군사감실	1952
	육군전사 2	군사감실	1954
	육군전사 3	군사감실	1954
	육군전사 4	군사감실	1956
	육군전사 5	군사감실	1957
	육군전사 6	군사감실	1957
	육군전사 7	군사감실	1957
해군본부	한국전쟁사(상·하)	정훈감실	1962
공군본부	공군사(제1집)	정훈감실	1962
해병대 사령부	해병 전투사(제1집)	정훈감실	1962
육군사관학교	한국전쟁사	전사학과	1963

미육군성   South to the Nakdong North to the Yalu.
　　　　　　Washington, D.C.: Government Printing Office, 1961.

　　　　　　The Truce Tent and Fighting Front.
　　　　　　Washington, D.C.: Government Printing Office, 1966.

　　　　　　Policy and Direction : The First Year.
　　　　　　Washington, D.C.: Government Printing Office, 1972.

　　　　　　Ebb and Flow : November 1950-July 1951.
　　　　　　Center of Military History United States Army Washington, D.C., 1990

미해군성   History of United States Naval Operations : Korea.
　　　　　　Washington, D. C. : Government Printing Office, 1962.

미공군성   The United States Air Force in Korea 1950~1953.
　　　　　　New York : Duell, Sloan and Pearce. 1961.

미 해병대사령부   U. S. Marine Operations in Korea, 5 vols.
　　　　　　Washington, D. C. : Government Printing Office, 1954~1972.

大韓民國全圖

0   100km

신판

한국전쟁사 부도

발행일 | 2021년 9월 9일

지은이 | 온창일 · 정토웅 · 김광수 · 나종남 · 양원호
펴낸이 | 金永馥
펴낸곳 | 도서출판 황금알

주간 | 김영탁
편집실장 | 조경숙
인쇄제작 | 칼라박스
주소 | 03088 서울시 종로구 이화장2길 29-3, 104호(동숭동)
전화 | 02) 2275-9171
팩스 | 02) 2275-9172
이메일 | tibet21@hanmail.net
홈페이지 | http://goldegg21.com
출판등록 | 2003년 03월 26일 (제300-2003-230호)